职业教育精品规划教材

# 电工电子技术与技能

主　编　王　著
副主编　路俊智　邵　琳
参　编　张良鹏　秦以培
　　　　张守成　王彩云
主　审　朱崇志

北京理工大学出版社
BEIJING INSTITUTE OF TECHNOLOGY PRESS

版权专有 侵权必究

## 图书在版编目（CIP）数据

电工电子技术与技能 / 王著主编. —北京：北京理工大学出版社，2018.1重印

ISBN 978-7-5682-1707-1

Ⅰ.①电… Ⅱ.①王… Ⅲ.①电工技术–高等学校–教材 ②电子技术–高等学校–教材 Ⅳ.① TM ② TN

中国版本图书馆CIP数据核字（2016）第007640号

出版发行 / 北京理工大学出版社有限责任公司
社　　址 / 北京市海淀区中关村南大街5号
邮　　编 / 100081
电　　话 / (010)68914775(总编室)
　　　　　 (010)82562903(教材售后服务热线)
　　　　　 (010)68948351(其他图书服务热线)
网　　址 / http://www.bitpress.com.cn
经　　销 / 全国各地新华书店
印　　刷 / 定州市新华印刷有限公司
开　　本 / 787毫米 × 1092毫米　1/16
印　　张 / 21.75
字　　数 / 507千字
版　　次 / 2018年1月第1版第3次印刷
定　　价 / 44.00元

责任编辑 / 陈莉华
文案编辑 / 陈莉华
责任校对 / 周瑞红
责任印制 / 边心超

图书出现印装质量问题，请拨打售后服务热线，本社负责调换

# 前言

## FOREWORD

"电工电子技术与技能"是职业院校非电类相关专业的一门基础课程。注重非电类学生学习本课程的基础性、实用性和综合性原则，实行项目任务式教学组合，贴近生活生产实际，使学生在完成任务的过程中学到知识，掌握技术，提升能力。

其任务是使学生掌握非电类相关专业必备的电工电子技术与技能，培养非电类相关专业学生解决涉及电工电子技术实际问题的能力，为学习后续专业技能课程打下基础；对学生进行职业意识培养和职业道德教育，提高学生的综合素质与职业能力，增强学生适应职业变化的能力，为学生职业生涯的发展奠定基础。

本教材的设计思路主要包含以下3个方面：

（1）该教材是依据"以服务为宗旨、以就业为导向、以能力为本位、以项目教学为主体的职教理念"的课程改革标准来设置的教材。本教材打破了原有以知识传授为主的传统学科课程模式，转变为以相关工作过程导向的能力为本位的课程模式，并让学生在完成具体学习项目的过程中提升相应职业能力并积累实际工作经验。课程设置和教学内容与企业发展密切相关，突出了职业岗位能力培养为主的职教思想。

（2）本教材内容的选取和结构安排以五年一贯制职教的人才培养规格为依据，遵循知识与技能形成规律和学以致用的原则，突出对学生职业能力的训练，理论知识的选取紧紧围绕完成工作任务的需要，同时又充分考虑了职业教育对理论知识学习的要求，融合了相关职业岗位对从业人员的知识、技能和态度的要求。

（3）教学效果评价采取过程评价与结果评价相结合的方式，坚持"在评价中学"的理念，通过理论与实践相结合，重点评价学生的职业能力。

本书建议学时为96学时，分为基础学时和选学学时，具体分配如下：

# FOREWORD

| 序号 | 单元名称 | 参考学时 | |
|---|---|---|---|
| | | 基础学时 | 选学学时 |
| 单元一 | 认识实训室和安全用电 | 4 | |
| 单元二 | 直流电路 | 8 | |
| 单元三 | 电容与电感 | 2 | |
| 单元四 | 磁场及电磁感应 | | 4 |
| 单元五 | 单相正弦交流电路 | 9 | 3 |
| 单元六 | 三相正弦交流电路 | 5 | 3 |
| 单元七 | 常用电器 | 12 | 3 |
| 单元八 | 现代控制技术 | | 3 |
| 单元九 | 二极管及其在整流电路中的应用 | 12 | 2 |
| 单元十 | 半导体三极管及其基本放大电路 | 7 | 3 |
| 单元十一 | 数字电子技术基础 | 4 | |
| 单元十二 | 组合逻辑电路与时序逻辑电路 | 10 | 2 |
| 合计 | | 73 | 23 |

  本书由江苏联合技术学院盐城机电分院王著主编，由淮安生物工程学校朱崇志教授审稿。其中，单元一、单元九由王著编写，单元二、单元三由江苏联合技术学院徐州技师分院路俊智编写，单元四、单元五由江苏联合技术学院盐城机电分院张良鹏编写，单元六、单元十由淮安生物工程学校邵琳编写，单元七由江苏省盐城市市区防洪工程管理处秦以培编写，单元八由江苏联合技术学院盐城机电分院张守成编写，单元十一、单元十二由江苏省泗阳中等专业学校王彩云编写。

  在本书编写的过程中，我们参考了一些同行专家的专著，同时从互联网上下载了一些图片和资料，对本书进行了充实，在此对相关资料和专著的作者表示感谢。

  由于编者水平有限，不足之处敬请同行专家和读者批评指正，不胜感谢。

编 者

# 目录 CONTENTS

### 单元一 认识实训室和安全用电………1
- 课题一 认识实训室……………………1
- 课题二 安全用电………………………15
- 实训项目………………………………21
- 单元小结………………………………23
- 自测题…………………………………24

### 单元二 直流电路……………………25
- 课题一 电路……………………………25
- 课题二 电路的常用物理量……………29
- 实训项目 直流电流、电压的测量……36
- 课题三 电阻的连接……………………37
- 实训项目 电阻的测量…………………48
- 课题四 基尔霍夫定律…………………50
- 实训项目 基尔霍夫定律的验证………53
- 单元小结………………………………55
- 自测题…………………………………57

### 单元三 电容与电感…………………60
- 课题一 电容与电感元件的分类………60
- 课题二 电容与电感元件的作用………69
- 实训项目 电容、电感元件的识读及测量……76
- 单元小结………………………………78
- 自测题…………………………………79

### 单元四 磁场及电磁感应……………80
- 课题一 磁场及其主要物理量…………80
- 课题二 安培力…………………………83
- 课题三 铁磁物质………………………85
- 课题四 电磁感应………………………87
- 单元小结………………………………91
- 自测题…………………………………91

### 单元五 单相正弦交流电路…………94
- 课题一 正弦交流电的基本概念………94
- 课题二 纯电阻、纯电感、纯电容电路……99
- 课题三 电阻、电感、电容串联电路……103
- 课题四 交流电路的功率………………106
- 单元小结………………………………108
- 自测题…………………………………110

### 单元六 三相正弦交流电路…………112
- 课题一 三相正弦交流电源……………112
- *课题二 三相负载的连接方式…………115

# 目 录

实训项目 三相交流电路的连接与测量 ............ 120

单元小结 ............ 122

自测题 ............ 123

## 单元七 常用电器 ............ 124

课题一 变压器 ............ 124

课题二 三相异步电动机 ............ 134

课题三 常用低压电器 ............ 141

实训项目 常用低压电器的识别 ...... 162

课题四 三相异步电动机的基本控制 ............ 165

实训项目 ............ 186

单元小结 ............ 189

自测题 ............ 191

## 单元八 现代控制技术 ............ 193

课题一 可编程序控制器简介 ............ 193

课题二 变频器简介 ............ 199

课题三 传感器简介 ............ 206

单元小结 ............ 213

自测题 ............ 215

## 单元九 二极管及其在整流电路中的应用 ............ 217

课题一 半导体的基础知识 ............ 217

课题二 晶体二极管 ............ 221

课题三 二极管整流电路 ............ 228

课题四 特殊用途的二极管 ............ 231

实训项目 ............ 239

单元小结 ............ 243

自测题 ............ 244

## 单元十 半导体三极管及其基本放大电路 ............ 247

课题一 晶体三极管 ............ 247

实训项目 三极管的识别和检测 ...... 249

课题二 基本放大电路 ............ 250

课题三 集成运算放大器 ............ 255

课题四 振荡器 ............ 260

单元小结 ............ 265

自测题 ............ 266

## 单元十一 数字电子技术基础 ............ 268

课题一 数字电路基础知识 ............ 268

课题二 逻辑门电路 ............ 277

实训项目 ............ 291

单元小结 ............ 293

自测题 ............ 295

## 单元十二 组合逻辑电路与时序逻辑电路 ............ 297

课题一 组合逻辑电路 ............ 297

课题二 编码器 ............ 301

课题三 译码器 ............ 306

课题四 触发器 ............ 314

课题五 寄存器 ............ 319

课题六 计数器 ............ 325

课题七 555 定时电路 ............ 328

实训项目 ............ 333

单元小结 ............ 335

自测题 ............ 337

# 单元一

# 认识实训室和安全用电

## 课题一 认识实训室

**知识目标**

(1) 了解电及电工电子产品在实际生产生活中的广泛应用。
(2) 了解电工和电子实训室的电源配置模式。
(3) 认识常用电工电子仪器仪表的类型及作用和常用工具的使用。

**主要内容**

通过现场观察与讲解，了解电及电工电子产品在实际生产生活中的广泛应用；初步形成对电工电子课程的感性认识，培养学生学习兴趣；了解电工实训室的电源配置，了解常用电工电子仪器仪表及工具的类型及作用。

了解电子实训室的规章制度、操作规程及安全用电的规则；观察实训室的布置，了解实训室电源、仪表、控制开关的种类和位置等。

【相关知识点一】 电源配置

### 一、电及电工电子产品在生活中的应用

#### 1. 电力生产行业的范围

按照国家统计局的分类标准，电力生产行业隶属于电力、热力的生产和供应业下的"电力生产"行业门类。进一步细分，电力生产行业还包括以下 4 个子行业：

(1) 火力发电，指利用煤炭、石油、天然气等燃料产生的热能，通过火电动力装置转换成电能的生产活动。

(2)水力发电,指通过建设水电站将水能转换成电能的生产活动。

(3)核力发电,指利用核反应堆中重核裂变所释放出的热能转换成电能的生产活动。

(4)其他能源发电,指利用风力、地热、太阳能、潮汐能、生物能及其他未列明的发电活动。

### 2. 电力生产行业的基本概况

电力是实现国民经济现代化和提高人民生活水平的重要物质基础。自 2005 年以来,全国经济持续快速平稳发展,经济效益不断提高。受经济快速稳定发展的拉动,全国电力行业运行态势良好,发、用电量都呈现出快速的增长势头。电力是日常生活中十分重要的能源,也是未来最有前途的能源。

生活中,小到电灯、电视等家用电器,大到电机、电车都离不开电。我国家庭的照明电路使用的是 220 V 的交流电源,特殊场所为 36 V、24 V 的安全电压;工矿企业使用的是 380 V 的交流电源,工作频率为 50~60 Hz。

电力发展至今,已经成为世界进步的血液,支撑着各个行业的运行。然而电力发展到今天,由于地球不可再生资源的过度利用,地球现有资源已面临枯竭的边缘,人类要生存,世界要发展,所以电力行业面临重大改革。

图 1-1 中表示的是电能与热能、机械能的关系及其在能源系统中的地位和作用。

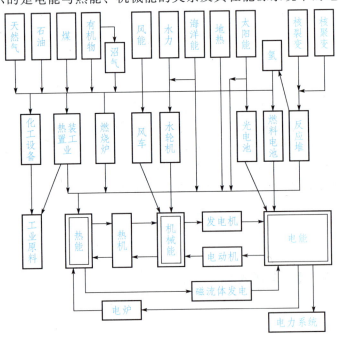

图 1-1 电能与其他能相互之间的地位和作用

### 3. 电力供应分布概况

目前,我国已形成华北、东北、华东、华中、西北、南方共 6 个跨省区电网以及海南、新疆、西藏 3 个独立省网,500 kV 线路已成为各大电力系统的骨架和跨省、跨地区的联络线。我国电网已初步形成了西电东送、南北互供、全国联网的格局,电网发展滞后的矛盾基本得到缓解。图 1-2 是电网主网架示意图。

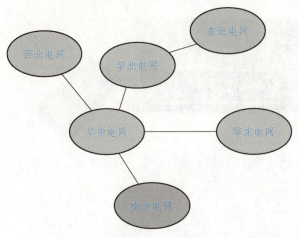

图 1-2 电网主网架示意图

## 二、实训室交、直流电源

### 1. 实训室几种交流电源模块

实训室几种交流电源模块如图 1-3 所示。

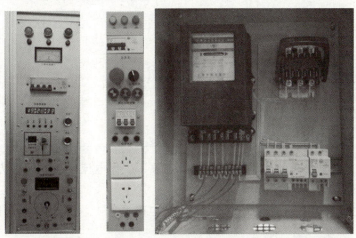

图 1-3 交流电源模块

### 2. 交流转换为直流的开关电源

交流转换为直流的开关电源如图 1-4 所示。

### 3. 干电池

干电池外形如图 1-5 所示。

# 单元一 认识实训室和安全用电

图 1-4 开关电源正面和侧面

图 1-5 9 V(左)和 1.5 V(右)干电池

### 4. 可调电源

可调电源如图 1-6 所示。

图 1-6 可调电源

## 【相关知识点二】 常用电工电子仪表

### 一、电工电子仪表的分类

(1)根据电工电子仪表的工作原理、测量对象、工作电流性质、使用方法、使用条件、准确度进行以下分类：

①按工作原理分类，可以分为磁电系(C)、电磁系(T)、电动系(D)、感应系、整流系和静电系等。

②按测量对象分类，可以分为电流表(安培表、毫安表、微安表)、电压表(伏特表、毫伏表、微伏表及千伏表)、功率表(瓦特表)、电度表、欧姆表、相位表、频率表和万用表等，如图 1-7 所示。

③按工作电流性质分类，可以分为直流仪表、交流仪表、交直流两用仪表。

④按使用方法分类，可以分为安装式(面板式)和便携式(图 1-8)。

⑤按使用条件分类，可以分为 A、$A_1$、B、$B_1$ 和 C 五组。

⑥按准确度分类，可以分为 0.1、0.2、0.5、1.0、1.5、2.5 和 5.0 等 7 个准确度等级。

课题一 认识实训室

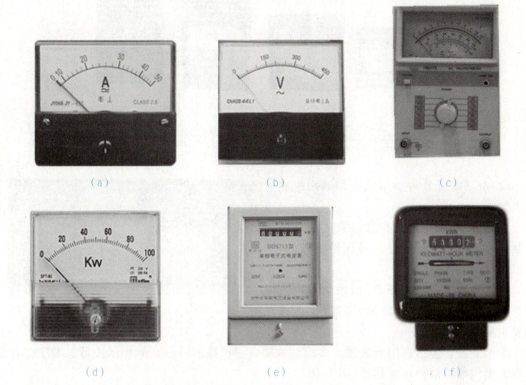

图 1-7 按测量对象分类的各种仪表
(a)电流表；(b)电压表；(c)毫伏表；(d)功率表；(e)电子式电度表；
(f)机械式电度表；(g)数字式万用表；(h)指针式万用表

（a） （b）

图1-8　按使用方法分类的仪表
(a)安装式仪表；(b)便携式仪表

(2)按功能可分为专用仪表和通用仪表两大类。

专用仪表适用于特定的对象，要专门定制；通用仪表应用广泛，灵活性能较好，可以分为以下几类。

①信号发生器，包括高/低频信号发生器、合成信号发生器、脉冲/函数/噪声信号发生器等(图1-9)。

图1-9　函数信号发生器

②示波器，包括通用示波器、多踪示波器、多扫描示波器、取样示波器、数字储存示波器、模拟数字混合示波器等(图1-10)。

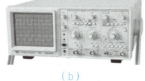

（a） （b）

图1-10　常用示波器
(a)数字储存示波器；(b)经济型示波器

③电压测量仪器，包括低频电压表、毫伏表、高频电压表、脉冲电压表、数字电压表等。图1-11所示为两种特殊的电压表。

（a） （b）

图1-11　特殊的电压表
(a)脉冲峰值电压表；(b)超高频毫伏电压表

④信号分析仪器，包括失真度测试仪、谐波分析仪等。
⑤频率测量仪器，包括各种频率计。

## 二、电气测量仪表的型号

电气测量仪表的型号是按规定的编号规则编制的，不同结构形式的仪表规定有不同的编号规则，产品型号可以反映出仪表的用途、工作原理等特性，对于仪表的选择有着重要意义。

(1)安装式(面板式)电工仪表的型号一般由形状、系列、设计和用途代号组成。其中形状代号有两位，第一位代表仪表面板的最大尺寸，第二位代表外壳的尺寸；系列代号表示仪表的工作原理，如磁电系的代号为C、电磁系的代号为T、电动系的代号为D、感应系的代号为G、整流系的代号为L及电子系的代号为Z等。用途代号表示测量的量。

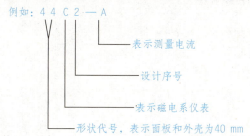

(2)可携带仪表因不存在安装上的问题，所以仪表的型号除了不用形状代号外，其他部分与安装式仪表相同。

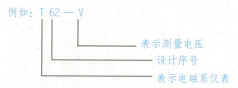

## 三、电气测量仪表的标志

不同的电工仪表具有不同的技术特性，为了便于选择和正确使用仪表，通常用各种不同的符号来表示这些技术特性，并标注在仪表的面板上，这些符号叫作仪表的标志，相关的电气测量仪表的标志如表1-1和表1-2所列。

表 1-1　电工仪表的标志(一)

| 类别 | 仪表名称 | 符号 | 测量单位符号或可测物理量 | 备注 |
|---|---|---|---|---|
| 被测电量 | 直流表 | — | 直流电流、电压 | 交流电表一般都是按正弦交流电的有效值标度的 |
| | 交流表 | ∿ | 交流电流、电压 | |
| | 交直流表 | ≂ | 直流或交流电流、电压 | |
| | 三相交流表 | 3N∿ | 交流电流、电压 | |

续表

| 类别 | 仪表名称 | 符号 | 测量单位符号或可测物理量 | 备注 |
|---|---|---|---|---|
| 仪表精度 | 0.1级 | 基本误差(%)±0.1 | | 标准表计量用（价格最高） |
| | 0.2级 | 基本误差(%)±0.2 | | 副标准器用 |
| | 0.5级 | 基本误差(%)±0.5 | | 精度测量用 |
| | 1.0级 | 基本误差(%)±1.0 | | 大型配电盘用 |
| | 1.5级 | 基本误差(%)±1.5 | | 配电盘、教师、工程技术人员用 |
| | 2.5级 | 基本误差(%)±2.5 | | 小型配电盘用 |
| | 5.0级 | 基本误差(%)±5.0 | | 学生实验用（价格最低） |
| 防护性能 | 普通型 | | | |
| | 防尘型 | | | |
| | 防溅型 | | | |
| | 防水型 | | | |
| | 水密型 | | | |
| | 气密型 | | | |
| | 隔爆型 | | | |
| 使用方式 | 安装式(面板式) | | | |
| | 可携式 | | | |

表1-2 电工仪表的标志（二）

| 测量单位符号 | | | | | |
|---|---|---|---|---|---|
| 名称 | 符号 | 名称 | 符号 | 名称 | 符号 |
| 千安 | kA | 瓦特 | W | 毫欧 | mΩ |
| 安培 | A | 兆乏 | Mvar | 微欧 | μΩ |
| 毫安 | mA | 千乏 | kvar | 相位角 | $\phi$ |
| 微安 | μA | 乏 | var | 功率因数 | $\cos\phi$ |
| 千伏 | kV | 兆赫 | MHz | 无功功率因数 | $\sin\phi$ |
| 伏特 | V | 千赫 | kHz | 微法 | μF |
| 毫伏 | mV | 赫兹 | Hz | 皮法 | pF |
| 微伏 | μV | 兆欧 | MΩ | 亨利 | H |
| 兆瓦 | MW | 千欧 | kΩ | 毫亨 | mH |
| 千瓦 | kW | 欧姆 | Ω | 微亨 | μH |

## 【相关知识点三】 常用电工电子工具的用途、结构及使用

### 一、验电器

验电器是用来检测导线、导体和电气设备是否带电的一种电工常用检测工具。它分为低压验电器和高压验电器。低压验电器又称为试电笔，其检测范围为60~500 V。试电笔分为螺旋式和钢笔式两种，其外形如图1-12所示。

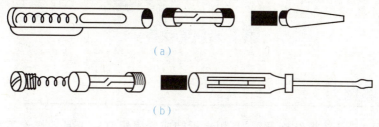

图1-12 试电笔的外形
(a)钢笔式试电笔；(b)螺旋式试电笔

使用时，必须按图1-13所示的正确方法把笔握妥，以手指触及笔尾的金属体，使氖管小窗背光朝自己。

(1)试电笔主要用于检查低压电气设备和低压线路是否带电，而且还可用于以下方面：

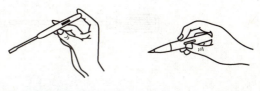

图1-13 试电笔的握法

①区分电压的高低。测试时试电笔发暗红、轻微亮，则电压较低，当电压低于36 V时，氖管就不会发亮；测试时若氖管发黄红色并很亮，则电压较高。

②区分相线与中性线。在交流电路中，当试电笔测试时，试电笔氖管发亮的是相线，不亮的则是中性线。

③区分交流电与直流电。当交流电通过氖管时，氖管里的两个极同时发光，而当直流电通过氖管时，仅一个电极发光。

④区分直流电的正、负极。把试电笔连接在直流电的正、负极之间，氖管中发光的一极即为直流电的负极。

⑤识别相线碰壳。用试电笔触及电机、变压器等电气设备外壳，氖管发光，则说明该设备相线有碰壳现象。如果壳体上有良好的接地装置，氖管是不会发光的。

⑥识别相线接地。用试电笔触及正常供电的星形接法三相三线制交流电时，有两根比较亮，而另一根的亮度较暗，则说明亮度较暗的相线与地有短路现象，但不太严重。如果两根相线很亮，而另一根不亮，则说明这一根相线与地肯定短路。

(2)数字式试电笔。

数字式试电笔外形如图1-14所示，其笔尖触及带电导线时，直接在笔身的小窗口显示"√"有电信号；若被测导线的电压为220 V等，则手指压下笔身上"直接测检"钮时，小窗口显示具体的电压值；此外当某一相线发生断线时，将试电笔笔尖触及带电导线绝缘

层,手指压触"感应断点测试"钮,并沿带电导线绝缘层移动进行断点测试,当移到小窗口显示的"ϟ"有电信号消失时,此处就是导线的断线处。

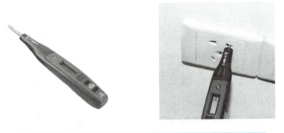

图 1-14 数字式试电笔

## 二、螺丝刀

螺丝刀又称"起子""螺钉旋具",是用来拆卸或紧固螺钉的工具。螺丝刀可分为一字形螺丝刀和十字形螺丝刀,其外形如图 1-15 所示。

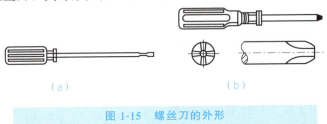

图 1-15 螺丝刀的外形
(a)一字形;(b)十字形

## 三、钳子

根据用途,钳子可分为钢丝钳、尖嘴钳、斜口钳、卡线钳、剥线钳和网线压线钳等。

### 1. 钢丝钳

钢丝钳又叫平口钳、老虎钳,主要用于夹持或折断金属薄板、切断金属丝等。电工所用的钢丝钳钳柄上必须套有耐压 500 V 以上的绝缘管。钢丝钳的外形结构及其握法如图 1-16 所示。

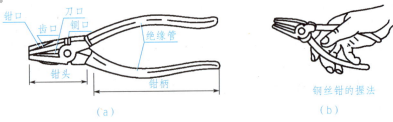

图 1-16 钢丝钳的结构及握法
(a)钢丝钳的结构;(b)钢丝钳的握法

## 2. 尖嘴钳

尖嘴钳的外形及其握法如图 1-17 所示。

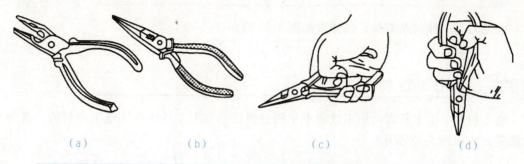

(a)      (b)      (c)      (d)

图 1-17　尖嘴钳的外形及握法
(a) 普通尖嘴钳；(b) 长尖嘴钳；(c) 平握法；(d) 立握法

## 3. 斜口钳

斜口钳又称偏口钳、断线钳，常用于剪切多余的线头或代替剪刀剪切尼龙套管、尼龙线卡等，其外形如图 1-18 所示。

## 4. 剥线钳

剥线钳是一种用于剥除小直径导线绝缘层的专用工具，其外形及其用法如图 1-19 所示。

图 1-18　斜口钳的外形　　　　图 1-19　剥线钳的外形及其用法

## 5. 网线压线钳

网线压线钳用来完成双绞网线的制作，具有剪线、剥线和压线三种用途，其外形及用法如图 1-20 所示。

图 1-20　网线压线钳的外形及其用法

## 四、电工刀

电工刀是一种削线工具，其外形如图 1-21 所示。

## 五、电工包和电工工具套

电工包和电工工具套是用来放置电工随身携带的常用工具或零星电工器材的，其外形及携带方法如图 1-22 所示。

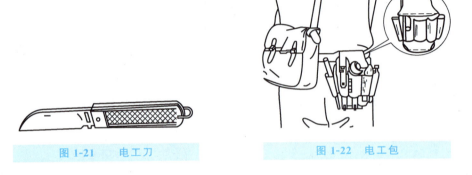

图 1-21　电工刀

图 1-22　电工包

## 六、扳手

常用的扳手有固定扳手、套筒扳手和活动扳手三类，其外形如图 1-23 所示。

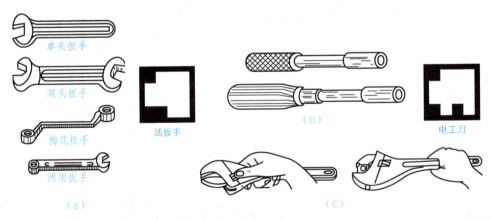

图 1-23　各种扳手
(a)固定扳手；(b)套筒扳手；(c)活动扳手

## 七、钢锯

钢锯常用于锯割各种金属板、电路板和槽板等，其使用方法如图 1-24 所示。

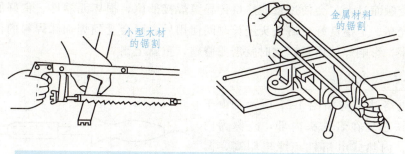

图 1-24　钢锯的使用方法

## 八、电烙铁

电烙铁是进行手工焊接最常用的工具，它是根据电流通过加热器件产生热量的原理制成的。

根据烙铁芯与烙铁头位置的不同，电烙铁可分为外热式和内热式两种。

### 1. 外热式电烙铁

外热式电烙铁结构如图 1-25 所示。由于发热部件烙铁芯是装在烙铁头的外面，故称为外热式电烙铁。外热式电烙铁绝缘电阻低，漏电大。又由于是外侧加热，故热效率低，升温慢，体积较大。但其结构简单，价格便宜，所以仍是目前使用较多的电烙铁，主要用于导线、接地线和较大器件的焊接。

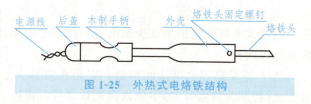

图 1-25　外热式电烙铁结构

外热式电烙铁的规格很多，常用的有 25 W、45 W、75 W、100 W、200 W 等。功率越大，烙铁的热量越多，通常使用 25~50 W 的电烙铁。如果烙铁功率过大，温度太高，则易烫坏元器件或使印制板的铜箔脱落；如果烙铁功率太小，温度过低，则焊锡不能充分熔化，会造成焊点不光滑，所以在使用时应合理选择烙铁的功率。

电烙铁的烙铁头是以紫铜为主材，它的作用是储存热量和传导热量。根据表面电镀层的不同，可分为长寿型和普通型。普通型烙铁头通常镀锌，镀层的保护能力较差，在高温时容易氧化，易受助焊剂的腐蚀，使用时烙铁头要经常清理和修整，始终保持烙铁头端面包裹着焊锡。长寿型烙铁头是在紫铜外面电镀一层铁镍合金，它可以防腐蚀不易氧化，不用修整，只要将烙铁头加热后放在松香上或湿布、湿海绵上擦洗干净即可，减少了维护工作量。长寿型烙铁头运载焊锡的能力比普通型烙铁头差一些。

根据需要，烙铁头的形状有所不同。图 1-26 所示为几种常用烙铁头的外形。圆斜面式适用于焊接印制板上不太密集的焊点，凿式和半凿式多用于电气维修工作，尖锥式和圆锥式适用于焊接高密度的线头、小孔及小且怕热的元件。选择烙铁头的依据是，应使它的接触面积小于焊接处（焊盘）的面

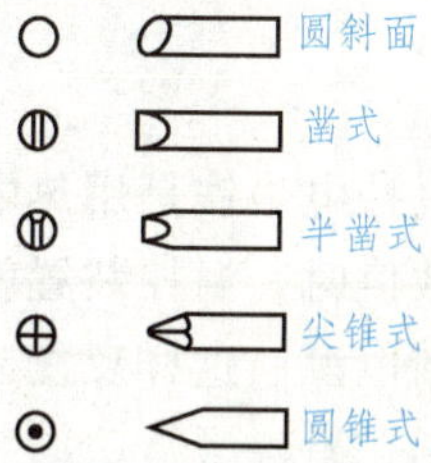

图 1-26　常用烙铁头外形

积。烙铁头接触面过大，会使过量的热量传导至焊接部位，损坏元器件。良好的烙铁头应表面平整、光亮、上锡良好。烙铁头经长时间使用后表面会受到焊剂和焊料的侵蚀，造成表面凹凸不平，影响焊接质量，这时就需要修整，重新上锡。

#### 2. 内热式电烙铁

内热式电烙铁结构如图 1-27 所示。由于发热元件烙铁芯装在烙铁头内部，故称为内热式电烙铁。内热式电烙铁绝缘电阻高，漏电小。它对烙铁头直接加热，热效率高，升温快。采用密闭式加热器，能防止加热器老化，延长使用寿命。内热式电烙铁主要用于印制电路板上元器件的焊接。

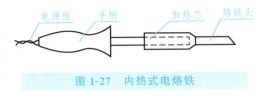

图 1-27 内热式电烙铁

内热式电烙铁的常用规格有 20 W、50 W 等。由于它的热效率高，20 W 的内热式电烙铁大致相当于 25～40 W 的外热式电烙铁，其头部的温度可达到 350 ℃左右，一般通电 2 min 就可进行焊接。由于 20 W 电烙铁的电热丝很细，热量较集中，使用不当很容易烧断。另外，烙铁芯、电源线是通过一个接线柱连接的，机械强度较差，使用时不能敲击，以免损坏。烙铁芯烧坏后不能修复，只能更换。

#### 3. 温控式电烙铁

温控式电烙铁是指烙铁头温度可以控制的电烙铁。根据控制方式的不同，又可分为电控和磁控两种。

图 1-28 是磁控电烙铁的构造。它是在烙铁头上装一个强磁性体传感器，用于吸附磁性开关（控制加热器开关）中的永久磁铁来控制温度。当电烙铁接通电源后，软铁被软磁物质吸合，通过铁芯连杆使继电器接通，此时压缩弹簧被拉长。当烙铁头的温度上升达到某一值时，软磁物质失去磁性，压缩弹簧将继电器拉开，停止对加热器件供电，烙铁头温度开始下降。降到一定温度时软磁物质恢复磁性，继电器吸合，又开始对加热器件供电。这样不断地重复而使烙铁头的温度保持恒定。选择不同的软磁物质，即强磁性体传感烙铁头，就可以得到不同的温度。

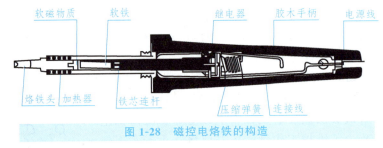

图 1-28 磁控电烙铁的构造

电控电烙铁是用热电偶作为传感元件来检测与控制烙铁头温度。当烙铁头的温度低于规定数值时，温控装置就接通电源，使烙铁头温度上升；当达到预定温度时，温控装置自动切断电源。这样反复动作，使烙铁基本保持恒定温度。

#### 4. 吸锡电烙铁

图 1-29 是吸锡电烙铁的外形及结构。吸锡电烙铁是将活塞式吸锡器与电烙铁融为一

体的拆焊专用工具，用它可将焊接点上的焊锡吸除，使引脚与焊盘分离。

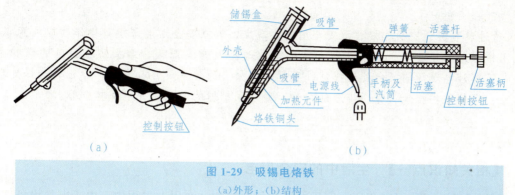

图1-29　吸锡电烙铁
(a)外形；(b)结构

操作时，将烙铁加热，熔化焊接点上的焊锡后，按动吸锡开关，即可将锡吸掉。它具有使用方便、灵活、适用范围广等特点。这种烙铁每次只能对一个焊点进行操作。

## 九、榔头和电工用凿

榔头又叫手锤，是电工在拆装电气设备时常用的工具；电工用凿主要用来在建筑物上打孔，以便下输线管或安装架线木桩，常用的电工用凿有麻线凿、小扁凿等。

榔头、麻线凿和小扁凿的外形如图1-30所示。

图1-30　榔头、麻线凿和小扁凿的外形
(a)榔头；(b)麻线凿；(c)小扁凿

## 课题二　安全用电

**知识目标**

(1)了解人体触电的类型及常见原因。
(2)了解触电现场的紧急处理措施。
(3)了解电气火灾的防范及扑救常识。
(4)了解保护接地、保护接零的方法。

# 单元一 认识实训室和安全用电

> **主要内容**
>
> 通过学习实训室操作规程及安全用电的规定，树立安全用电与规范操作的职业意识；利用模拟演示等教学手段，了解人体触电的类型及常见原因，掌握防止触电的保护措施，了解触电现场的紧急处理措施；了解电气火灾的防范及扑救常识，能正确选择处理方法；了解保护接地、保护接零的方法和漏电保护器的使用，并了解其应用。

## 【相关知识点一】 生活中的安全用电

随着人们生活水平的提高，家用电器的不断增加，在用电过程中，由于电气设备本身的缺陷、使用不当和安全技术措施不利而造成的人身触电和火灾事故，给人民的生命和财产带来了不应有的损失。

### 一、家庭照明电路的安装规范

#### 1. 照明开关必须接在火线上

如果将照明开关装设在零线上，虽然断开时电灯也不亮，但灯头的相线仍然是接通的，而人们以为灯不亮，就会错误地认为是处于断电状态。但实际上灯具上各点的对地电压仍是 220 V 的危险电压。如果灯灭时人们触及这些实际上带电的部位，就会造成触电事故。所以各种照明开关或单相小容量用电设备的开关，只有串接在火线上才能确保安全。

#### 2. 单相插座的正确安装

通常单相用电设备，特别是移动式用电设备，都应使用三芯插头和与之配套的三孔插座。三孔插座上有专用的保护接零(地)插孔，在采用接零保护时，严禁仅在插座底内将此孔接线桩头与引入插座内的那根零线直接相连，这是极为危险的。因为万一电源的零线断开，或者电源的火(相)线、零线接反，其外壳等金属部分也将带上与电源相同的电压，这就会导致触电。

因此，接线时专用接地插孔应与专用的保护接地线相连。采用接零保护时，接零线应从电源端专门引来，而不应就近利用引入插座的零线。需要说明的是，无论是三孔插座还是两孔插座，在接线时都应保证左边孔接零线，右边孔接相线，即"左零右火"。

### 二、家庭用电的防护措施

#### 1. 选配合适的保险丝

居民家庭用的保险丝应根据用电容量的大小来选用。如使用容量为 5 A 的电表时，保险丝应大于 6 A 小于 10 A；如使用容量为 10 A 的电表时，保险丝应大于 12 A 小于 20 A，也就是选用的保险丝应是电表容量的 1.2～2 倍。选用的保险丝应是符合规定的一根，而不能以小容量的保险丝多根并用，更不能用铜丝代替保险丝使用。

### 2. 选用合适的漏电保护器

漏电保护器又称漏电保护开关，是一种新型的电气安全装置，它能够防止由于电气设备和电气线路漏电引起的触电事故；防止用电过程中的单相触电事故；及时切断电气设备运行中的单相接地故障，防止因漏电引起的电气火灾事故。选用漏电保护器在技术上应满足以下几点要求：

(1) 触电保护的灵敏度要正确合理，一般启动电流应在 15～30 mA 范围内。
(2) 触电保护的动作时间一般不应大于 0.1 s。
(3) 保护器应装有必要的监视设备，以防运行状态改变时失去保护作用，如对电压型触电保护器应装设零线接地装置。

## 三、家庭安全用电的措施及要点

(1) 不要购买"三无"的假冒伪劣家用产品。
(2) 使用家电时应有完整、可靠的电源线插头。对金属外壳的家用电器都要采用接地保护。
(3) 不能在地线上和零线上装设开关和保险丝。禁止将接地线接到自来水、煤气管道上。
(4) 不要用湿手接触带电设备，不要用湿布擦抹带电设备。
(5) 不要私拉乱接电线，不要随便移动带电设备。
(6) 检查和修理家用电器时，必须先断开电源。
(7) 家用电器的电源线破损时，要立即更换或用绝缘布包扎好。
(8) 家用电器或电线发生火灾时，应先断开电源再灭火。

## 【相关知识点二】 人体触电及急救

## 一、触电类型

触电是指电流流过人体时对人体产生的生理和病理伤害。触电可分为电击和电伤两种类型。电击是由于电流通过人体而造成的内部器官在生理上的反应和病变，如刺痛、灼热感、痉挛、昏迷、心室颤动或停跳、呼吸困难或停止等现象。电伤是由于电流的热效应、化学效应或机械效应对人体外表造成的局部伤害，常常与电击同时发生。最常见的有电灼伤、电烙印、皮肤金属化三种情况。

## 二、触电方式

人体触电的方式多种多样，主要分为直接接触触电和间接接触触电两种。

#### 1. 直接接触触电

人体直接触及或过分靠近电气设备及线路的带电导体而发生的触电现象，称为直接接触触电。单相触电、两相触电、电弧伤害都属于直接接触触电。

#### 2. 间接接触触电

当电气设备绝缘损坏而发生接地短路故障时(俗称"碰壳"或"漏电")，其金属外壳或结构便带有电压，此时人体触及就会发生触电，这称为间接接触触电。如在电流流入地点形成跨步电压引起的触电称为跨步电压触电。

## 三、决定触电伤害程度的因素

通常触电伤害程度是由通过人体的电流大小、电流的持续时间、通过人体的途径、电流频率、人体状况等多方面综合因素决定的，但触电时，通过人体电流的大小是决定人体伤害程度的主要因素之一，通常情况下认为 50 mA 的电流通电时间在 1 s 以上即可使人致命。所以我国规定的安全电压等级为 42 V、36 V、24 V、12 V、6 V。一般环境的安全电压为 36 V。而存在高度触电危险的环境以及特别潮湿的场所，则应采用 12 V 的安全电压。

## 四、触电急救

### (一)触电急救的要点

抢救迅速与救护得法，即用最快的速度在现场采取积极措施，保护伤员生命、减轻伤情，减少痛苦，并根据伤情要求，迅速联系医疗部门救治。

### (二)解救触电者脱离电源的方法

发现有人触电后，首先要尽快使其脱离电源。脱离低压电源的具体方法如下：
脱离低压电源可用"拉""切""挑""拽""垫"五字来概括。
拉：指拉电闸。
切：当电闸距离触电现场较远时，可用带有绝缘柄的利器切断电源线。
挑：如果导线搭落在触电者身上，可用干燥的木棒挑开导线。
拽：救护人可戴上手套或在手上包缠干衣服等绝缘物品拖拽触电者，使之脱离电源。
垫：如果触电者由于痉挛紧握导线，可先用绝缘物塞进触电者身下，使其与地绝缘，然后想办法把电源切断。

### (三)现场救护

#### 1. 触电者未失去知觉的救护措施

先让触电者在通风暖和的地方静卧休息，并派人严密观察，同时请医生前来或送往医院救治。

## 2. 触电者已失去知觉的救护措施

若呼吸和心跳尚正常，则应使其舒适地平卧着，解开衣服以利呼吸，同时立即请医生前来或送往医院诊治。若呼吸困难或心跳失常，应立即施行人工呼吸或胸外心脏挤压。

## 3. 对"假死"者的急救措施

"假死"症状的判定方法是"看""听""试"。

心肺复苏法，就是实施支持生命的三项基本措施，即通畅气道、口对口（鼻）人工呼吸、胸外按压（人工循环）。

(1) 通畅气道。

①清除口中异物。

②采用仰头抬颌法通畅气道。一只手放在触电者前额，另一只手的手指将其颌骨向上抬起，气道即可通畅。

(2) 口对口（鼻）人工呼吸。

正常的吹气频率约 12 次/min，吹气量不需过大，以免引起胃膨胀。对儿童则为 20 次/min。

(3) 胸外按压。

右手的食指和中指沿触电伤员的右侧肋弓下缘向上，找到肋骨和胸骨接合处的中点。两手指并齐，中指放在切迹中点（剑突底部），食指平放在胸骨下部。另一只手的掌根紧挨食指上缘，置下胸骨上，即为正确按压位置。以髋关节为支点，利用上身的重力连同两手的力量，垂直将正常成人胸骨压陷 3～5 cm。压至要求程度后，立即全部放松，以使胸部自动复原，让血液回流入心脏。按压的频率为 80～100 次/min，正确姿势如图 1-31 所示。

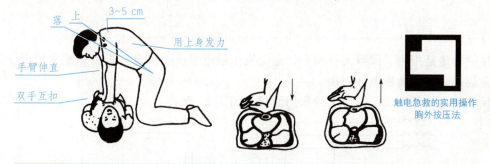

图 1-31　胸外心脏按压正确姿势

## 【相关知识点三】 电气火灾的防范与扑救常识

### 1. 引发电气火灾和爆炸的原因

引发电气火灾和爆炸的原因有：电气线路和设备过热、电火花和电弧、静电放电、电热和照明设备使用不当。

### 2. 电气防火与防爆措施

(1) 正常运行时能够产生火花、电弧和危险高温的非防爆电气装置应安装在危险场所之外。

（2）在危险场所，应尽量不用或少用携带式电气设备。

（3）在危险场所，应根据危险场所的级别合理选用电气设备的类型并严格按规范安装和使用。

（4）危险场所的电气线路应满足防火防爆要求。

（5）利用静电接地、增湿、静电中和器、静电屏蔽和添加抗静电添加剂等方法防止静电荷的积累，消除和防止静电火花。

### 3. 电气火灾的扑救常识

电气火灾前都有一种前兆，要特别引起重视。电线因过热首先会烧焦绝缘外皮，散发出一种烧胶皮、烧塑料的难闻气味。所以，当闻到此气味时，应首先想到可能是电气方面原因引起的，如查不到其他原因，应立即拉闸停电，直到查明原因，妥善处理后才能合闸送电。

万一发生了火灾，不管是否是电气方面引起的，首先要想办法迅速切断火灾范围内的电源。因为，如果火灾是电气方面引起的，切断了电源，也就切断了起火的火源；如果火灾不是电气方面引起的，也会烧坏电线的绝缘，若不切断电源，烧坏的电线会造成碰线短路，引起更大范围的电线着火。发生电气火灾后，应使用盖土、盖沙或灭火器，但绝不能使用泡沫灭火器，因此种灭火剂是导电的。

## 【相关知识点四】 保护接地和保护接零

### 一、保护接地

保护接地是指为了保障人身安全，避免发生触电事故，将电气设备在正常情况下不带电的金属部分与大地作电气连接。

保护接地在低压供电系统中的作用原理如图 1-32 所示。

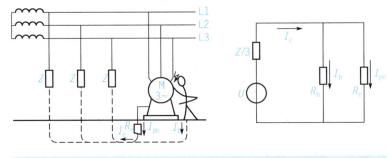

图 1-32 保护接地在低压供电系统中的作用原理

当 $R_e < R_b$ 时，由并联电路的分流公式可知，流过人体的电流只是地中电流的一小部分。只要适当控制接地电阻 $R_e$ 的大小，就能使流过人体的电流小于安全电流，从而保证人身安全。

## 二、保护接零

保护接零就是把电气设备平时不带电的外露可导电部分与电源中性线 N（N 线或 PEN 线直接与大地有良好的电气连接）连接起来。

采用保护接零的中性点直接接地的低压配电系统如图 1-33 所示。

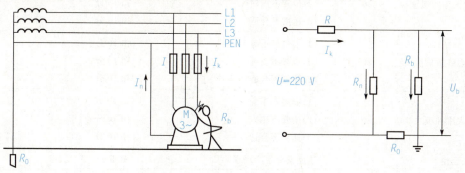

图 1-33　采用保护接零的中性点直接接地的低压配电系统

当电气设备发生"碰壳"故障时，根据等效电路原理可知，人体所承受的电压 $U_b$ 近似等于短路电流在零线上的电压降。显然，这个电压值对人体仍是危险的。所以保护接零的有效性关键在于线路的短路保护装置能否在"碰壳"故障发生后灵敏地动作，切断电源。

## 实训项目

## 实训项目一　触电急救

### 1. 实训内容及步骤

（1）展示触电急救视频资料等。
（2）触电的急救模拟训练。
在指导教师和学校医务部门的指导下进行以下操作：
①在模拟的低压触电现场，让学生模拟触电的各种情况，要求两位学生用正确的绝缘工具、安全快捷的方法使触电者脱离电源。
②利用心肺复苏模拟人，让学生在硬板床或地面上练习胸外挤压。

### 2. 注意要点

需注意的要点是急救手法和口对口人工呼吸法的动作以及节奏。根据打印出的训练结果检查学生急救手法的力度和节奏是否符合要求。若使用的是无打印输出的心肺复苏模拟人，则由教师观察并计时，作为给学生成绩的依据。

### 3. 任务评估

任务评估内容见表 1-3。

表 1-3 触电急救技术训练任务评估表

| 项目内容 | 配分 | 评分标准 | | 扣分 | 得分 |
|---|---|---|---|---|---|
| 口对口人工呼吸法 | 30 | (1)姿势不正确<br>(2)步骤不正确<br>(3)速度不合适 | 扣10分<br>扣10分<br>扣10分 | | |
| 胸外心脏按压法 | 30 | (1)姿势不正确<br>(2)步骤不正确<br>(3)速度不合适 | 扣10分<br>扣10分<br>扣10分 | | |
| 牵引人工呼吸法 | 30 | (1)姿势不正确<br>(2)步骤不正确<br>(3)速度不合适 | 扣10分<br>扣10分<br>扣10分 | | |
| 安全生产 | 5 | 违反安全生产规程 | 扣5分 | | |
| 文明生产 | 5 | 违反文明生产规程 | 扣5分 | | |

## 实训项目二　电气火灾的处理

### 1. 实训内容及步骤

(1)展示灭火器种类及使用视频资料等,让学生讨论用灭火器救火的技术要点。

(2)在指导教师和学校保卫部门的指导下识别灭火器材,并进行灭火演习,完成演习后谈个人感想。

### 2. 注意要点

(1)使用干粉灭火器时,喷嘴与火的距离要近些,千万不要超过 2 m;否则药粉不能发挥作用。

(2)要经常检查压力表显示的压力是否正常,有问题要及时检修。

(3)灭火器一经喷射使用后,必须重新充装灭火剂,再次出火险时方能有备无患。

(4)灭火器要放在醒目易取的地方,以免发生火险时手忙脚乱,延误扑救时机。

(5)要避免潮湿、雨淋、曝晒、烘烤或者腐蚀性的环境。

### 3. 任务评估

任务评估内容见表 1-4。

表 1-4 灭火器使用训练任务评估表

| 项目内容 | 配分 | 评分标准 | | 扣分 | 得分 |
|---|---|---|---|---|---|
| 灭火器的使用 | 80 | (1)不能说出灭火器的种类、用途<br>(2)不能说出电气火灾抢救措施<br>(3)不能正确使用灭火器 | 扣20分<br>扣30分<br>扣30分 | | |

续表

| 项目内容 | 配分 | 评分标准 | | 扣分 | 得分 |
|---|---|---|---|---|---|
| 安全生产 | 10 | 违反安全生产规程 | 扣10分 | | |
| 文明生产 | 10 | 违反文明生产规程 | 扣10分 | | |

## 单元小结

(1)电力生产行业还包括以下四个子行业：火力发电、水力发电、核力发电、其他能源发电。

(2)电工电子仪表的分类。

①根据其工作原理、测量对象、工作电流性质、使用方法、使用条件、准确度进行分类。

②按功能可分为专用仪表和通用仪表两大类。

(3)验电器，是用来检测导线、导体和电气设备是否带电的一种电工常用检测工具。它分为低压验电器和高压验电器。

(4)试电笔的作用。

①区分电压的高低。

②区分相线与中性线。

③区分交流电与直流电。

④区分直流电的正、负极。

⑤识别相线碰壳。

⑥识别相线接地。

(5)电烙铁，是进行手工焊接最常用的工具，它是根据电流通过加热器件产生热量的原理而制成的。

(6)家庭照明电路的安装规范。

①照明开关必须接在火线上。

②单相插座的正确安装。

(7)家庭用电的防护措施。选配合适的保险丝；选用合适的漏电保护器。

(8)触电类型，是指电流流过人体时对人体产生的生理和病理伤害，可分为电击和电伤两种类型。

(9)触电方式，主要分为直接接触触电和间接接触触电两种。

(10)触电急救的要点：抢救迅速与救护得法。即用最快的速度在现场采取积极措施，保护伤员生命，减轻伤情，减少痛苦，并根据伤情要求迅速联系医疗部门救治。

(11)解救触电者脱离电源的方法：发现有人触电后，首先要尽快使其脱离电源；然后就地抢救，在医生没有到来之前，坚持抢救不中断。

(12) 引发电气火灾和爆炸的原因有电气线路和设备过热、电火花和电弧、静电放电、电热和照明设备使用不当。

(13) 保护接地，是指为了保障人身安全，避免发生触电事故，将电气设备在正常情况下不带电的金属部分与大地作电气连接。

(14) 保护接零，就是把电气设备平时不带电的外露可导电部分与电源中性线 N（N 线直接与大地有良好的电气连接）连接起来。

## 自 测 题

**一、选择题**

1. 电流流过人体，造成对人体的伤害称为（　　）。
   A. 电伤　　　　B. 触电　　　　C. 电击　　　　D. 电烙印
2. 我国规定的交流安全电压为 42 V、36 V、（　　）。
   A. 220 V、380 V　B. 380 V、12 V　C. 220 V、6 V　D. 12 V、6 V
3. 如果触电者伤势严重，呼吸停止或心脏停止跳动，应竭力施行（　　）和胸外心脏按压。
   A. 按摩　　　　B. 点穴　　　　C. 人工呼吸
4. 电器着火时下列不能用的灭火方法是（　　）。
   A. 用四氯化碳或 1211 灭火器进行灭火　　B. 用沙土灭火
   C. 用水灭火

**二、填空题**

1. 不乱接_____电线，电路熔断器切勿用铜、铁丝代替。
2. _____照明时不离人，不要用_____照明寻找物品。
3. 发现_____泄漏，要迅速关闭_____门，打开门窗通风，切勿触动电器开关和使用明火，并迅速通知专业维修部门来处理。

**三、简答题**

怎样扑救家用电器发生的火灾？

单元二

# 直流电路

## 课题一 电路

### 知识目标

(1) 了解电路的基本组成。
(2) 能识读简单电路的电气符号。
(3) 会识读简单的电路图。

### 主要内容

通过拆装简易电气装置等实践活动，认识简单的实物电路，了解电路的基本组成；通过查阅电工手册及相关资料，会识读基本的电气符号和简单的电路图。

### 【相关知识点一】 电路的组成

#### 1. 电路的概念

电路是电流所流经的路径，用导线将电源、用电器（负载）、辅助设备（开关等）按一定方式连接形成的导电回路，称为电路。

#### 2. 电路的种类

按照电源的性质不同，一般分为直流电路和交流电路（单相、三相）。直流电路是电路的最基本形式，直流电路的分析方法是分析其他电路的基础。

在电力系统中，电路可以实现电能的传输、分配和转换；在电子技术中，电路可以实现电信号的传递、存储和处理。

根据所处理信号的不同，电子电路可以分为模拟电路和数字电路。传输并处理连续性电信号的电路，称为模拟电路。常见模拟电路有放大电路、振荡电路、线性运算电路（加法、减法、乘法、除法、微分和积分电路）。传输并处理不连续性定量电信号的电路称为数字电路。数字电路有逻辑电路、译码电路、时序电路等。

在同一个电路中,根据电流流通的路径不同,可分为内电路和外电路(部分电路)。内电路和外电路构成的闭合电路,称为全电路。

电路的规模可以相差很大,小到硅片上的集成电路,大到高低压输电网。

### 3. 电路图

实际应用的电路千变万化,实际用电器的特性、大小各不相同,为了便于分析电路,通常用图形符号表示电路的实际元件,按照实际连接方式把它们连接在一起,即画成电路图。

图 2-1 所示电路为采用导线将灯、电池、开关连接起来的实物图,用电路图形符号表示为图 2-2 所示。

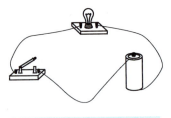

图 2-1　实物图电路

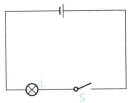

图 2-2　采用电路图形符号表示的电路图

国家规定从 1990 年 1 月 1 日起,电气图中的文字符号和图形符号必须符合最新国家标准。表 2-1 给出了部分常用电气图形符号,若需更详细的资料,请查阅最新国家标准以及电工手册等相关资料。

表 2-1　常用电气图形符号

| 图形符号 | 说明 | 图形符号 | 说明 |
| --- | --- | --- | --- |
| ─▭─ <br> ─〰〰〰─ | 电阻器一般符号 | ─〰〰〰─ | 电感器、线圈、绕组或扼流图(注:符号中半圆数不得少于3个) |
| ─▱̸─ | 可变电阻器或可调电阻器 | ─〰〰〰─ | 带磁芯、铁芯的电感器 |
| ─▭̷─ | 滑动触点电位器 | ─〰〰〰─ | 带磁芯连续可调的电感器 |
| ─╂╂─ | 极性电容 | 〰〰〰 | 双绕组变压器(注:可增加绕组数目) |
| ─╂╂̸─ | 可变电容器或可调电容器 | 〰〰〰 | 绕组间有屏蔽的双绕组变压器(注:可增加绕组数目) |

续表

| 图形符号 | 说明 | 图形符号 | 说明 |
|---|---|---|---|
|  | 双联同调可变电容器（注：可增加同调联数） |  | 在一个绕组上有抽头的变压器 |
|  | 微调电容器 |  | 电池或电池组（注：长线代表阳极、短线代表阴极） |
|  | 二极管 |  | JFET 结型场效应管<br>(1) N 沟道<br>(2) P 沟道 |
|  | 发光二极管 |  |  |
|  | 光电二极管 |  | PNP 型晶体三极管 |
|  | 稳压二极管 |  | NPN 型晶体三极管 |
|  | 变容二极管 |  | 全波桥式整流器 |
|  | 具有两个电极的压电晶体（注：电极数目可增加） | 或 | 接机壳或底板 |
|  | 熔断器 |  | 导线连接 |
|  | 指示灯及信号灯 |  | 导线不连接 |
|  | 扬声器 |  | 动合（常开）触点开关 |
|  | 蜂鸣器 |  | 动断（常闭）触点开关 |
|  | 接大地 |  | 手动开关 |

#### 4. 电路的作用

电路的作用是进行电能与其他形式能量之间的相互转换。

电源是提供电能的设备。电源的功能是把非电能转变成电能。例如，电池是把化学能转变成电能；发电机是把机械能转变成电能。由于非电能的种类很多，转变成电能的方式也很多。

在电路中使用电能的各种设备，统称为负载。负载的功能是把电能转变为其他形式的能。例如，电炉把电能转变为热能；电动机把电能转变为机械能等。通常使用的照明器具、家用电器、机床等都可称为负载。

辅助设备是用来实现对电路的控制、分配、保护及测量等作用的。辅助设备包括各种开关、熔断器、电流表、电压表及测量仪表等。

连接导线用来把电源、负载和其他辅助设备连接成一个闭合回路，起着传输电能的作用。

### 【相关知识点二】 电路的状态

根据电源与负载之间连接方式的不同，电路有通路(有载)、开路(断路)和短路三种不同的工作状态。

#### 1. 通路状态

通路就是指电路中的开关闭合，电路中有电流流过。根据负载的大小分为满载、轻载、过载三种情况。

(1)满载。电气设备加上额定电压，消耗额定功率，这种工作状态称为"满载"或者叫作额定工作状态。

(2)轻载。电气设备低于额定功率的工作状态叫作"轻载"。

(3)过载。电气设备超过额定功率的工作状态称为"过载"。过载过多或过载时间过长会使电气设备很快损坏，一般情况下不允许过载。电流超过额定值时称为电流过载。电压超过额定值时称电压过载。单一电流过载或电压过载，即使功率没超过额定值也是危险的。

#### 2. 短路状态

如果外电路电阻值近似为零，则电路处于短路状态，也叫电源短路，如图 2-3 所示。

由于电源的内阻很小，因而短路电流非常大，电源有烧坏的危险，或电流过大使导线的绝缘层燃烧起火，这是绝对不允许的。

防止短路的方法是在电路中加入熔断器。

另外一种短路是用电器短路，是指电路中某一用电器的两端被导线相连起来，使电流不通过该用电器，该用电器不能工作，而其他用电器还能工作的电路，如图 2-4 所示。

图 2-3　电源短路　　　　　　　图 2-4　局部短路

### 3. 开路（断路）状态

开路是指电源两端断开或电路断开，电路中没有电流流通。这种状态叫作电源空载。开路状态的主要特点：电路中的电流为零；电源端电压和电动势相等。

## 课题二　电路的常用物理量

### 知识目标

（1）理解电流、电压、电位、电动势、电能、电功率等常用物理量的概念。
（2）能对直流电路的常用物理量进行简单的分析与计算。

### 主要内容

通过学习电路中电流、电压、电位、电动势、电能、电功率等常用物理量的概念，能对简单直流电路的常用物理量进行分析与计算。

### 【相关知识点一】　电流和电压

#### 一、电流

##### 1. 电流的概念

电荷的定向移动称为电流。能够在物体中做定向移动的电荷称为自由电荷（也称为载流子）。不同的物质其内部的载流子数目不同，因而物质分为导体、绝缘体、半导体。不同的物质载流子性质不同。例如，导体内为自由电子，电解液和电离气体中为正离子和负离子，等离子体内是电子和离子，半导体中是自由电子和空穴。

##### 2. 电流的方向

规定正电荷定向运动方向为电流的方向。自由电子带负电，因此自由电子的运动方向与电流方向相反。在计算实际电路中的电流时，可以假设电流的参考方向。如果计算结果为正，说明电流实际方向与假设方向相同；反之，则相反。

##### 3. 电流的大小

为了衡量电流的强弱，把通过导体横截面的电荷所带电量 $Q$ 跟通过这些电量所用时间 $t$ 的比值称为电流强度，简称电流，用符号 $I$ 表示，即

$$I=\frac{Q}{t} \tag{2-1}$$

如果在 1 s 内通过导体横截面的电量是 1 库仑(C)，导体中的电流就是 1 安培(A)，除了安培(A)，常用的单位有千安(kA)、毫安(mA)、微安(μA)，它们之间的换算关系为

$$1\ \text{kA}=10^3\ \text{A}=10^6\ \text{mA}=10^9\ \mu\text{A}$$

#### 4. 电流的种类

电流分为交流电流和直流电流。直流电流是指方向不随时间发生改变的电流。对于电流的大小和方向均不随时间变化的电流称为稳恒电流，简称直流。其波形如图 2-5 所示。

干电池、锂电池、蓄电池等提供的是直流电，称之为直流电源。这些电源电压一般不会超过 24 V，属于安全电压。

交流电流：大小和方向都随时间发生周期性变化。若电流大小和方向按正弦规律变化，则称为正弦交流电。其波形如图 2-6 所示。

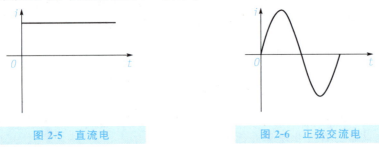

图 2-5　直流电　　　　　　　　图 2-6　正弦交流电

交流电在家庭生活、工农业生产中有着广泛的使用。交流电压有单相 220V、三相 380 V，属于危险电压。

## 二、电压

电流之所以能够定向流动，是因为在电路中有着高电势和低电势之间的差别，这种差别叫电势差(电位差)，也叫电压。如同水在管中流动一样，必须存在"水压"，如果只有水，而无水压，则水不会流动。

#### 1. 电压与电位的概念

电压是绝对量，而电位是相对量。如同温度(高度)的计算一样，都要选择一个参考点，所有状态的温度(高度)都是针对参考点而言的。电路中计算电位的参考点(零电位点)可以任意选取，通常人们以大地为参考点，在电子设备中一般以金属底板机壳等作为参考点。参考点选取以后，任意点的电位都是相对参考点而言的，比参考点高就是正电位，比参考点低就是负电位。

电荷 $q$ 在电场中从 $A$ 点移动到 $B$ 点电场力所做的功 $W_{AB}$ 与电荷量 $q$ 的比值，叫作 $A$、$B$ 两点间的电势差(也称为电压)，用 $U_{AB}$ 表示，如图 2-7 所示。

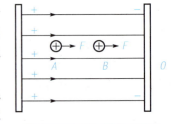

图 2-7　电场力做功

$$U_{AB} = \frac{W_{AB}}{q} \tag{2-2}$$

式中　$W_{AB}$——电场力所做的功,单位是焦耳,符号为 J。

　　　$q$——电荷的电荷量,单位是库仑,符号为 C。

　　　$U_{AB}$——$A$、$B$ 两点间的电压,单位是伏特,符号为 V。

电压是衡量单位正电荷在静电场中由于电势(电位)不同所产生的能量差的物理量。

电路中某点的电位等于该点与参考点之间的电压。如图 2-7 所示,以 $O$ 为参考点时,即规定 $V_O = 0$,则 $A$ 与 $B$ 点的电位分别为

$$V_A = U_{AO},\ V_B = U_{BO}$$

$U_{AO}$ 表示电场力把单位正电荷从点 $A$ 移到点 $O$ 所做的功,在数值上等于电场力把单位正电荷从点 $A$ 移到点 $B$ 所做的功,再加上从点 $B$ 移到点 $O$ 所做的功,即

$$U_{AO} = U_{AB} + U_{BO}$$

移项整理得

$$U_{AB} = U_{AO} - U_{BO}$$

所以有

$$U_{AB} = V_A - V_B \tag{2-3}$$

结论:电路中任意两点的电压就等于两点间电位之差。

### 2. 电压与电位的单位

电压与电位的单位一样,在国际单位制中的单位是伏特,简称伏,用符号 V 表示。1 V 等于对每 1 C 的电荷做了 1 J 的功,即 1 V = 1 J/C。

电压常用的单位还有千伏(kV)、毫伏(mV)、微伏(μV)等。它们之间的换算关系是:

$$1\ kV = 1\ 000\ V;\ 1\ V = 1\ 000\ mV;\ 1\ mV = 1\ 000\ \mu V$$

### 3. 电压的方向

规定由高电位指向低电位,是电位降低的方向,即电场力对正电荷做功的方向。当电压方向不知的情况下,可以先假设参考方向。

若求解结果大于 0,则实际方向与参考方向一致;若求解结果小于 0,则实际方向与参考方向相反。

两点间电压的正负反映的是电位的高低。$U_{AB} > 0$,表示 $V_A > V_B$,即 $A$ 点电位高于 $B$ 点电位。

$$U_{AB} = V_A - V_B = -(V_B - V_A) = -U_{BA}$$

### 4. 电压与电位的关系

电压是任意两点之间的电位之差,电位是相对参考点的电压。电路中某点的电位因参考点的不同而不同,但任意两点之间的电压是不变的。

**例 2-1**　如图 2-8 所示,已知 $U_{co} = 3$ V,$U_{cd} = 2$ V。试分别以 $d$ 点和 $o$ 点为参考点,求各点电位及 $d$、$o$ 两点间的电压。

**解**　(1)以 $d$ 点为参考点时,如图 2-9 所示。$V_d = 0(V)$

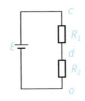
图 2-8 电路图(1)

图 2-9 电路图(2)

因为 $U_{cd}=V_c-V_d$，所以 $V_c=U_{cd}-V_d=2-0=2(\text{V})$。
同理，$U_{co}=V_c-V_o$
   $V_o=V_c-U_{co}=2-3=-1(\text{V})$
   $U_{do}=V_d-V_o=0-(-1)=1(\text{V})$

(2) $o$ 点为参考点时，如图 2-10 所示。

同样解得，$V_o=0\text{ V}$；$V_d=1\text{ V}$；$V_c=3\text{ V}$；$U_{do}=1\text{ V}$。

当电路中元件的数目较多时，把所有两点间的电压都表示出来就显得很烦琐，如果用电位表示就会变得简单、清晰。如图 2-11 所示，选取其中一点为参考点，只需要用三个电位量就可以表示出电路中每两点间的电压关系。

如取 $d$ 点为参考点，则 $V_d=0$，根据 $a$、$b$、$c$ 三点的电位 $V_a$、$V_b$、$V_c$，很容易得到任两点间的电压，减少了计算或测量的次数。

**例 2-2** 如图 2-12 所示，已知 $E=16\text{ V}$，$R_1=4\text{ }\Omega$，$R_2=3\text{ }\Omega$，$R_3=1\text{ }\Omega$，$R_4=5\text{ }\Omega$，$I=2\text{ A}$，试求各点电位及电压 $U_{ab}$ 和电压 $U_{af}$。

**解** (1) 分析电路。

$R_4$ 无电流通过(没有构成通路)，$U_{df}=0$。电路 $E\to R_1\to R_2\to R_3\to d$ 可看成无分支电路，假设电流参考方向如图 2-12 所示。

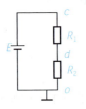
图 2-10 电路图(3)

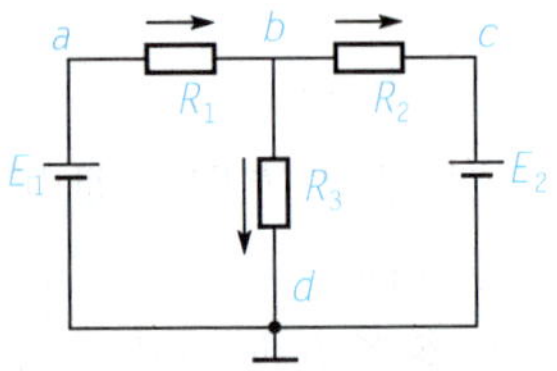

图 2-11 电路图(4)

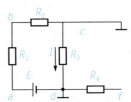
图 2-12 电路图(5)

(2) 选取参考点：图中已标出 $c$ 点为参考点，则选取 $V_c=0$。
(3) 求各点电位：
$V_c=0$(参考点)
$V_b=U_{bc}=IR_2=2\times3=6(\text{V})$
$V_a=U_{ac}=U_{ab}+U_{bc}=IR_1+IR_2=2\times4+6=14(\text{V})$
$V_d=V_f=U_{dc}=-U_{cd}=-IR_3=-2\times1=-2(\text{V})$
(4) 求电压：
$U_{ab}=V_a-V_b=14-6=8(\text{V})$
$U_{af}=U_{ad}=V_a-V_d=14-(-2)=16(\text{V})$

## 【相关知识点二】 电动势和端电压

### 一、电动势

电流产生的条件，除了有可以移动的载流子，还必须有电压。要形成持续电流，导体两端必须保持电势差（电压）。电源的作用就是维持导体两端电压，使导体中有持续电流。

下面以干电池电源为例，分析电源为电路提供电能的过程。图2-13所示为手电筒电路，由于电池电源的存在，c端为电池正极（高电位），d端为电池负极（低电位），电路中存在电场，正电荷在电场力的作用下定向运动形成电流$I$。为了保证电流稳定持续，就要把正电荷从电源负极经电源内部移到电源的正极。电源内部存在非静电力$F$对正电荷做功，把正电荷从负极经内部移到正极，从而保证电源两端电压稳定，电路中形成稳恒电流。

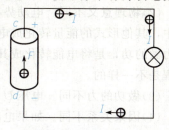

图2-13 手电筒电路

不同的电源，其非静电力做功本领的大小不同，为了衡量电源非静电力做功能力的大小，引入电源电动势的概念。

定义：非静电力把单位正电荷从电源的负极经电源内部移到正极所做的功，称为电源的电动势。

$$E = \frac{A}{Q} \tag{2-4}$$

式中 $A$——非静电力将正电荷从负极移动到正极所做的功，J；

$Q$——被移动电荷所带的电量，C；

$E$——电源电动势，V。

电动势方向：从电源负极经内部指向正极，是电位升高的方向。

电源内非静电力做功的过程，也是其他形式能量转换成电能的过程。

### 二、端电压

端电压是指电源加在外电路两端的电压，是电场力把单位正电荷从电源正极经外电路移到负极所做的功。所以，端电压与负载大小有关。

理想电源不具有任何内阻，放电与充电不会浪费任何电能。实际电源有一定的内阻，实际电源可以视为一个理想电源与阻值为$R_0$的内阻相串联，如图2-14所示。

对于给定的电源来说，不管外电阻是多少，电源的电动势总是不变的，而电源的端电压则是随着外电阻的变化而变化的，它是表征外电路性质的物理量。

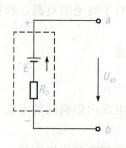

图2-14 理想电源电路

## 三、电动势与电压的关系

两者虽然具有相同的单位,但它们是本质不同的两个物理量。

(1)描述的对象不同。电动势是电源所具有的,是描述电源将其他形式的能量转化为电能本领的物理量,电压是反映电场力做功本领的物理量。

(2)物理意义不同。电动势在数值上等于将单位电量正电荷从电源负极移到正极的过程中,其他形式的能量转化成电能的多少;而电压在数值上等于移动单位电量正电荷时电场力做的功,是将电能转化成其他形式能量的多少。它们都反映了能量的转化,但转化的过程是不一样的。

(3)做功的力不同。电压 $U$ 与电场力做功有关;电动势与非静电力做功有关。

(4)因果关系不同。如果电路中没有电源(电动势),电流就如无源之水,电压也不会稳定。因此电路中各部分电压的产生和维持都是以电动势的存在为先决条件的。

(5)变与不变不同。对于一个给定的电源,电动势一般是固定不变的,与外电路是否接通无关,也与外电路的组成情况无关;而电路中的电压却因负载的改变而改变。当电路连接负载数目,以及连接方式变化时将引起电路各部分电流、电压的变化。

## 【相关知识点三】 电能和电功率

## 一、电能

在电路中电源提供电能,负载消耗电能。电源内部非静电力做功,消耗其他形式的能转化成电能;电流通过负载电场力做功,消耗电能转化成其他形式的能;电源内部存在内阻,也消耗电能并转化成热能。

电源提供的电能通过非静电力做功来衡量,用 $W_E$ 表示,即
$$W_E = EQ \tag{2-5}$$

负载消耗的电能通过电流做功来衡量,用 $W$ 表示,即
$$W = U_端 Q = U_端 It \tag{2-6}$$

对于纯电阻负载,根据部分电路欧姆定律,式(2-6)可以写成
$$W = I^2 Rt$$

或
$$W = \frac{U^2}{R} t$$

电源内阻消耗的电能也是通过电流做功来衡量的,用 $W_内$ 表示,即
$$W_内 = U_内 Q = U_内 It \tag{2-7}$$

根据能量守恒定律,电源提供的电能等于负载消耗的电能与电源内阻消耗的电能之和。用公式表达为
$$W_E = W + W_内$$

由此得到

$$E = U_端 + U_内 \tag{2-8}$$

式(2-8)为电压平衡方程式。由此得到电源端电压为

$$U_端 = E - U_内$$

在国际单位制中,能量的单位为 J。

电能的测量用电能表(电度表)。电能的常用单位是千瓦小时(kW·h),1 kW·h 就是通常所说的 1 度电,即 1 kW·h = 3.6×10⁶ J。

## 二、电功率

为了衡量消耗电能的快慢引入电功率这一概念。

### 1. 电功率的定义

消耗的电能与所用时间之比,即单位时间内消耗的电能。它是用来表示消耗电能快慢的物理量,用 $P$ 表示,定义式为

$$P = \frac{W}{t} \tag{2-9}$$

式中　$P$——功率,W;
　　　$W$——电能,J;
　　　$t$——时间,s。

功率的常用单位有 W 和 kW,1 W = 1 J/s,1 kW = 1 000 W。

对于纯电阻用电器,式(2-9)可以写为

$$P = UI = \frac{U^2}{R} = I^2 R$$

根据电压平衡方程式,得到功率平衡方程式,即

$$P_E = P + P_内 \tag{2-10}$$

式中　$P_E$——电源产生的功率,W;
　　　$P$——负载消耗的功率,W;
　　　$P_内$——内阻损耗的功率,W。

电功率的测量使用功率表。

### 2. 负载的额定值

为保证电气元件和电气设备能长期安全、正常地工作所允许的最高限值称为额定值。电气设备的额定值是根据设计、材料及制造工艺等因素,由制造厂家给出的技术数据,如额定电压、额定电流、额定功率等。

额定电压:在元件安全正常工作时,两端所允许的最大电压。
额定电流:在元件安全正常工作时,所允许通过的最大电流。
额定功率:用电器在额定电压下的功率为额定功率。

用电器实际消耗的功率随着加在它两端的电压变化而改变。实际电压低于额定电压时,用电器消耗的功率低,不能正常工作;实际电压高于额定电压时,用电器消耗的功率

大，容易烧坏用电器。

使用各种用电器之前一定要注意它的额定电压，只有供电电压与额定电压相符合的情况下用电器才能正常工作。

## 直流电流、电压的测量

### 1. 实训内容及步骤

(1)正确使用直流电流表、电压表或万用表。
(2)理解电器额定功率、实际功率。
(3)依据图 2-15 所示连接元器件，将 $R$ 调整到适中位置。
(4)合上开关，观察灯亮度，测量电流及灯两端电压，并将观察结果和测量数值填入表 2-2 中。
(5)将阻值调大，重复步骤(2)。
(6)再次反向调整阻值，重复步骤(2)。

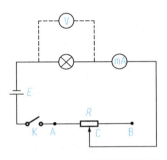

图 2-15 元器件连接

表 2-2 测量直流电流、电压数据

| 次数 | $R$ | $I$ | $U$ | 灯亮度变化情况 |
| --- | --- | --- | --- | --- |
| 1 | 适中 | | | |
| 2 | 增大 | | | |
| 3 | 减小 | | | |

### 2. 注意要点

(1)接线要正确、牢固，器件布局合理。
(2)测量电压可以用直流电压表，也可以用万用表。
(3)各仪表的接线极性不能接错，挡位选择正确，量程选择合适。
(4)电源电压与小灯泡额定电压相符，阻值调整以能看到变化即可。

### 3. 任务评估

任务评估内容见表 2-3。

表 2-3 直流电流、电压测量技术训练任务评估表

| 项目内容 | 配分 | 评分标准 | | 扣分 | 得分 |
| --- | --- | --- | --- | --- | --- |
| 按图连接器件 | 30 | (1)连接不正确<br>(2)步骤不正确 | 扣 15 分<br>扣 15 分 | | |
| 测量调试 | 30 | (1)仪表操作不正确<br>(2)测量结果不正确 | 扣 15 分<br>扣 15 分 | | |

续表

| 项目内容 | 配分 | 评分标准 | | 扣分 | 得分 |
|---|---|---|---|---|---|
| 数据记录 | 30 | (1)读数不正确 | 扣15分 | | |
| | | (2)步骤不正确 | 扣15分 | | |
| 安全生产 | 5 | 违反安全生产规程 | 扣5分 | | |
| 文明生产 | 5 | 违反文明生产规程 | 扣5分 | | |

# 课题三 电阻的连接

**知识目标**

(1)掌握电阻串联、并联及混联的连接方式及电路特点。
(2)会计算串联、并联及混联电路的等效电阻、电压、电流及电功率。

**主要内容**

通过学习电阻串联、并联及混联的连接方式，掌握其电路特点；会计算串联、并联及混联电路的等效电阻、电压、电流及电功率。

【相关知识点一】 欧姆定律

## 一、部分电路的欧姆定律

德国物理学家欧姆通过实验证明，流经负载的电流 $I$ 与加在电路两端的电压 $U$ 成正比，与电路的电阻 $R$ 成反比，这一结论称为部分电路欧姆定律，用公式表示为

$$I = \frac{U}{R} \tag{2-11}$$

电压 $U$ 的单位是 V，电阻 $R$ 的单位是 Ω，电流 $I$ 的单位是 A。

**例 2-3** 在图 2-16 中，已知电阻 $R$ 为 30 Ω，电压 $U$ 为 6 V，试求流过它的电流 $I$ 为多大？

**解** $I = \dfrac{U}{R} = \dfrac{6}{30} = 0.2(\text{A})$

欧姆定律适用于一段无源电路，且电流与电压的方向相关联，即电流的方向与电压的

方向应一致。如果两者方向不一致,如图 2-17 所示,则

$$I = -\frac{U}{R}$$

图 2-16　部分电路(1)　　　　图 2-17　部分电路(2)

## 二、全电路欧姆定律

图 2-18 所示为全电路,根据电压平衡方程式以及部分电路欧姆定律,得到

$$E = U_{端} + U_{内} = IR + IR_0 = I(R + R_0)$$

整理,得

$$I = \frac{E}{R + R_0} \qquad (2-12)$$

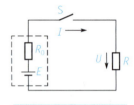

图 2-18　全电路

式(2-12)表明,在一个闭合电路中,电流与电源的电动势成正比,与电路中的内电阻与外电阻之和成反比,这个规律称为全电路欧姆定律。

讨论:

(1) 电源短路时,外电阻 $R=0$,根据闭合电路欧姆定律,短路电流

$$I_{短} = \frac{E}{R_0}$$

(2) 电路开路(断路)时,电流 $I=0$,即电源空载,则电源端电压为

$$U_{端} = E$$

(3) 电路通路时,电流 $I \neq 0$,则电源端电压为

$$U_{端} = E - U_{内}$$

所以,电源的端电压随负载的增大而减小。端电压不仅与负载有关,而且与电源的内阻大小有关。

【相关知识点二】　电阻串、并联电路

## 一、电阻串联

将两个或两个以上的电阻首尾依次相接,仅形成一条电流通路的连接方法,称为电阻的串联。图 2-19 是由电阻 $R_1$、$R_2$、$R_3$ 组成的串联电路。

串联电路的特点:

(1)电流处处相等,即
$$I=I_1=I_2=I_3=\cdots=I_n \qquad (2\text{-}13)$$
(2)总电压等于各部分电压之和,即
$$U=U_1+U_2+U_3+\cdots+U_n \qquad (2\text{-}14)$$
(3)电路的总电阻(等效电阻)等于各电阻之和,即
$$R=R_1+R_2+R_3+\cdots+R_n \qquad (2\text{-}15)$$
用电器串联,相当于增加导体长度,总电阻增大。

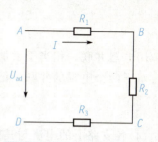

图 2-19 电阻的串联

(4)电路中各电阻两端的电压与它的阻值成正比,即
$$\frac{U_1}{U_2}=\frac{R_1}{R_2} \qquad (2\text{-}16)$$
或写成
$$\frac{U_1}{R_1}=\frac{U_2}{R_2}$$
电阻串联具有分压限流的特性。
对于两个电阻串联的电路,常用的分压公式为
$$U_1=\frac{R_1}{R_1+R_2}U$$
$$U_2=\frac{R_2}{R_1+R_2}U$$
(5)电路中各电阻消耗的电功率跟它的阻值成正比,即
$$\frac{P_1}{P_2}=\frac{R_1}{R_2} \qquad (2\text{-}17)$$
(6)总功率等于各功率之和,即
$$P=P_1+P_2+P_3+\cdots+P_n \qquad (2\text{-}18)$$
(7)总电能等于各电能之和,即
$$W=W_1+W_2+W_3+\cdots+W_n \qquad (2\text{-}19)$$

## 二、电阻并联

将两个或两个以上的电阻一端连在一起,另一端也连在一起,使每一个电阻两端都承受相同电压的作用,这种连接方式叫作并联,如图 2-20 所示。并联时电流流通路径增多,电路分成干路和支路。并联电路特点如下:

(1)各支路两端的电压都相等,并且等于电源两端电压,即
$$U=U_1=U_2=U_3=\cdots=U_n \qquad (2\text{-}20)$$

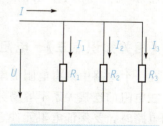

图 2-20 电阻的并联

(2)干路电流(总电流)等于各支路电流之和,即
$$I=I_1+I_2+I_3+\cdots+I_n \qquad (2\text{-}21)$$
(3)总电阻(等效电阻)的倒数等于各支路电阻的倒数之和,即

$$\frac{1}{R} = \frac{1}{R_1} + \frac{1}{R_2} + \frac{1}{R_3} + \cdots + \frac{1}{R_n} \qquad (2\text{-}22)$$

用电器并联，相当于增加导体横截面积，总电阻减小。

对于两个电阻的并联，记作 $R_1//R_2$，其总电阻为

$$R = R_1//R_2 = \frac{R_1 R_2}{R_1 + R_2}$$

(4)各支路上的电流与其阻值成反比，即

$$IR = I_1 R_1 = I_2 R_2 = I_3 R_3 = \cdots = I_n R_n \qquad (2\text{-}23)$$

并联电路具有分流的特性。

对于两个并联支路，常用分流公式。

$R_1$ 支路电流，即

$$I_1 = \frac{R_2}{R_1 + R_2} I$$

$R_2$ 支路电流，即

$$I_2 = \frac{R_1}{R_1 + R_2} I$$

(5)各支路电阻消耗的功率与其阻值成反比，即

$$PR = P_1 R_1 = P_2 R_2 = P_3 R_3 = \cdots = P_n R_n \qquad (2\text{-}24)$$

(6)总功率等于各功率之和，即

$$P = P_1 + P_2 + P_3 + \cdots + P_n \qquad (2\text{-}25)$$

(7)总电能等于各电能之和，即

$$W = W_1 + W_2 + W_3 + \cdots + W_n \qquad (2\text{-}26)$$

**例 2-4** 在图 2-20 中，已知电阻 $R_1 = 4\ \Omega$，$R_2 = 6\ \Omega$，$R_3 = 12\ \Omega$，电压 $U = 6$ V。试求：(1)电路的总电阻；(2)流经各支路的电流；(3)干路上的总电流。

**解** (1) $\frac{1}{R} = \frac{1}{R_1} + \frac{1}{R_2} + \frac{1}{R_3} = \frac{1}{4} + \frac{1}{6} + \frac{1}{12} = \frac{1}{2}$

所以 $R = 2\ \Omega$。

(2) $I_1 = \frac{U}{R_1} = \frac{6}{4} = 1.5 \text{(A)}$；$I_2 = \frac{U}{R_2} = \frac{6}{6} = 1 \text{(A)}$；$I_3 = \frac{U}{R_3} = \frac{6}{12} = 0.5 \text{(A)}$。

(3) $I = I_1 + I_2 + I_3 = 1.5 + 1 + 0.5 = 3 \text{(A)}$。

## 【相关知识点三】 电阻混联电路

在一个电路中既有电阻的串联，又有电阻的并联，称为电阻的混联。

在电阻的连接关系不容易分辨时，需要将原电路改画成串并联关系十分清楚的电路。改画电路时，要保证电阻元件之间的连接关系不变，根据等电位的概念，无电阻的导线最好缩成一点，并尽量避免交叉；为防止出错，可以先标明各节点的代号，再将各元件画在相应节点间。

分析混联电路的一般步骤如下：

(1)用等效电阻逐步代替串、并联总电阻，逐步简化电路，最终求出总电阻。

(2)应用欧姆定律，求出总电流。

(3)应用电阻串联分压、并联分流关系式,求出各电阻上的电压、电流及功率。

**例 2-5** 图 2-21(a)所示电路,试求 $a$、$b$ 两端的等效电阻。

**解** 图中两个 $c$ 点导线相连,电位相等,视为同一点,将电路改画成图 2-21(b)。

由此可以清楚地观察出各电阻之间的连接关系。3 Ω、6 Ω 两个电阻并联;两个 4 Ω 电阻也是并联。分别求出它们的等效电阻,电路改画成图 2-22(a)。

继续化简电路,在图 2-22(a)中可以观察出 2 Ω 与 4 Ω 电阻串联后,再与 6 Ω 电阻并联,同样求出它们的等效电阻,电路改画成图 2-22(b)。

所以,$R_{ab}=2+3=5(\Omega)$。

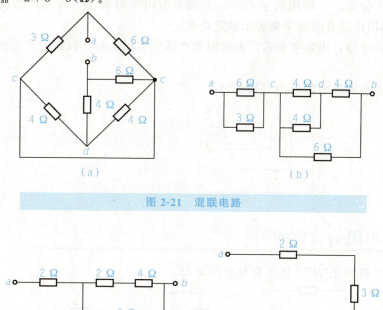

图 2-21 混联电路

图 2-22 例 2-5 解图

当知道 $a$、$b$ 之间的电压后,就可求出总电流,然后根据各等效电路,应用串并联知识,再求解所要求的未知量。

物体对电流的阻碍作用叫作电阻。材料不同的物体对电流的阻碍作用不同,计算式为

$$R=\rho\frac{l}{S}$$

在数值上

$$R=\frac{U}{I}$$

电阻的单位为欧姆(Ω),常用单位有千欧(kΩ)、兆欧(MΩ)。它们之间的换算关系为

$$1\ \text{M}\Omega=10^3\ \text{k}\Omega=10^6\ \Omega$$

## 一、电阻器的型号命名方法

根据国家标准《电子设备用固定电阻器、固定电容器型号命名方法》(GB/T 2470—1995)的规定，国产电阻器的型号由四部分组成(不适用敏感电阻)。

第一部分：名称，用字母表示，表示产品的名字。

第二部分：材料，用字母表示，表示电阻体用什么材料制成。

第三部分：分类，一般用数字表示，个别类型用字母表示，表示产品属于什么类型(也有的电阻器用该部分的数字来表示额定功率)。

第四部分：序号，用数字表示，表示同类产品中不同品种，以区分产品的外形尺寸和性能指标等。

例如，精密金属膜电阻器的型号说明：

## 二、电阻的文字符号

电阻的文字符号是"$R$"，图形符号见图 2-23。

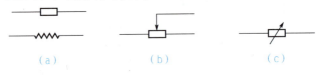

图 2-23 电阻器的图形符号
(a)电阻；(b)电位器；(c)可调电阻

## 三、常见电阻器的外形

常见电阻器的外形如图 2-24 所示。

图 2-24 各种电阻器外形
(a)热敏电阻；(b)滑动电阻器；(c)压敏电阻

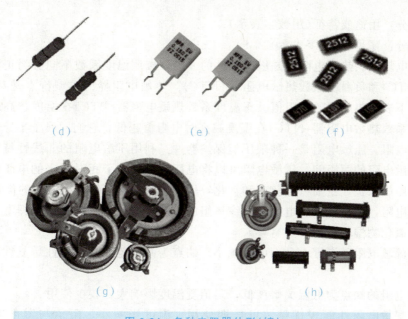

图 2-24　各种电阻器外形（续）
(d)金属氧化膜电阻；(e)无感水泥电阻；(f)贴片电阻；
(g)大功率瓷盘电阻(旋臂线式)；(h)各种大功率电阻器

## 四、常用电阻器

(1)线绕电阻器(RX)，其包括通用线绕电阻器、精密线绕电阻器、大功率线绕电阻器、高频线绕电阻器。

(2)薄膜电阻器，它是用蒸发的方法将一定电阻率材料蒸镀于绝缘材料表面制成，主要类型为碳膜电阻器(RT)、合成碳膜电阻器、金属膜电阻器(RJ)、金属氧化膜电阻器(RY)、金属玻璃铀电阻器等。

(3)实芯碳质电阻器，它是用炭质颗粒状导电物质、填料和黏合剂混合而制成的电阻器。特点：价格低廉，但其阻值误差、噪声电压都大，稳定性差，目前较少使用。

(4)敏感电阻器，是指器件特性对温度、电压、湿度、光照、气体、磁场、压力等作用敏感的电阻器，可用在相应的传感器中。敏感电阻的符号是在普通电阻的符号中加一斜线，并在旁标注敏感电阻的类型。

根据行业标准《热敏电阻器型号命名方法》(SJ 1155—1982)的规定，热敏电阻的型号由四部分组成。

第一部分：主称(用字母表示)。M——敏感元件。

第二部分：类别(用字母表示)。字母含义见表 2-4。

表 2-4　敏感电阻器类别字母的含义

| 字母 | Z | F | Y | G | L | C | S | Q |
|---|---|---|---|---|---|---|---|---|
| 含义 | 正温度系数热敏 | 负温度系数热敏 | 压敏 | 光敏 | 力敏 | 磁敏 | 湿敏 | 气敏 |

第三部分：用途或特征(用数字表示)。

第四部分：序号(用数字表示)。

①热敏电阻器。热敏电阻器是敏感元件的一类，按照温度系数不同分为正温度系数热敏电阻器(PTC)和负温度系数热敏电阻器(NTC)。热敏电阻器的典型特点是对温度敏感，不同的温度下表现出不同的电阻值。正温度系数热敏电阻器(PTC)在温度越高时电阻值越大，负温度系数热敏电阻器(NTC)在温度越高时电阻值越低，它们同属于半导体器件。

②压敏电阻。压敏电阻是一种限压型保护器件。利用压敏电阻的非线性特性，当过电压出现在压敏电阻的两极间，压敏电阻可以将电压钳位到一个相对固定的电压值，从而实现对后级电路的保护。主要有碳化硅和氧化锌压敏电阻，氧化锌具有更多的优良特性。

③湿敏电阻。由感湿层、电极、绝缘体组成。湿敏电阻主要包括氯化锂湿敏电阻、碳湿敏电阻、氧化物湿敏电阻。

氯化锂湿敏电阻随湿度上升而电阻减小。缺点为测试范围小、特性重复性不好、受温度影响大。

碳湿敏电阻的缺点为低温灵敏度低，阻值受温度影响大，较少使用。

氧化物湿敏电阻性能较优越，可长期使用，温度影响小，阻值与湿度变化呈线性关系。

④光敏电阻。光敏电阻器是利用半导体的光电导效应制成的一种电阻值随入射光的强弱而改变的电阻器，又称为光电导探测器；入射光强时，电阻减小；入射光弱时，电阻增大。

⑤气敏电阻。利用某些半导体吸收某种气体后发生氧化还原反应制成，主要成分是金属氧化物，主要品种有金属氧化物气敏电阻、复合氧化物气敏电阻、陶瓷气敏电阻等。

⑥力敏电阻。力敏电阻是一种阻值随压力变化而变化的电阻。压力电阻效应即半导体材料的电阻率随机械应力的变化而变化的效应。可制成各种力矩计、半导体话筒、压力传感器等。主要品种有硅力敏电阻器、硒碲合金力敏电阻器。

(5)保险电阻又叫熔断电阻器，在正常情况下起着电阻和保险丝的双重作用，当电路出现故障而使其功率超过额定功率时，它会像保险丝一样熔断使连接电路断开。保险电阻一般电阻值都很小(0.33 Ω～10 kΩ)，功率也较小。保险电阻常用型号有 RF10 型、RF111－5 型、RRD0910 型、RRD0911 型等。

(6)贴片电阻 SMT，片状电阻是金属玻璃铀电阻的一种形式，它的电阻体是高可靠的钌系列玻璃铀材料经过高温烧结而成，电极采用银钯合金浆料。其体积小，精度高，稳定性好，由于其为片状元件，所以高频性能好。

## 五、电阻器的主要参数

(1)标称阻值，即电阻器上所标示的阻值。

阻值是电阻的主要参数之一，不同类型的电阻，其阻值范围不同，不同精度的电阻其阻值系列亦不同。根据国家标准，常用的标称电阻值系列如表 2-5 所示。E24、E12 和 E6 系列也适用于电位器和电容器。"E"代表指数间隔的意思，后面的"6"表示只有 6 种数字系列。

表 2-5　通用电阻器的标称值系列

| 标称值系列 | 精度 | 标称值系列 | | | | | | | |
|---|---|---|---|---|---|---|---|---|---|
| E24 | ±5% | 1.0<br>2.2<br>4.7 | 1.1<br>2.4<br>5.1 | 1.2<br>2.7<br>5.6 | 1.3<br>3.0<br>6.2 | 1.5<br>3.3<br>6.8 | 1.6<br>3.6<br>7.5 | 1.8<br>3.9<br>8.2 | 2.0<br>4.3<br>9.1 |
| E12 | ±10% | 1.0<br>3.3 | 1.2<br>3.9 | 1.5<br>4.7 | 1.8<br>5.6 | 2.2<br>6.8 | 2.7<br>8.2 | — | — |
| E6 | ±20% | 1.0 | 1.5 | 2.2 | 3.3 | 4.7 | 6.8 | — | — |

（2）允许误差。标称阻值与实际阻值的差值跟标称阻值之比的百分数，称为阻值偏差，它表示电阻器的精度。电阻的精度等级见表 2-6。

表 2-6　电阻的精度等级

| 允许误差/% | ±0.001 | ±0.002 | ±0.005 | ±0.01 | ±0.02 | ±0.05 | ±0.1 |
|---|---|---|---|---|---|---|---|
| 等级符号 | E | X | Y | H | U | W | B |
| 允许误差/% | ±0.2 | ±0.5 | ±1 | ±2 | ±5 | ±10 | ±20 |
| 等级符号 | C | D | F | G | J（Ⅰ） | K（Ⅱ） | M（Ⅲ） |

（3）额定功率。电阻器长期安全工作所允许耗散的最大功率。不同类型的电阻具有不同系列的额定功率，如表 2-7 所示。

表 2-7　电阻器的功率等级

| 名称 | 额定功率/W | | | | | |
|---|---|---|---|---|---|---|
| 实芯电阻器 | 0.25 | 0.5 | 1 | 2 | 5 | — |
| 线绕电阻器 | 0.5<br>25 | 1<br>35 | 2<br>50 | 6<br>75 | 10<br>100 | 15<br>150 |
| 薄膜电阻器 | 0.025<br>2 | 0.05<br>5 | 0.125<br>10 | 0.25<br>25 | 0.5<br>50 | 1<br>100 |

电阻器的额定功率符号标示法如图 2-25 所示。

0.125 W　　0.25 W　　0.5 W　　1 W

图 2-25　电阻器的功率符号

（4）最高工作电压。允许的最大连续工作电压。

（5）温度系数。温度每变化 1 ℃所引起的电阻值的相对变化。温度系数越小，电阻的稳定性越好。阻值随温度升高而增大的为正温度系数；反之，为负温度系数。

（6）老化系数。电阻器在额定功率长期负荷下阻值相对变化的百分数，它是表示电阻器寿命长短的参数。

（7）电压系数。在规定的电压范围内，电压每变化 1 V 时电阻器的相对变化量。

(8)噪声电动势。产生于电阻器中的一种不规则的电压起伏,包括热噪声和电流噪声两部分。热噪声是由于导体内部不规则的电子自由运动,使导体任意两点的电压不规则变化。

## 六、电阻器阻值的标示方法

(1)直标法。直接在产品表面标出其主要参数和技术性能的方法。

(2)数码法。在电阻器上用三位数码表示标称值的方法。前两位数字为有效数字,第三位数字为倍率,单位为 Ω。此种方法多用于贴片元件的表示方法。

例如,$103=10\times10^3\ \Omega=10\ \text{k}\Omega$,$471=47\times10^1\ \Omega=470\ \Omega$。

(3)文字符号法。用文字、数字符号有规律地组合,标识在产品表面上,表示标称阻值、额定功率、允许误差等级的方法。符号前面的数字表示整数阻值,后面的数字依次表示第一位小数阻值和第二位小数阻值。

例如,1R5J 表示 $1.5\ \Omega\pm5\%$;2K7M 表示 $2.7\ \text{k}\Omega\pm20\%$;R1F 表示 $0.1\ \Omega\pm1\%$;2.2GK 表示 $2\ 200\ \text{M}\Omega\pm10\%$;2R2 表示 $2.2\ \Omega$;R15 表示 $0.15\ \Omega$。

(4)色标法。用不同颜色的带或点在电阻器表面标出标称阻值和允许偏差。普通的色环电阻器用 4 环表示,精密电阻器用 5 环表示,紧靠电阻体一端头的为第一环,露着电阻体本色较多的另一端头为末环,且最后一环必为金色或银色。

当电阻为四色环时,前两位为有效数字,第三位为倍乘,第四位为偏差,如图 2-26 所示。

图 2-26 四色环电阻

当电阻为五色环时,前三位为有效数字,第四位为倍乘,第五位为偏差,且最后一环与前面四环距离较大。

各种颜色所代表的含义见表 2-8。

表 2-8 色标法各种颜色含义

| 颜色<br>含义 | 银 | 金 | 黑 | 棕 | 红 | 橙 | 黄 | 绿 | 蓝 | 紫 | 灰 | 白 | 无 |
|---|---|---|---|---|---|---|---|---|---|---|---|---|---|
| 有效数字 | — | — | 0 | 1 | 2 | 3 | 4 | 5 | 6 | 7 | 8 | 9 | — |
| 倍乘 | $10^{-2}$ | $10^{-1}$ | 10 | $10^1$ | $10^2$ | $10^3$ | $10^4$ | $10^5$ | $10^6$ | $10^7$ | $10^8$ | $10^9$ | — |
| 允许偏差% | ±10 | ±5 | — | ±1 | ±2 | — | — | ±0.5 | ±0.25 | ±0.1 | 0.05 | — | ±20 |

记忆口诀:棕一红二橙是三,四黄五绿六为蓝,七紫八灰九对白,黑是零,金五银十表误差。

例如,红、紫、橙、金四色环,表示 $27\ \text{k}\Omega$,允许偏差为 $\pm5\%$;棕、紫、绿、银、棕五色环,表示 $1.75\ \Omega$,允许偏差为 $\pm1\%$。

## 七、电阻器的检测

用指针式万用表判定电阻的好坏。

(1) 首先选择测量挡位,再将倍率挡旋钮置于适当的倍率挡位。

(2) 测量挡位选择确定后,对万用表电阻倍率挡位进行校零。校零的方法是将万用表两表笔金属棒短接,观察指针是否到"0"的位置,如果不在"0"位置,调整调零旋钮使表针指向电阻刻度的"0"位置。

(3) 接着将万用表的两表笔分别和电阻器的两端相接,表针应指在相应的阻值刻度上。如果表针不动、不稳定或指示值与电阻器上的标示值相差很大,则说明该电阻器已损坏。

## 八、电阻的作用

电阻在电路中起到分流、限流、分压、偏置、滤波(与电容器组合使用)和阻抗匹配等作用。

## 九、电位器

电位器实际上就是一种阻值连续可调、具有分压体的电阻器。电位器的标称阻值一般采用 E12、E6 系列。

### 1. 电位器的分类

(1) 按用途,分为普通电位器、直滑电位器、微调电位器、带开关电位器等。

(2) 按阻值变化规律,分为线性电位器(X)、对数电位器(D)、指数电位器(Z)。X 适用于分压器;D 适用于音调控制;Z 适用于音量控制。

### 2. 电位器的主要技术指标

(1) 额定功率。电位器的两个固定端上允许耗散的最大功率为电位器的额定功率。使用中应注意额定功率不等于中心抽头与固定端的功率。

(2) 标称阻值。标在产品上的阻值,其系列与电阻的系列类似。

(3) 允许误差等级。实测阻值与标称阻值的误差范围。根据不同精度等级可允许 ±20%、±10%、±5%、±2%、±1% 的误差。精密电位器的精度可达 ±0.1%。

(4) 阻值变化规律。它是指阻值随滑动片触点旋转角度(或滑动行程)之间的变化关系,这种变化关系可以是任何函数形式,常用的有直线式、对数式和指数式。

### 3. 电位器的一般标识方法

#### 4. 电位器的测量

(1)普通电位器的测量。如图 2-27 所示,用万用表测 1、3 两端,测得阻值应为该电位器的实际阻值;再测电位器可调端 2 与 1(或 3)端,慢慢旋转电位器动臂,阻值相应变大(或变小),以没有跳跃现象为好。

(2)带开关电位器的测量。图 2-28 是带开关电位器等效电路,除对电位器部分测量外,还应检查开关部分是否良好。当开关接通,测得开关两端阻值应为"0Ω";开关断开,测得阻值应为无穷大。

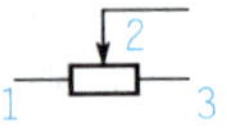

图 2-27 电位器 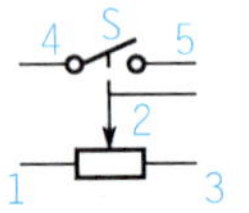　　　　　　　图 2-28 带开关电位器

## 实训项目

## 电阻的测量

### 一、电阻的测量

#### 1. 实训内容及步骤

(1)直观识别固定电阻器。

提供色环电阻,让学生直观判别阻值大小、功率大小及允许偏差等基本参数。

①色环电阻标称阻值识别。

②各电阻的标称功率识别。

③各电阻的允许偏差识别。

④将直观识别的各电阻的参数填入表 2-9 中。

表 2-9　直观识别电阻训练表

| 序号 | 电阻外形 | 电阻颜色(底色) | 色环颜色(按顺序) | 标称阻值 | 允许偏差 |
|---|---|---|---|---|---|
| 1 | | | | | |
| 2 | | | | | |
| 3 | | | | | |
| 4 | | | | | |

(2)用万用表测量电阻器。

提供不同类型的电阻器,学生用万用表判别各电阻的质量,测量值是否与标称值相符,掌握固定电阻器、电位器的质量判别方法,并将测量情况填入表 2-10 中。

课题三　电阻的连接

表 2-10　万用表测量电阻训练表

| 序号 | 电阻类型 | 标称阻值(范围) | 测量阻值(范围) | 误差 |
|---|---|---|---|---|
| 1 | | | | |
| 2 | | | | |
| 3 | | | | |
| 4 | | | | |
| 5 | | | | |
| 6 | | | | |

#### 2. 注意要点

（1）用万用表测量电阻时挡位选择要正确，量程选择要合适，为保证测量精度，指针应尽量保持在全刻度起始的 1/3～2/3 弧度范围内。

（2）每改变一次量程都要进行调零。

（3）手不能跨接在被测电阻两端，避免人体电阻接入。

#### 3. 任务评估

任务评估内容见表 2-11。

表 2-11　电阻测量技术训练任务评估表

| 项目内容 | | 配分 | 评分标准 | | 扣分 | 得分 |
|---|---|---|---|---|---|---|
| 直观识别 | 由色环读阻值 | 20 | (1)读数不正确 | 每个扣5分 | | |
| | 由阻值写色环 | 15 | (2)色环不正确 | 每个扣5分 | | |
| | | | (3)数据记录错误 | 每个扣5分 | | |
| 万用表测量 | 电阻器 | 25 | (1)万用表调零不正确 | 扣10分 | | |
| | 电位器 | 20 | (2)挡位选择不正确 | 扣10分 | | |
| | | | (3)量程选择不合适 | 扣5分 | | |
| | 热敏电阻 | 10 | (4)读数不正确 | 扣10分 | | |
| | | | (5)操作不正确 | 扣5分 | | |
| 安全生产 | | 5 | 违反安全生产规程 | 扣5分 | | |
| 文明生产 | | 5 | 违反文明生产规程 | 扣5分 | | |

## 二、伏安法测量电阻

用电流表、电压表测出通过未知电阻的电流，以及电阻两端电压，根据欧姆定律：$R=U/I$，计算出未知电阻的阻值，这种测量电阻的方法叫伏安法(又称伏特测量法、安培测量法)。

伏安法有外接法和内接法两种接法，如图 2-29 所示。

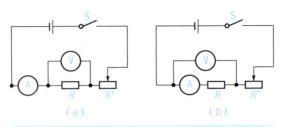

图 2-29 伏安法测量电阻
（a）外接法；（b）内接法

外接、内接是指电流表接在电压表的外面或里面。

外接法测得的电压值是准确的，根据并联时的电流分配与电阻成反比，这种接法适合于测量阻值较小的电阻。

内接法测得的电流值是准确的，电压表测量得到的是电流表和电阻共同的电压，根据串联时的电压分配与电阻成正比，这种接法适合于测量阻值较大的电阻。

## 课题四　基尔霍夫定律

### 知识目标

理解基尔霍夫定律，能应用 KCL、KVL 列出电路方程。

### 主要内容

学习基尔霍夫定律，对一般复杂直流电路能应用 KCL、KVL 列出电路方程。

【相关知识点一】　基尔霍夫电流定律

电路按结构分有简单电路和复杂电路。前面所学电路都是简单电路，即可以直接用电阻串、并联方法化简成单回路的电路，或用欧姆定律求解的电路。在实际应用中，往往会遇到不能直接用串、并联的方法简化的电路。图 2-30 中有两条有源支路，不能用电阻的串、并联关系进行化简，是复杂电路。

为了研究复杂电路，先学习几个有关概念。

支路：由一个或几个元件首尾相接组成的无分支电路。含有电源的支路称为有源支路，没有电源的支路称为无源支路。图 2-30 中有三条支路。

节点：三条或三条以上支路的连接点叫节点。图 2-30 中有 $a$、$b$ 两个节点。

回路：电路中任何一个闭合路径都称为回路。一个回路包含若干个支路，在每次所选择的回路中,至少包含一个未曾选过的支路时,这些回路称为独立回路。图 2-30 中有三个回路,但独立回路只有两个。

网孔:中间无任何支路穿过的回路。网孔是最简单的回路,也是不可再分的回路。电路中网孔数等于独立回路数。网孔一定是回路,但回路不一定是网孔。图 2-30 中有两个网孔。

基尔霍夫第一定律:

基尔霍夫第一定律又称节点电流定律,简写形式为 KCL,是由德国物理学家基尔霍夫于 1847 年提出的。该定律指出:在任一瞬间,流入一个节点的电流之和恒等于流出这个节点的电流之和,即

$$\sum I_\text{入} = \sum I_\text{出} \tag{2-27}$$

对于图 2-31,节点 $O$ 有

$$I_1 + I_2 + I_4 = I_3 + I_5$$

或

$$I_1 + I_2 + I_4 - I_3 - I_5 = 0$$

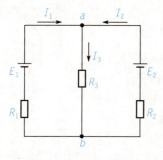

图 2-30 复杂电路

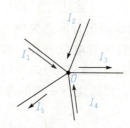

图 2-31 节点电流关系

假设流入节点的电流为正,流出节点的电流为负,可得基尔霍夫第一定律的另一种表述:对电路中任一节点,流过该节点电流的代数和等于零。

其一般形式为

$$\sum I = 0 \tag{2-28}$$

基尔霍夫第一定律不仅适用于单个节点,还适用于任意假定的闭合曲面(也称为广义节点)。如图 2-32 所示电路,封闭面把三个电阻包围起来,则流入封闭面的电流等于流出电流。即

$$I_1 + I_2 = I_3$$

**例 2-6** 如图 2-33 所示,试求电流 $I_1$ 和 $I_2$。

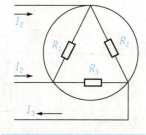

图 2-32 封闭面电流

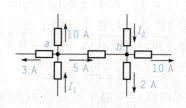

图 2-33 节点电流

**解** 对于节点 $a$，应用 KCL 列出电流关系式，即

$$I_1 = 3 + 5 + 10 = 18(\text{A})$$

同理，对于节点 $b$，列出电流关系式，即

$$I_2 + 5 = 2 + 10$$

所以

$$I_2 = 2 + 10 - 5 = 7(\text{A})$$

在应用 KCL 列节点电流关系式时，对于未知电流方向可以任意假设，如果所求的结果为正，则实际方向与假设方向相同；否则，相反。

### 【相关知识点二】 基尔霍夫电压定律

基尔霍夫电压定律，又称回路电压定律，简写形式为 KVL。定律指出：

在任何时刻，对任一闭合回路绕行一周，回路中各段电压的代数和恒等于零，即

$$\sum U = 0 \tag{2-29}$$

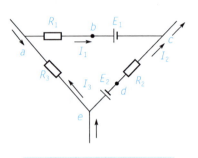

图 2-34 闭合回路

以图 2-34 所示的闭合回路为例，沿着回路 $abcdea$ 方向绕行一周，绕行中有电位升高，也有电位下降。由于绕行回路一周（起、终点重合），所以电位升高等于电位下降。换句话说，回路绕行一周的电压代数和等于零。

即

$$U_{ab} + U_{bc} + U_{cd} + U_{de} + U_{ea} = 0$$

或

$$U_{ac} + U_{ce} + U_{ea} = 0$$

对于各部分电路，有

$$U_{ac} = U_{ab} + U_{bc} = R_1 I_1 + E_1$$
$$U_{ce} = U_{cd} + U_{de} = -R_2 I_2 - E_2$$
$$U_{ea} = R_3 I_3$$

即

$$R_1 I_1 + E_1 - R_2 I_2 - E_2 + R_3 I_3 = 0 \tag{2-30}$$

注意：式(2-30)中各项符号，当电流参考方向与绕行方向一致时取正，电动势方向与绕行方向相反时取正；否则，取负。

上式也可写成

$$R_1 I_1 - R_2 I_2 + R_3 I_3 = -E_1 + E_2$$

在任一闭合回路中，各段电阻上的电压降代数和等于各电源电动势的代数和，此即 KVL 的另一种形式，即

$$\sum RI = \sum E \tag{2-31}$$

KVL 也可以推广应用于不完全由实际元件构成的假想回路。如图 2-35 所示，$A$、$B$ 两点不闭合，但仍可将 $A$、$B$ 两点

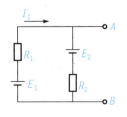

图 2-35 KVL 推广

间电压列入回路电压方程,对于回路 $A \rightarrow B \rightarrow E_1 \rightarrow R_1 \rightarrow A$,有

$$U_{AB} - E_1 + R_1 I_1 = 0$$

利用基尔霍夫定律解题的步骤:

(1)先设定各支路电流的参考方向和回路的绕行方向,原则上可任意标定。一般取电动势或较大的电动势的方向作为支路电流的参考方向和回路的绕行方向。

根据 KCL 列出节点电流方程,即

$$\sum I = 0$$

(2)根据回路电压定律列出各回路电压方程式,$\sum U = 0$。为保证方程的独立,通常取网孔作为回路。

对于具有 $m$ 条支路、$n$ 个节点的电路,可列出 $n-1$ 个独立的电流方程和 $m-(n-1)$ 个独立的电压方程。

(3)联立方程求解,并根据计算结果确定电压和电流的实际方向。

**例 2-7** 在图 2-30 所示电路中,已知 $I_1 = 6$ A,$I_3 = 3$ A,$R_1 = 1\ \Omega$,$R_2 = 1\ \Omega$,$R_3 = 4\ \Omega$。

试求:$I_2$ 支路电流和电源电动势 $E_1$、$E_2$。

**解** 各支路电流参考方向见图 2-30,根据节点电流定律可得

$$I_3 = I_1 + I_2$$

求出

$$I_2 = I_3 - I_1 = 3 - 6 = -3 (A)$$

负号说明:电流 $I_2$ 的实际方向与参考方向相反。

在回路 $E_2 \rightarrow R_3 \rightarrow R_2 \rightarrow E_2$ 中,根据回路电压定律可得

$$I_3 R_3 + I_2 R_2 - E_2 = 0$$

$$E_2 = I_3 R_3 + I_2 R_2 = 3 \times 4 + (-3) \times 1 = 9 (V)$$

在回路 $E_1 \rightarrow R_3 \rightarrow R_1 \rightarrow E_1$ 中,根据回路电压定律可得

$$I_3 R_3 + I_1 R_1 - E_1 = 0$$

$$E_1 = I_3 R_3 + I_1 R_1 = 3 \times 4 + 6 \times 1 = 18 (V)$$

# 基尔霍夫定律的验证

## 1. 实训内容及步骤

(1)验证基尔霍夫电流定律(KCL)和基尔霍夫电压定律(KVL)。

(2)加深对基尔霍夫定律的理解。

在指导教师的指导下进行以下操作:

(1)按图 2-36 所示接电路,检查无误后再接上电源。

(2)任意假定三条支路电流的参考方向及两个闭合回路的绕行方向。图 2-36 中的电流 $I_1$、$I_2$、$I_3$ 的方向已设定,两个闭合回路的绕行方向可设为 $ABDA$ 和 $BCDB$。

(3)读出三个电流表的数值,并记入实验表 2-12 中。

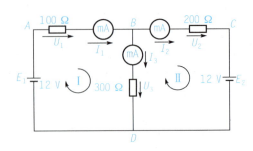

图 2-36 基尔霍夫定律验证电路

(4)分别测量三个电阻上的电压 $U_1$、$U_2$、$U_3$，以及电源 $E_1$、$E_2$ 两端的电压，并记入表 2-13 中。

(5)将计算结果与实验数据对照，如有误差，分析其产生的原因。

表 2-12 验证 KCL 数据

| 电流 | $I_1$ | $I_2$ | $I_3$ | 节点 B $\sum I$ |
|---|---|---|---|---|
| 测量值 | | | | |

表 2-13 验证 KVL 数据

| 电压 | $E_1$ | $E_2$ | $U_1$ | $U_2$ | $U_3$ | 回路Ⅰ $\sum U$ | 回路Ⅱ $\sum U$ |
|---|---|---|---|---|---|---|---|
| 测量值 | | | | | | | |

### 2. 注意要点

(1)若用指针式万用表测量电流，应串接在被测电路中，并注意电流的方向。即将红表笔接电流流入的一端("＋"端)，黑表笔接电流流出的一端("－"端)。如果不知被测电流的方向，可以在电路的一端先接好一支表笔，另一支表笔在电路的另一端轻轻地碰一下，如果指针向右摆动，说明接线正确；如果指针向左摆动，说明接线不正确，应把万用表的两支表笔位置调换。

记录数据时应注意电流的参考方向。若电流的实际方向与参考方向一致，则电流取正号，若电流的实际方向与参考方向相反，则电流取负号。

(2)测量电压时若指针正向偏转，表示测量值为正值；若表针反向偏转，需将正、负表笔对调。同理，记录数据时，注意电压的正负。

(3)提供的电源端电压也需测量，不应取图中标注的值。

(4)为了减小误差，应选择合适的挡位。

### 3. 任务评估

任务评估内容见表 2-14。

表 2-14 验证基尔霍夫定律训练任务评估表

| 项目内容 | 配分 | 评分标准 | | 扣分 | 得分 |
|---|---|---|---|---|---|
| 线路连接 | 30 | (1)连接不正确<br>(2)连接不牢固<br>(3)步骤不正确 | 扣10分<br>扣10分<br>扣10分 | | |
| KCL 验证 | 30 | (1)测电流方法不正确<br>(2)测电流值不正确<br>(3)仪表使用不正确 | 扣10分<br>扣10分<br>扣10分 | | |
| KVL 验证 | 30 | (1)测电压方法不正确<br>(2)测电压值不正确<br>(3)仪表使用不正确 | 扣10分<br>扣10分<br>扣10分 | | |
| 安全生产 | 5 | 违反安全生产规程 | 扣5分 | | |
| 文明生产 | 5 | 违反文明生产规程 | 扣5分 | | |

# 单元小结

**1. 电流**

(1)电流的形成：导体中的自由电荷在电场力的作用下发生定向移动形成电流。

(2)电流的物理意义：表示电流的强弱程度。

(3)电流的定义：通过导体横截面的电量 $Q$ 跟通过这些电量所用时间 $t$ 的比值叫作电流。

(4)电流的定义式：$I=Q/t$。

(5)电流的单位：安培(A)，其他单位：mA、μA。$1\text{ A}=10^3\text{ mA}=10^6\text{ μA}$。

(6)电流的分类：

①直流电流：方向不随时间改变的电流叫作直流电流。

②恒定电流：大小、方向都不随时间变化的电流。

③交流电流：大小、方向均随时间周期性变化的电流。

④正弦交流电流：大小、方向均随时间按正弦规律变化的电流。

(7)电流的方向：规定正电荷移动的方向为电流的方向。

①在金属导体中，电流的方向与自由电荷(电子)的定向移动方向相反。

在电解液中，电流的方向与正离子定向移动方向相同，与负离子定向移动方向相反。

②在外电路中电流由正→负，由高电位流向低电位；内电路中电流由负→正，从低电位流向高电位。

(8)电流产生的条件。

①存在自由电荷。

②导体两端存在电压。

当导体两端存在电压时,导体内建立了电场,导体中的自由电荷在电场力的作用下发生定向移动,形成电流。

电源的作用是保持导体两端的电压,使导体中有持续的电流。

**2. 电位与电压**

(1)电位的定义:电路中某点与参考点之间的电压叫作该点的电位,用 $V$ 表示。

(2)规定参考点的电位为零。参考点的选择,原则上可以任意选取,一般情况下选大地、设备机壳、金属底板或多条支路汇集的公共点。

(3)电压的定义:电场力把单位正电荷从电场中 $a$ 点移动到 $b$ 点,电场力对电荷所做的功,用 $U_{ab}$ 表示。

(4)电路中任意两点间的电压等于两点间的电位差。

(5)电压的方向规定为从高电位指向低电位的方向。

(6)电压(电位)的国际单位制为伏特(V),常用的单位还有毫伏(mV)、微伏($\mu$V)、千伏(kV)等。

(7)电位是相对的,它的大小与参考点的选择有关;电压是绝对的,它的大小与参考点的选择无关。

**3. 电动势**

(1)电源的概念:电源是通过非静电力做功,把其他形式的能转化为电能的装置。

在电源内部非静电力做功,其他形式的能转化为电能;在电源的外部电路,电场力做功,电能转化为其他形式的能。

(2)定义:非静电力对电荷所做的功跟电荷电量的比值,即

$$E=\frac{A}{Q}$$

(3)单位:伏(V)。

(4)物理意义:电动势表征了电源把其他形式的能转化为电能本领的物理量。电动势在数值上等于电路中通过 1 C 的电量时电源所提供的电能。

(5)电动势的方向:规定由负极经电源内部指向正极(即电势升高的方向)。

(6)电动势的决定因素:电源的电动势由电源的自身性质决定,在数值上等于电路开路时电源的端电压。

(7)电动势与电压的区别:它们是本质不同的两个物理量。电动势是表示非静电力把单位正电荷从负极经电源内部移到正极所做的功与电荷量的比值;而电势差则表示电场力把单位正电荷从电场中的某一点移到另一点所做的功与电荷量的比值。

对于给定的电源来说,不管外电阻是多少,电源的电动势总是不变的。电源的端电压则是随着外电阻的变化而变化的,它是表征外电路性质的物理量。

(8)电源内阻:电流通过电源也有阻力,这种阻碍作用叫作电源的内阻。

**4. 串、并联电路的特点**

串、并联电路的特点见表 2-15。

表 2-15　串、并联电路的特点

| 名称 | 串联 | 并联 |
|---|---|---|
| 电流 | $I=I_1=I_2=I_3=\cdots=I_n$ | $I=I_1+I_2+I_3+\cdots+I_n$ |
| 电压 | $U=U_1+U_2+U_3+\cdots+U_n$ | $U=U_1=U_2=U_3=\cdots=U_n$ |
| 电阻 | $R=R_1+R_2+R_3+\cdots+R_n$ | $\dfrac{1}{R}=\dfrac{1}{R_1}+\dfrac{1}{R_2}+\dfrac{1}{R_3}+\cdots+\dfrac{1}{R_n}$ |
| 分压与分流 | 分压公式 $U_1=\dfrac{R_1}{R_1+R_2}U$，$U_2=\dfrac{R_2}{R_1+R_2}U$ | 分流公式 $I_1=\dfrac{R_2}{R_1+R_2}I$，$I_2=\dfrac{R_1}{R_1+R_2}I$ |
| 功率 | $\dfrac{P_1}{P_2}=\dfrac{R_1}{R_2}$ | $PR=P_1R_1=P_2R_2=P_3R_3=\cdots=P_nR_n$ |

**5. 部分电路欧姆定律**

导体中的电流 $I$ 跟导体两端的电压成正比，跟它的电阻 $R$ 成反比。

公式：$I=U/R$（只适用于纯电阻电路，且电流与电压的参考方向一致）

**6. 基尔霍夫定律**

基尔霍夫定律是分析复杂电路的基础，它阐明了电路中各节点电流以及各回路电压间的相互关系。

(1) 几个概念：

支路：是电路的一个分支。

节点：三条（或三条以上）支路的连接点称为节点。

回路：由支路构成的闭合路径称为回路。

网孔：电路中无其他支路穿过的回路称为网孔。

(2) 基尔霍夫定律。

① 节点电流定律（KCL）：对电路中任意节点在任意时刻，有

$$\sum I = 0 \quad 或 \quad \sum I_入 = \sum I_出$$

KCL 也可以推广应用于任一闭合面。

② 回路电压定律（KVL）：对电路中任意回路在任意时刻，有

$$\sum U = 0 \quad 或 \quad \sum IR = \sum E$$

KVL 也可以推广应用于广义回路。

(3) 支路电流法。这是分析计算复杂电路最基本的方法之一，它以支路电流为未知量，如果复杂电路有 $m$ 条支路 $n$ 个节点，首先依据 KCL 列出 $n-1$ 个独立节点方程，再根据 KVL 列出 $m-(n-1)$ 个独立回路方程，然后解联立方程，求出各支路电流。

## 自 测 题

1. 电路由哪几部分组成？它们各自的作用是什么？

2. 画出常用电路元件的符号，记入表 2-16 中。

表 2-16 常用电路元件的符号

| 元件 | 符号 | 元件 | 符号 |
| --- | --- | --- | --- |
| 交叉不相连的导线 | | 电流表 | |
| 交叉相连接的导线 | | 电压表 | |
| 电池 | | 电铃 | |
| 开关 | | 电动机 | |
| 灯泡 | | 滑动变阻器 | |
| 电阻 | | 发光二极管 | |

3. 画出图 2-37 所示实物连接电路的电路图。

4. 按照图 2-38(a)所示的电路图，在图 2-38(b)中把各个元件连接起来。

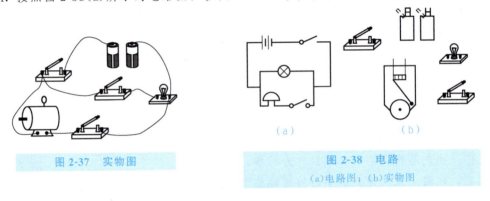

图 2-37 实物图

图 2-38 电路
(a)电路图；(b)实物图

5. 电路有几种工作状态？

6. 已知电路中 $A$ 点电位 $U_A = 15\ \text{V}$，$B$ 点电位 $U_B = -10\ \text{V}$，试求 $A$、$B$ 两点间的电压以及 $B$、$A$ 间的电压是多少？

7. 电路有几种工作状态？在闭合电路中，当 $R \to \infty$ 时，电路处于什么状态？其特点是什么？当 $R = 0$ 时，电路又处于什么状态？其特点是什么？

8. 一个接在 220 V 电源上的灯泡，通过灯的电流为 20 mA，试求灯丝的电阻。

9. 额定电压为 220 V 的电热器正常工作时，每 5 min 耗电 0.15 度。试求该电热器的额定功率多大？

10. 某用电器的额定值为"220 V, 100 W"，此电器正常工作 10 h，试求消耗电能多少？

11. 什么是电阻器？常见的分类有哪几种？

12. 电阻器的标识方法有哪几种？举例说明。

13. 电阻器的主要参数是什么？

14. 对于"1 kΩ/1 W"的电阻器，试求可承受的最大电压及允许流过的最大电流各是多少？

15. 下列是何种表示方法？表示的阻值是多少？

(1) 1M；(2) 680 Ω；(3) 6R5；(4) 3K3

16. 下列色环表示的电阻值和误差值是多少？

（1）棕黑棕银；（2）棕红绿；（3）紫绿橙黄绿；（4）棕橙黑黑棕。

17. 一电位器标有"WX—1 510ΩJ"，试说明型号的意义。

18. 现有两只 3 kΩ 电阻，试求将它们串联或并联的等效电阻各为多少？

19. 有两个电阻，已知将它们串联后等效电阻为 20 Ω，如将它们并联后等效电阻为 4.8 Ω，试求两个电阻阻值分别为多少？

20. 有两个电阻，$R_1=8\ \Omega$、$R_2=12\ \Omega$，试求：

（1）将两电阻串联后接在直流电源上，通过它们的电流之比、消耗的功率之比分别是多少？

（2）若将二者并联后接在相同的直流电源上，则通过它们的电流之比、它们消耗的功率之比各为多少？

21. 如图 2-39 所示电路，试分别求各点的电位以及 $U_{AB}$、$U_{CD}$ 各为多少？

22. 如图 2-40 所示是某电子设备中的一个分压电路。$R=680\ \Omega$ 的电位器与电阻 $R_1$、$R_2$ 串联，已知 $R_1=R_2=550\ \Omega$，电路输入电压 $U_1=12\ V$，试求输出电压 $U_2$ 的变化范围。

23. 电路如图 2-41 所示，试求各支路电流。

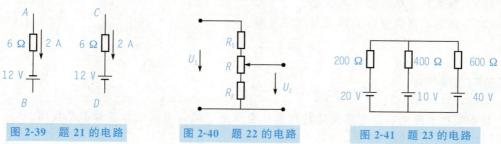

图 2-39　题 21 的电路　　　图 2-40　题 22 的电路　　　图 2-41　题 23 的电路

单元三

# 电容与电感

## 课题一　电容与电感元件的分类

**知识目标**

(1) 了解电容、电感元件的概念。
(2) 会识别不同类型的电容器和电感线圈。

**主要内容**

结合实物了解电容、电感元件的概念，会识别不同类型的电容器和电感线圈。

【相关知识点一】　电容

### 一、电容器

#### 1. 电容器的概念

电容器同电阻器一样，是电路中大量使用的基本元件之一。

两个彼此绝缘且相隔很近的导体（包括导线）就构成一个电容器，其中两个导体称为电容器的极板。

电容器接通电源后，电源对电容器充电，使得两个极板分别带上等量的异号电荷，在极板之间建立电场，并且把电能储存在电容器中，因此电容器是一种储存电场能量的元件。为了衡量电容器储存电量的能力大小，引入电容的概念。

电容器一个极板上电荷所带的电量 $Q$ 与极板间的电压 $U_C$ 之比，称为电容器的电容量。简称电容，用 $C$ 表示，即

$$C = \frac{Q}{U_C} \tag{3-1}$$

式中　$Q$——任一极板上的电量，C；

$U_C$——两极板之间的电压，V；

$C$——电容器的电容，F。

$$1\ F = 1\ C/V$$

在实际应用中，电容器的电容往往比 1 F 小得多，常用较小的单位，如毫法（mF）、微法（μF）、纳法（nF）、皮法（pF）等，它们的关系是

$$1\ F = 10^3\ mF = 10^6\ \mu F$$
$$1\ \mu F = 10^3\ nF = 10^6\ pF$$

电容是电容器的固有参数，与电容器两端电压以及储存电荷量无关。其大小取决于两极板间的几何尺寸、相对位置以及极板之间的介质材料。

### 2. 平行板电容器

两块相互平行的金属板，中间隔以电介质，就构成一个平行板电容器。平行板电容器充电以后，极板的内表面均匀带电，极板间为均匀电场。

理论和实验证明，平行板电容器的电容 $C$ 与两极板的正对面积 $S$、介电常数 $\varepsilon$ 成正比，与两极板间距离 $d$ 成反比，即

$$C = \frac{Q}{U_C} = \frac{\varepsilon S}{d} = \frac{\varepsilon_r \varepsilon_0 S}{d} \tag{3-2}$$

式中　$d$——极板间的距离；

　　　$S$——极板的相对面积；

　　　$\varepsilon$——电介质的介电常数；

　　　$\varepsilon_0$——真空的介电常数，$\varepsilon_0 = 8.85 \times 10^{-12}$ F/m；

　　　$\varepsilon_r$——某种介质的相对介电常数，$\varepsilon_r = \varepsilon/\varepsilon_0$。

增大极板正对面积、缩小极板间的距离和采用介电常数大的电介质都可以增大平行板电容器的电容。

电容器在电路中的文字符号是"C"，图形符号如图 3-1 所示。

图 3-1　电容器符号

(a)一般电容；(b)电解电容；(c)可调电容；(d)微调电容；(e)双联电容

### 3. 电容器的分类

按电容器的容量是否可以改变，分为固定电容器、可变电容器和微调电容器。

按极性划分，可分为无极性电容、有极性电容。

按电介质来分，有空气电容器、云母电容器、瓷介电容器、纸介电容器、薄膜电容器（包括塑料、涤纶等）、玻璃釉电容器、漆膜电容器和电解电容器等。

固态铝质电解电容，是目前电容器产品中最高阶的产品，固态电容的介电材料为功能性导电高分子，能大幅提升产品的稳定度与安全性，它与液态铝质电解电容的最大差别在于所使用的介电材料不同。铝质电解电容所使用的介电材料是电解液，而固态电容则是导电性高分子材料。

按电容器形状分，有平行板电容器、圆柱形电容器、片式电容器等。

(1)瓷介电容。瓷介电容属于无极性、无机介质电容，是以陶瓷材料为介质制作的电容。瓷介电容体积小、耐热性好、绝缘电阻高、稳定性较好，适用于高低频电路。

(2)涤纶电容。涤纶电容属于无极性、有机介质电容，是以涤纶薄膜为介质，金属箔或金属化薄膜为电极制成的电容。涤纶电容体积小，容量大，成本较低，绝缘性能好，耐热、耐压和耐潮湿的性能都很好，但稳定性较差，适用于稳定性要求不高的电路。

(3)玻璃釉电容。玻璃釉电容属于无极性、无机介质电容，使用的介质一般是玻璃釉粉压制的薄片，通过调整釉粉的比例，可以得到不同性能的电容。玻璃釉电容介电系数大、耐高温、抗潮湿性强、损耗低。

(4)云母电容。云母电容属于无极性、无机介质电容，以云母为介质，具有损耗小、绝缘电阻大、温度系数小、电容量精度高、频率特性好等优点，但成本较高、电容量小，适用于高频线路。

(5)薄膜电容。薄膜电容属于无极性、有机介质电容。薄膜电容是以金属箔或金属化薄膜为电极，以聚乙酯、聚丙烯、聚苯乙烯或聚碳酸酯等塑料薄膜为介质制成。薄膜电容又被分别称为聚乙酯电容(又称 Mylar 电容)、聚丙烯电容(又称 PP 电容)、聚苯乙烯电容(又称 PS 电容)和聚碳酸酯电容。

(6)铝电解电容。铝电解电容属于有极性电容。铝电解电容体积大、容量大，与无极性电容相比绝缘电阻低、漏电流大、稳定性差、频率特性差，容量与损耗会随周围环境和时间的变化而变化。常用作交流旁路和滤波，在要求不高时也用于信号耦合。

(7)钽电解电容。钽电解电容属于有极性电容。其特点是体积小、容量大、性能稳定、寿命长、绝缘电阻大、温度特性好。用在要求较高的设备中。

(8)贴片式多层陶瓷电容。用陶瓷做介质，在陶瓷基体两面喷涂银层，然后烧成银质薄膜做极板制成。贴片式多层陶瓷电容内部为多层陶瓷组成的介质层，为防止电极材料在焊接时受到侵蚀，两端电极由多层金属结构组成。它的特点是体积小、耐热性好、损耗小、绝缘电阻高，但容量小，适宜用于高频电路。

(9)贴片式铝电解电容。贴片式铝电解电容是由阳极铝箔、阴极铝箔和电解纸卷绕成芯子，用引线引出正负极，含浸电解液后通过导针引出，再用铝壳和胶密封起来。贴片式铝电解电容器体积虽然较小，但因为通过电化学腐蚀后，电极箔的表面积被扩大了，且它的介质氧化膜非常薄，所以，贴片式铝电解电容器可以具有相对较大的电容量。

(10)贴片式钽电解电容。贴片式钽电解电容有矩形的，也有圆柱形的，封装形式有裸片式、塑封式和端帽式三种，以塑封式为主。它的尺寸比贴片式铝电解电容器小，并且性能好。

(11)排容。在一个介质体内由多个电容元件排列而成的电容阵列，与单个电容元件相比可获得更大的电容量。可实现高密度贴装，从而能缩小贴装面积和节约贴装成本，应用于对元器件空间要求严格的 PCB，如手提计算机、PDA、手提电话等，特别适用于输入、输出接口电路。

(12)单联可变电容。单联可变电容由两组平行的铜或铝金属片组成，一组是固定的(定片)，另一组固定在转轴上，是可以转动的(动片)。

(13)双联可变电容。双联可变电容是由两个单联可变电容组合而成，有两组定片和两组动片，动片连接在同一转轴上。调节时，两个可变电容的电容量同步调节。

(14)微调电容。微调电容又叫半可调电容,电容量可在小范围内调节。它是由两片或者两组小型金属弹片,中间夹着介质制成。调节的时候改变两片之间的距离或者面积。它的介质有空气、陶瓷、云母、薄膜等。

部分电容器的外形如图3-2所示。

图 3-2 部分电容器的外形

(a)瓷介电容器;(b)微调电容器;(c)空气可变电容器;(d)铝电解电容器;(e)独石电容;(f)钽质电容器;(g)陶瓷电容器;(h)聚酯电容器;(i)电解电容器;(j)云母电容器;(k)贴片陶瓷电容器;(l)电力用电容器

## 二、电容器的充、放电

### 1. 电容器的充电过程

图3-3所示为电容器充、放电实验电路。当开关"S"置于"1"时,可以观察到灯泡由亮逐渐变暗,最后熄灭;从电流表观察到充电电流 $i_C$ 由大变小,最后为0;从电压表观察到,电容器两端电压 $U_C$ 由小变大,最后近似等于电源电动势。上述过程即为电源对电容器充电的过程。

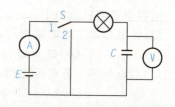

图 3-3 电容器充放电实验电路

### 2. 电容器的放电过程

电容器充电结束后，将开关置于"2"，可以观察到小灯泡亮了一下又熄灭了，这就是电容器放电过程。由于电容器已经充电，储存了电能，这时的电容器相当于一个电源。当开关置于位置"2"时，电容器储存的电能通过小灯泡释放，电容器两端的电压随着放电逐渐下降，电路中的电流反方向由大变小，电容器储存的电能释放完毕，灯熄灭，$U_C$ 等于 0，$i_C$ 亦等于零。

电容器充放电的电流大小为

$$i_C = \frac{\Delta q}{\Delta t} = C\frac{\Delta U}{\Delta t}$$

上式说明，电容器的电流与电容两端的电压变化率成正比。当电容一定时，电压变化越大，电流越大；电压变化越小，电流越小。如果电压不随时间变化，即电压为直流电压，则电流等于零。所以，电容器具有"通直隔交"的作用。

### 3. 电容器中的电场能

电容器充电时，电容器两端电压增加，电容器便从电源吸收能量并储存起来；而当电容器放电时，两端电压降低，它便把原来储存的电场能量释放出来。可见，电容器只与电源进行能量交换，它本身并不消耗能量，所以说电容器是一种储能元件。电容元件的工作方式就是不断地充放电。

理论分析和实验证明，电容器储存的电场能可用下式表示，即

$$W_C = \frac{1}{2}CU_C^2$$

式中　$W_C$——电容器中储存的电场能，J；
　　　$C$——电容器中的电容，F；
　　　$U_C$——电容器两极板间的电压，V。

上式说明，电容器中储存的电场能量与电容器的电容成正比，与电容器两端电压的平方成正比。

## 三、电容器的连接

在实际工作中，经常会遇到单个电容的电量和所能承受的电压不能满足要求的情况，这时可以把几个电容元件按照适当的方式连接起来，以满足需要。

### 1. 电容的串联

几个电容首尾依次相连，连成一个无分支的电路的连接方式，称为电容器的串联，如图 3-4 所示。

电容串联的特点如下：

(1) 各电容器上的电量相等，即
$$Q = Q_1 = Q_2 = Q_3 = \cdots = Q_n$$

(2) 总电压等于各电压之和，即
$$U = U_1 + U_2 + U_3 + \cdots + U_n$$

(3) 总电容（等效电容）的倒数等于各电容的倒数之和，即

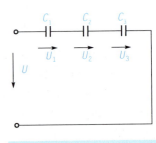

图 3-4　电容器的串联

$$1/C = 1/C_1 + 1/C_2 + 1/C_3 + \cdots + 1/C_n$$

电容串联时,相当于电容器两极板间距离增大,因此串联电容的等效电容小于每个电容。

(4)各电容的电压与电容成反比,即

$$U_1/U_2 = C_2/C_1$$

若两只电容器串联,则每只电容器实际分担的电压可用下式计算,即

$$U_1 = C_2 U/(C_1 + C_2)$$
$$U_2 = C_1 U/(C_1 + C_2)$$

实际应用中,当每个电容的耐压小于电源电压时,可采用电容串联的方式。

### 2. 电容的并联

几个电容连接在相同的两点之间,处在同一电压之下,就形成了电容器的并联,如图3-5 所示。

电容并联的特点如下:

(1)各电容两端的电压都为 $U$,即

$$U = U_1 = U_2 = U_3 = \cdots = U_n$$

由于并联电路中各电容两端承受的电压相等,因此外加电压不能大于并联电容器的耐压值。

(2)总电量等于各电容的电量之和,即

$$Q = Q_1 + Q_2 + Q_3 + \cdots + Q_n$$

(3)总电容(等效电容)等于各电容之和,即

$$C = C_1 + C_2 + C_3 + \cdots + C_n$$

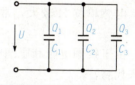

图 3-5 电容器的并联

电容器并联相当于扩大了电容器极板面积,并联后的等效电容大于任何一个电容器的电容。并联电容越多,等效电容越大。当电容器的耐压足够而容量不够时,可采用电容并联的形式。

### 3. 电容的混联

既有串联又有并联的电容器组合,称为电容器的混联。

## 【相关知识点二】 电感

电感元件也是电路的基本元件之一,在电子技术和电力工程中,常常遇到用导线绕制而成的线圈,这些线圈统称为电感线圈,见图 3-6。电感线圈分为两大类,一类是自感线圈,另一类是互感线圈。

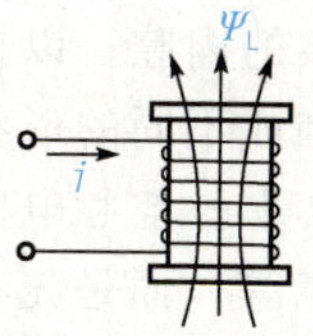

### 1. 自感现象和自感电动势

图 3-6 电感线圈

根据电流的磁效应,通电线圈产生磁场;当线圈电流随时间变化时,线圈内的磁场也随之变化。根据电磁感应定律,线圈回路将产生感应电动势。这种感应电动势不是由外部磁场的变化或外部通电线圈磁场的变化引起的,而是由于线圈自身的电流变化所产生的,所以把这种电磁感应现象称为自感现象,简称自感,所产生的电动势叫自感电动势。

自感电动势的大小等于电流的变化率乘以自感系数。用公式表示为

$$e_L = -L\frac{\Delta I}{\Delta t} \tag{3-3}$$

式中　$\Delta I$——电流的变化量，A；

　　　$\Delta t$——电流变化所用的时间，s；

　　　$L$——线圈的自感系数(简称电感)，H；

　　　$e_L$——自感电动势，V。

负号表示自感电动势的方向总是阻碍电流的变化。

线圈的自感系数 $L$ 大小取决于线圈的形状、几何尺寸和磁介质等因素，与通电电流的大小无关。在各种电气设备中，为了用较小的电流产生较强的磁场，通常把线圈绕在铁磁材料制成的铁芯上。

空心线圈的电感是一个常数，称为线性电感；铁芯线圈的电感是变化的，称为非线性电感。

电感单位 H 较大，常用单位有毫亨(mH)、微亨($\mu$H)，它们之间的换算关系为

$$1\ H = 10^3\ mH = 10^6\ \mu H$$

由于线圈电阻和匝间电容都很小，可忽略不计，电感线圈可以用一个理想化的电感元件来代替。

在电路原理图中，电感常用文字符号"$L$"或"$T$"表示，不同类型的电感在电路图中的图形符号如图 3-7 所示。

**图 3-7　电感图形符号**
(a)空芯电感；(b)铁芯电感；(c)可调电感；(d)磁芯电感；(e)带抽头电感

### 2. 电感器的结构

电感器一般由骨架、绕组、磁芯或铁芯、屏蔽罩、封装材料等组成。

(1) 骨架。骨架泛指绕制线圈的支架。一些体积较大的固定式电感器或可调式电感器(如振荡线圈、阻流圈等)是将漆包线(或纱包线)环绕在骨架上，再将磁芯或铜芯、铁芯等装入骨架的内腔，以提高其电感量。骨架通常是采用塑料、胶木、陶瓷制成，根据实际需要可以制成不同的形状。小型电感器(如色环电感器)一般不使用骨架，而是直接将漆包线绕在磁芯上。空心电感器(也称脱胎线圈或空心线圈，多用于高频电路中)不用磁芯、骨架和屏蔽罩等，而是先在模具上绕好后再脱去模具，并将线圈各圈之间拉开一定距离。

(2) 绕组。绕组即线圈，它是电感器的主要组成部分。绕组有单层和多层之分。单层绕组又有密绕(绕制时导线一圈挨一圈)和间绕(绕制时每圈导线之间均隔一定的距离)两种形式；多层绕组有分层平绕、乱绕、蜂房式绕法等多种。

(3) 磁芯与磁棒。为了增加电感器的电感量、提高 $Q$ 值并缩小体积，常在线圈中插入磁性材料。磁芯与磁棒一般采用镍锌铁氧体或锰锌铁氧体等材料，它有"工"字形、柱形、帽形、环形等多种形状。调整磁芯与线圈的相对位置，可以改变线圈的电感。

(4) 铁芯。铁芯材料主要有硅钢片、坡莫合金等，其外形多为 E 形。

(5)屏蔽罩。为了减少外界电磁场对线圈的影响,以及线圈磁场对周围电路的干扰,通常将线圈放入一个闭合的,并具有良好接地的金属罩内。采用屏蔽罩的电感器,会增加线圈的损耗,使 $Q$ 值降低。

(6)封装材料。有些电感器(如色环电感器等)绕制好后,用塑料或环氧树脂等材料将线圈和磁芯等密封起来。

### 3. 小型固定电感器

小型固定电感器通常是用漆包线在磁芯上直接绕制而成,主要用在滤波、振荡、陷波、延迟等电路中,它有密封式和非密封式两种封装形式,两种形式又都有立式和卧式两种外形结构。

(1)立式密封固定电感器。立式密封固定电感器采用同向型引脚,其电感量范围为 $0.1 \sim 2\ 200\ \mu H$(直接标在外壳上),额定工作电流为 $0.05 \sim 1.6$ A,误差范围为 $\pm 5\% \sim \pm 10\%$。进口有 TDK 系列色环电感器,其电感量用色点标在电感器表面。

(2)卧式密封固定电感器。卧式密封固定电感器采用轴向型引脚,国产有 LG1、LGA、LGX 等系列。LG1 系列电感器的电感量范围为 $0.1 \sim 22\ 000\ \mu H$(直接标在外壳上),额定工作电流为 $0.05 \sim 1.6$ A,误差范围为 $\pm 5\% \sim \pm 10\%$。LGA 系列电感器采用超小型结构,外形与 1/2 W 色环电阻器相似,其电感量范围为 $0.22 \sim 100\ \mu H$(用色环标在外壳上),额定电流为 $0.09 \sim 0.4$ A。LGX 系列色环电感器也为小型封装结构,其电感量范围为 $0.1 \sim 10\ 000\ \mu H$,额定电流分为 50 mA、150 mA、300 mA 和 1.6 A 四种规格。

### 4. 电感器的分类

(1)按线圈中心是否有介质,分为空心电感和实心电感两大类。

线圈绕在非铁磁性材料做成的骨架上的线圈,称为空心电感;在空心线圈内放置铁磁性材料,就称为实心电感。

(2)按线圈中心介质不同,分为空心线圈、磁芯线圈、铁芯线圈、铜芯线圈等。

(3)按工作性质不同,分为振荡电感、校正电感、显像管偏转电感、阻流电感、滤波电感、隔离电感及补偿电感等。

显像管偏转电感分为行偏转线圈和场偏转线圈。

阻流电感(也称阻流圈)分为高频阻流圈、低频阻流圈、电子镇流器用阻流圈、电视机行频阻流圈和电视机场频阻流圈等。

滤波电感分为电源(工频)滤波电感和高频滤波电感等。

(4)按工作频率不同,可分为高频电感、中频电感和低频电感等。

(5)按绕线方式分类,可分为单层线圈、多层线圈、蜂房式线圈。

(6)根据其结构外形和引脚方式不同,还可分为立式同向引脚电感、卧式轴向引脚电感、片状电感及印刷电感等。

贴片电感的外观形状多种多样,有的贴片电感很大,从外观上很容易判断,有的贴片电感的外观形状和贴片电阻、贴片电容相似,很难判断,此时只能借助万用表来判断。

印刷电感常用在高频电子设备中,它是由印制电路板上一段特殊形状的铜箔构成。

(7)按电感是否可变分类,可分为固定电感线圈、可变电感线圈。可变电感线圈通过调节磁芯在线圈内的位置来改变电感量。

常用的可调电感器有半导体收音机用振荡线圈、电视机用行振荡线圈、行线性线圈、中频陷波线圈、音响用频率补偿线圈等。

### 5. 常见电感元件的外形

常见电感元件外形如图 3-8 所示。

图 3-8 部分电感器的外形

### 6. 互感

两个电感线圈相互靠近时，一个电感线圈的磁场变化将影响另一个电感线圈，这种影响就是互感。互感的大小取决于电感线圈的自感与两个电感线圈耦合的程度，利用此原理制成的元件叫作互感器。

## 课题二　电容与电感元件的作用

### 知识目标

(1) 了解电容、电感元件的参数及标注，能判断其好坏。
(2) 会识别不同类型的电容和电感器，并了解其应用。

### 主要内容

通过学习了解电容、电感元件的参数及标注，能判断其好坏，会识别不同类型的电容和电感器，并了解其应用。

### 【相关知识点一】　电容元件

#### 一、电容器的主要参数

电容器的主要参数有额定电压、标称容量和允许误差、绝缘电阻等。

##### 1. 额定电压

在规定的温度范围内，电容器在线路中长期可靠地工作而不致被击穿所能承受的最大电压(又称耐压)。其值通常为击穿电压的一半。额定工作电压的大小与介质的种类和厚度有关。

常用固定式电容的直流工作电压系列为 6.3 V、10 V、16 V、25 V、40 V、63 V、100 V、160 V、250 V、400 V、500 V、630 V、1 000 V。

电容器用在交流电路中时，所加的交流工作电压最大值不能超过电容器的额定工作电压。

##### 2. 击穿电压

每个电容器所允许承受的电压是有限度的，电压过高，超过某个电压值时介质就会被击穿，这个电压称为击穿电压。

##### 3. 标称容量和允许误差

为了生产和选用的方便，国家规定了各种电容器的电容量的一系列标准值，称为标称容量，也就是在电容器上所标的容量。其数值也有标称系列，同电阻器阻值标称系列一样。

实际生产的电容器的电容量和标称电容量之间总是会有误差的。根据不同的允许误差范围，规定电容器的精度等级。电容器的电容量允许误差分为五个等级：00 级表示允许误差在±1%内；0 级表示允许误差在±2%内；Ⅰ级表示允许误差在±5%内；Ⅱ级表示允许误差在±10%内；Ⅲ级表示允许误差在±20%内。

## 二、电容的标注方法

(1)直标法。用数字和单位符号直接在电容上标出。

如 01 μF 表示 0.01 μF。

(2)文字符号法。用数字和文字符号有规律的组合来表示容量。

如 p10 表示 0.1 pF、1p0 表示 1 pF、3p3 表示 3.3 pF、2μ2 表示 2.2 μF。

(3)色标法。用色环或色点表示电容器的主要参数。电容器的色标法原则上与电阻器色标法相同，颜色涂于电容器的一端或从顶端向引线排列。色标法表示的容量单位为 pF。

例如，棕、黑、橙、金表示其电容量为 0.01 μF、允许偏差为±5%；棕、黑、黑、红、棕表示其电容量为 0.01 μF、允许偏差为±1%。

(4)数字法。数字法一般是三位数字，第一位和第二位数字为有效数字，第三位数字为倍数，单位为皮法。

标值 272，容量就是：$27 \times 10^2 = 2\,700$ pF。

标值 473，容量就是：$47 \times 10^3 = 47\,000$ pF。

标值 332，容量就是：$332 = 33 \times 10^2 = 3\,300$ pF。

## 三、电容的类别和型号

国产电容器的型号命名按《电子设备用固定电阻器、固定电容器型号命名方法》(GB/T 2470—1995)规定，一般由四部分组成，如图 3-9 所示。

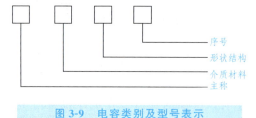

图 3-9 电容类别及型号表示

第一部分：主称，用字母 C 表示电容器。

第二部分：电容器介质材料，用字母表示，见表 3-1。

表 3-1 字母对应介质材料表

| 字母 | 电容器介质材料 | 字母 | 电容器介质材料 |
|---|---|---|---|
| A | 钽电解 | L | 聚酯等极性有机薄膜 |
| B | 聚苯乙烯等非极性薄膜 | N | 铌电解 |

续表

| 字母 | 电容器介质材料 | 字母 | 电容器介质材料 |
|---|---|---|---|
| C | 高频陶瓷 | O | 玻璃膜 |
| D | 铝电解 | Q | 漆膜 |
| E | 其他材料电解 | S T | 低频陶瓷 |
| G | 合金电解 | V X | 云母纸 |
| H | 纸膜复合 | Y | 云母 |
| I | 玻璃釉 | Z | 纸 |
| J | 金属化纸介 | | |

第三部分：形状结构（分类），一般用数字表示，个别用字母表示，见表 3-2。

表 3-2　数字、字母的意义

| 数字 | 意义 | | | | 字母 | 意义 |
|---|---|---|---|---|---|---|
| | 瓷介电容器 | 云母电容器 | 有机电容器 | 电解电容器 | | |
| 1 | 圆片形 | 非密封 | 非密封 | 箔式 | G T | 高功率 |
| 2 | 管形 | | | | W | 微调 |
| 3 | 叠片 | 密封 | 密封 | 烧结粉非固体 | | |
| 4 | 独石 | | | 绕结粉固体 | | |
| 5 | 穿心 | — | 穿心 | — | | |
| 6 | 支柱等 | | | | | |
| 7 | — | — | — | 无极性 | | |
| 8 | 高压 | 高压 | 高压 | | | |
| 9 | — | — | 特殊 | 特殊 | | |

第四部分：序号，用数字表示。

对主称、材料特征相同，仅尺寸性能指标略有差别，但基本上不影响互换的产品给同一序号；若尺寸、性能指标的差别已明显影响互换，则在序号后面用大写字母予以区别。

例如，CCW1 表示圆片形微调瓷介电容器；CL21 表示管形聚酯（涤纶）薄膜介质电容器；CD-11 表示铝电解电容（箔式），序号为 11；CT1 表示圆片形低频瓷介电容器；CC1-1 表示圆片形高频瓷介电容器，序号为 1；CZJX 表示纸介金属膜电容，序号为 X；CL1 表示圆片形涤纶电容器。

电容器的具体型号和技术参数可参考有关手册。市场上有国外型号的电容器，若要选用需说明其所属的国家和厂家。

## 四、电容器的检测

电容器的主要故障有击穿、短路、漏电、容量减小、变质及破损等。

由于电容器能储存电荷，所以，每次检测前应设法将其电荷放尽；否则，轻则造成测量不准，重则引起触电事故。

（1）外观检查。观察外表应完好无损，无爆裂、污垢和腐蚀，标志应清晰，引出电极无折伤；对可调电容器应转动灵活，动、定片间无碰擦现象，各联片间转动应同步等。

（2）极性判别。通孔式（插针式）极性电容引线较长的为正极，短脚为负极。若根据引线无法判别则根据标记判别，铝电解电容标记为负号一边的引线为负极，钽电解电容正极引线有标记。

贴片式有极性铝电解电容的顶面有一黑色标志，是负极性标记。

贴片式有极性钽电解电容的顶面有一条黑色线或白色线，是正极性标记。

（3）普通电容的检测。普通电容（一般指 1 μF 以下），因容量太小，用万用表一般无法估测出其电容量，而只能检查其是否漏电或击穿。

将万用表拨到 $R\times 1\ \text{k}\Omega$ 的电阻挡上，两支表笔分别接触电容的两个引脚，如果读数为无穷大，表明电容没有短路，一般来说它是完好的。如果出现一定的电阻，表明电容质量下降了，如果电阻较小（小于 100 kΩ），该电容可以认为已经损坏。

（4）电解电容的检测。电解电容的容量较一般固定电容大得多，测量时针对不同容量选用合适的量程。1～2.2 μF 电解电容器用 $R\times 10\ \text{k}\Omega$ 挡，4.7～22 μF 的用 $R\times 1\ \text{k}\Omega$ 挡，47～220 μF 的用 $R\times 100\ \Omega$ 挡，470～4 700 μF 的用 $R\times 10\ \Omega$ 挡，大于 4 700 μF 的用 $R\times 1\ \Omega$ 挡。测量前应让电容充分放电，即将电解电容的两根引脚短路，把电容内的残余电荷放掉。电容充分放电后，将指针式万用表的红表笔接负极，黑表笔接正极。在刚接通的瞬间，万用表指针应向右偏转较大角度，然后逐渐向左返回，直到停在某一位置。此时的阻值便是电解电容的正向绝缘电阻，一般应在几百 kΩ 以上；调换表笔测量，指针重复前边现象，最后指示的阻值是电容的反向绝缘电阻。阻值越大，电容器的绝缘性能越好。

测量中，若指针一点都不偏转，表明电容器已经断路；如果指针偏转到 0 Ω 处不再返回，表明电容器已击穿短路；指针距离 0 Ω 近，或漏阻电到达∞位置后，又向 0 Ω 方向摆动，表明漏电严重，说明此电容器也不能使用。

电解电容器的正、负极性是不允许接错的，当极性标记无法辨认时，可根据正向连接时漏电电阻大，反向连接时漏电电阻小的特点来检测判断。交换表笔前后两次测量漏电电阻值，在阻值较大的一次测量中，黑表笔所接为电容器的正极，红表笔所接为电容器的负极。

（5）可变电容器碰片或漏电的检测。将万用表拨到 $R\times 10\ \Omega$ 挡，两表笔分别搭在可变电容器的动片和定片上，缓慢旋转动片，若表头指针始终静止不动，则无碰片现象，也不漏电；若旋转至某一角度，表头指针指到 0 Ω，则说明此处碰片，若表头指针有一定指示或细微摆动，说明有漏电现象。

关于用数字万用表测量电容的方法，可参考数字万用表的使用说明书。

## 五、电容的作用

电容器对不同频率的电流阻碍作用的大小用容抗来表示，即

$$X_C=\frac{1}{\omega C}=\frac{1}{2\pi fC} \tag{3-4}$$

式中　$X_C$——容抗，Ω。

式(3-4)表明，容抗的大小与电流的频率及电容成反比。当电容一定时，电流频率越高容抗越小；电流频率越小容抗越大。电容器不仅具有"隔直流、通交流"特性，还具有"隔低频、通高频"特性。

在电子电路中采用的电容器，广泛应用于电路中的隔直通交、耦合、旁路、滤波、调谐及计时等。在电力电路中使用的电容器，主要用来提高电路的功率因数。

## 【相关知识点二】 电感元件

### 一、电感器的主要参数

电感线圈的基本参数有电感量 $L$、品质因数 $Q$、分布电容等。在实际应用中，根据电路图的要求选用电感线圈时，必须了解电感线圈的主要参数。

#### 1. 标称电感量 $L$

它指电感器上标注的电感值。线圈的电感量 $L$ 也称为自感系数或自感，它是线圈本身固有的参数，主要取决于线圈的圈数、结构及绕制方法等，与电流大小无关。$L$ 既反映电感线圈存储磁场能的能力，也反映电感器通过变化电流时产生感应电动势的能力。

#### 2. 品质因数 $Q$

它指线圈在某一频率的交流电压下工作时，所呈现的感抗 $X_L$ 与其等效损耗电阻 $R$ 之比。即

$$Q=\frac{X_L}{R}=\frac{\omega L}{R}=\frac{2\pi f L}{R} \tag{3-5}$$

$R$ 为当电流的频率是 $f$ 时的等效损耗电阻。$f$ 较低时，可认为 $R$ 等于线圈的直流电阻；$f$ 较高时，$R$ 应是包括各种损耗在内的总等效电阻。

在谐振电路中，线圈的 $Q$ 值越高，回路的损耗越小，电路的效率越高。线圈的 $Q$ 值与导线的直流电阻、线圈骨架的介质损耗、屏蔽罩或铁芯引起的损耗、高频趋肤效应的影响等因素有关。线圈的 $Q$ 值通常为几十到几百。线圈的品质因数 $Q$ 是表示线圈质量的一个重要参数。

#### 3. 分布电容（寄生电容）

它指线圈的匝与匝间、线圈与屏蔽罩（有屏蔽罩时）间以及线圈与磁芯、底板间存在的电容，均称为分布电容。分布电容的存在使线圈的 $Q$ 值减小，稳定性变差，因而线圈的分布电容越小越好。

#### 4. 允许误差

它指电感器上标称的电感量与实际电感的允许误差值。一般用于振荡或滤波等电路中的电感器要求精度较高，允许偏差为±0.2%～±0.5%；而用于耦合、高频阻流等电感线圈的精度要求不高，允许偏差为±10%～15%。

#### 5. 额定电流

它指电感器在允许的工作环境下能承受的最大电流值。若工作电流超过额定电流，则电感器就会因发热而使性能参数发生改变，甚至还会因过流而烧毁。

除上述参数外，还有标称电压、直流电阻等。

## 二、电感的标注方法

电感一般有直标法、文字符号法、色标法和数码表示法。

(1)直标法。在电感线圈的外壳上直接用数字和文字标出电感线圈的电感量、允许误差及最大工作电流等主要参数。

(2)文字符号法。它是将电感的标称值和偏差值用数字和文字符号法按一定的规律组合标示在电感体上。采用文字符号法表示的电感通常是一些小功率电感，单位通常为nH或$\mu H$。用$\mu H$作单位时，"R"表示小数点；用"nH"作单位时，"N"表示小数点。

(3)色标法。类同电阻色标法，即用色环表示电感量，默认单位为微亨($\mu H$)。第一、二位表示有效数字，第三位表示倍率，第四位为误差，如棕、黑、金、金表示$1\mu H$(误差5%)的电感。

**注意**：紧靠电感体一端的色环为第一环，露出电感体本色较多的另一端为末环。

(4)数码表示法。数码表示法是用三位数字来表示电感量的方法，常用于贴片电感上。三位数字中，从左至右的第一、第二位为有效数字，第三位数字表示有效数字后面所加"0"的个数。

**注意**：用这种方法读出的色环电感量，默认单位为微亨($\mu H$)，如标示为"330"的电感为$33 \times 10^0 = 33 \mu H$。

## 三、电感元件的检测

电感器的主要故障是线圈烧成开路或因线圈的导线太细而在引脚处断线，当不同电路中的电感器出现线圈开路故障后，会表现为不同的故障现象，主要有下列几种情况：

(1)在电源电路中的线圈容易出现因电流太大烧断的故障，可能是滤波电感器先发热，严重时烧成开路，此时电源的电压输出电路将开路，故障表现为无直流电压输出。

(2)其他小信号电路中的线圈开路之后，一般表现为无信号输出。

(3)一些微调线圈还会表现为磁芯松动而引起的电感量变化，此时线圈所在电路不能正常工作，表现为对信号的损耗增大或根本就无信号输出。

(4)线圈受潮后，线圈的$Q$值下降，对信号的损耗增大。

电感的质量检测包括外观和阻值测量。

首先检测电感的外表是否完好，磁性有无缺损、裂缝，金属部分是否腐蚀氧化，标志是否完整清晰，接线有无断裂和拆伤等。

然后用万用表测电感线圈的直流电阻，并与原已知的正常电阻值进行比较。万用表置于$R \times 1 \Omega$挡或二极管挡，红、黑表笔接电感器的两引脚，电感的直流电阻值一般很小，匝数多、线径细的线圈能达几十欧；对于有抽头的线圈，各引脚之间的阻值均很小，仅有几欧姆左右。如果检测值比正常值显著增大，或指针不动，可能是电感器线圈断路；若阻值比正常值小很多，则说明有局部短路；若阻值为零，说明线圈完全短路。

若要准确测量电感线圈的电感量 $L$ 和品质因数 $Q$，可以使用万能电桥或 $Q$ 表等专业测量仪测量。

## 四、电感器的特点

直流可通过线圈，直流电阻就是导线本身的电阻，压降很小；当交流信号通过线圈时，线圈两端将会产生自感电动势阻碍电流的变化，衡量电感线圈对交流信号的阻碍作用可以用感抗来表示。

电感线圈对交流电流阻碍作用的大小称为感抗（$X_L$），单位是 Ω。

$$X_L = \omega L = 2\pi f L \tag{3-6}$$

线圈通过低频电流时 $X_L$ 小，通过直流电时 $X_L$ 为零，仅线圈的直流电阻起作用，所以电感线圈近似短路。当电感线圈通过高频电流时 $X_L$ 大，则近似开路。所以电感具有"通直流、阻交流"的特性。线圈的此种特性正好与电容相反。利用电感元件和电容器就可以组成各种高频、中频和低频滤波器，以及调谐回路、选频回路和阻流圈电路等。

## 五、电感元件的应用

电感在电气设备中有广泛应用，如日光灯中的镇流器、电机、变压器、电磁炉的线圈都是电感线圈。电感器在电路中主要起到滤波、振荡、延迟、陷波等作用，还有筛选信号、过滤噪声、稳定电流及抑制电磁波干扰等作用。

电感也有不利的一面，在一些电气设备中，由于自感现象的存在，会造成过电压、过电流。例如，M7120 型平面磨床的电磁吸盘线圈具有较大的电感，在电磁吸盘通电工作时，线圈中储存很大的磁场能量，当线圈断开电源瞬间，将会在线圈中产生很大的自感电动势。为消除自感电动势对其他电器的危害，在线圈两端接有 $R$ 和 $C$ 组成的放电回路，如图 3-10 所示。

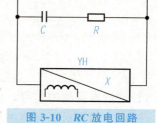

图 3-10 RC 放电回路

## 六、使用注意事项

（1）在使用线圈时应注意不要随便改变线圈的形状、大小和线圈间的距离；否则会影响线圈原来的电感量。尤其是频率越高，圈数越少的线圈。

（2）线圈在装配时互相之间的位置和与其他元件的位置要特别注意，应符合规定要求，以免互相影响而导致整机不能正常工作。

（3）可调线圈应安装在机器易于调节的地方，以便调整线圈的电感量达到最理想的工作状态。

## 电容、电感元件的识读及测量

### 一、实训内容及步骤

#### 1. 电容器的直观识别

(1) 通过本课题的实习,使学生掌握直观辨别电容器的类别、容量大小、耐压值等基本参数的方法。

(2) 提供不同电容若干只(470 pF、3 300 pF、0.033 μF、0.01 μF、0.22 μF、1 μF、47 μF、470 μF、1 μF/250 V 的电容各 1 只)。

(3) 将直观识别的电容器参数填入表 3-3 中。

表 3-3　电容器识别技术训练表

| 序号 | 电容外形 | 电容类别 | 容量标称方法 | 标称容量 | 耐压值 |
|---|---|---|---|---|---|
| 1 | | | | | |
| 2 | | | | | |
| 3 | | | | | |
| 4 | | | | | |
| 5 | | | | | |
| 6 | | | | | |
| 7 | | | | | |
| 8 | | | | | |
| 9 | | | | | |

#### 2. 电容器的测量

(1) 通过本课题的实习,使学生掌握用万用表判别各种电容器质量的方法。

(2) 用万用表对电容器进行检测,并将检测情况填入表 3-4 中。

表 3-4　电容器检测技术训练表

| 序号 | 电容类别 | 标称容量 | 好坏情况 |
|---|---|---|---|
| 1 | | | |
| 2 | | | |
| 3 | | | |
| 4 | | | |
| 5 | | | |
| 6 | | | |
| 7 | | | |
| 8 | | | |
| 9 | | | |

## 课题二 电容与电感元件的作用

### 3. 电感器的直观识别

(1)通过本课题的实习,使学生掌握直观判别各电感器的类别、参数及用万用表判别电感器好坏的检测方法。

(2)提供不同电感器各一只。

(3)将电感器的有关参数填入表 3-5 内。

表 3-5 电感器识别检测技术训练表

| 序号 | 电感识别 | 电感量标注方法 | 标称电感量 | 好坏情况 |
| --- | --- | --- | --- | --- |
| 1 | | | | |
| 2 | | | | |
| 3 | | | | |
| 4 | | | | |

## 二、注意要点

(1)每次检测电容器前,均应先将电容器放电后再测量。

(2)检测不同容量的电容时,应相应改变万用表的量程挡位,并校准调零。

(3)测量电感器的直流电阻时,将万用表调整到合适挡位。

## 三、任务评估

任务评估内容见表 3-6。

表 3-6 电容电感元件识读及测量技术训练任务评估表

| 项目内容 | 配分 | 评分标准 | | 扣分 | 得分 |
| --- | --- | --- | --- | --- | --- |
| 电容、电感标称值识别 | 40 | (1)读数不正确<br>(2)步骤不正确<br>(3)不熟练 | 扣 20 分<br>扣 10 分<br>扣 10 分 | | |
| 万用表检测小电容<br>(0.01~0.47 μF) | 10 | (1)万用表使用不对<br>(2)读数不正确 | 扣 5 分<br>扣 5 分 | | |
| 万用表检测小电容<br>(100~1 000 μF) | 10 | | | | |
| 万用表检测电感器 | 30 | (1)万用表使用不正确<br>(2)步骤不正确<br>(3)测量方法不对 | 扣 10 分<br>扣 10 分<br>扣 10 分 | | |
| 安全生产 | 5 | 违反安全生产规程 | 扣 5 分 | | |
| 文明生产 | 5 | 违反文明生产规程 | 扣 5 分 | | |

## 单元小结

(1)电容器是储存电荷的容器。任何两块彼此绝缘的金属导体，就构成一个电容器。电容器储存电场能的大小为

$$W_C = \frac{1}{2}CU^2$$

(2)电容器分固定、可变和微调三类。固定电容器按介质不同，有陶瓷、云母、纸介、薄膜、电解电容器等；按使用电路不同，有电子电路用、电力线路用电容器。

(3)电容是衡量电容器储存电荷能力大小的物理量。电容器一个极板上电荷所带的电量 $q$ 与极板间的电压 $U_C$ 之比称为电容器的电容量，简称电容，用 $C$ 表示，即

$$C = \frac{q}{U_C}$$

电容是电容器的固有参数，电容与极板间的相对面积、介电常数成正比；与介质厚度（极板间距离）成反比。

(4)电容器两端电压变化时，电容器的电流为

$$i_C = \frac{\Delta q}{\Delta t} = C\frac{\Delta U}{\Delta t}$$

(5)容抗。它指电容器对电流的阻碍作用的大小，单位为 Ω，即

$$X_C = \frac{1}{\omega C} = \frac{1}{2\pi fC}$$

电容具有通交流、隔直流，通高频、阻低频特性。

(6)电容器的主要参数有标称容量、允许误差和额定工作电压。

(7)若直导线或线圈中有电流通过时，其周围就产生磁场。

(8)由于线圈自身电流变化而发生的电磁感应现象，叫自感。

(9)电感线圈的自感系数，简称电感。自感系数 $L$ 是线圈的固有参数，它与线圈的匝数、几何形状、尺寸以及磁介质等因素有关。空心线圈的电感是一个常数；铁芯线圈的电感是非线性的。

(10)电感的主要参数有电感量 $L$、品质因数 $Q$、分布电容等。

(11)感抗表示电感对交流电的阻碍作用，单位为 Ω。

$$X_L = \omega L = 2\pi fL$$

电感具有通直流、阻交流，通低频、阻高频特性。

(12)电感线圈也是储能元件。它可以将电能转化成磁能并储存在线圈中。储存的磁场能量大小为

$$W_L = \frac{1}{2}LI^2$$

## 自测题

1. 以空气为介质的平行板电容器，当增大极板正对面积时，电容量如何变化？
2. 在检修高压整流设备时，为什么在切断电源后，还需将滤波电容先短接一下？
3. 常见电容器分为哪几类？选用电容器主要考虑哪些参数？
4. 电容器上标有下列字母，分别表示何种电容器？

        CZ    CC    CJ    CY    CB    CD

5. 如何用万用表的电阻挡检测电解电容的质量？
6. 试写出图 3-11 所示电容器的种类。

图 3-11　电容器外形

7. 写出下列电容参数标注的含义：

1p2 表示 _____。

10n 表示 _____。

2μ2 表示 _____。

8. 在含有较大电感线圈的电路中，为什么在突然断电时会产生过电压？如何预防？
9. 写出图 3-12 所示各电感的参数。

图 3-12　电感外形

# 单元四

# 磁场及电磁感应

## 课题一　磁场及其主要物理量

**知识目标**

(1) 了解磁场及电流的磁场。
(2) 了解磁感应强度的概念。
(3) 了解磁路、主磁通和漏磁通的概念。

**主要内容**

通过观察与讲解，了解日常生活中常见的几种永久磁铁和三种典型电流的磁场分布，体会磁的作用规律在历史及现代生产生活中的运用。

了解磁感应强度是定量描述磁场中各点强弱和方向的物理量，了解磁路、主磁通和漏磁通的概念，为变压器、电动机等实际应用打下基础。

【相关知识点一】　磁场、磁感线

### 一、磁场

(1) 磁场。磁体周围存在的一种特殊的物质叫磁场。磁体间的相互作用力是通过磁场传送的。磁体间的相互作用力称为磁场力，同名磁极相互排斥，异名磁极相互吸引。

(2) 磁场的性质。磁场具有力的性质和能量性质。

(3) 磁场方向。在磁场中某点放一个可自由转动的小磁针，它的 N 极所指的方向即为该点的磁场方向。

## 二、磁感线

### 1. 磁感线的概念

在磁场中画一系列曲线,使曲线上每一点的切线方向都与该点的磁场方向相同,这些曲线称为磁感线,如图 4-1 所示。

### 2. 特点

(1) 磁感线的切线方向表示磁场方向,其疏密程度表示磁场的强弱。

(2) 磁感线是闭合曲线,在磁体外部,磁感线由 N 极出来,绕到 S 极;在磁体内部,磁感线的方向由 S 极指向 N 极。

(3) 任意两条磁感线不相交。

说明:磁感线是为研究问题方便人为引入的假想曲线,实际上并不存在。

图 4-2 所示为条形磁铁的磁感线的形状。

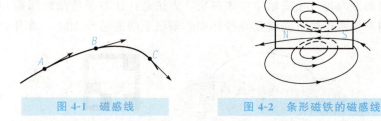

图 4-1 磁感线　　　图 4-2 条形磁铁的磁感线

### 3. 常见磁铁的磁场分布

条形磁铁磁场分布见图 4-3,蹄形磁铁磁场分布见图 4-4。

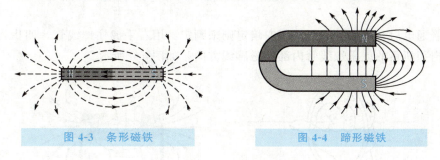

图 4-3 条形磁铁　　　图 4-4 蹄形磁铁

### 4. 匀强磁场

在磁场中某一区域,若磁场的大小和方向都相同,这部分磁场称为匀强磁场。匀强磁场的磁感线是一系列疏密均匀、相互平行的直线,如图 4-5 所示。

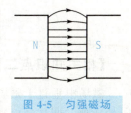

图 4-5 匀强磁场

### 5. 电流的磁场

1820 年,丹麦物理学家奥斯特发现了电流的磁效应,从而开创了电磁新时代。

直线电流所产生的磁场方向可用安培定则来判定。方法是：用右手握住导线，让拇指指向电流方向，四指所指的方向就是磁感线的环绕方向，如图4-6所示。

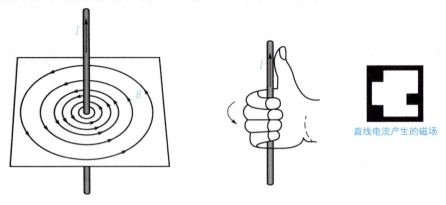

图4-6　直线电流所产生的磁场

环形电流的磁场方向也可用安培定则来判定，方法是：让右手弯曲的四指和环形电流方向一致，伸直的拇指所指的方向就是导线环中心轴线上的磁感线方向，如图4-7所示。

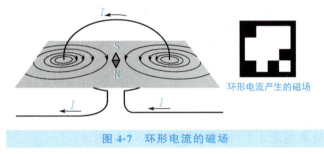

图4-7　环形电流的磁场

螺线管通电后，磁场方向仍可用安培定则来判定：用右手握住螺线管，四指指向电流的方向，拇指所指的就是螺线管内部的磁感线方向，如图4-8所示。

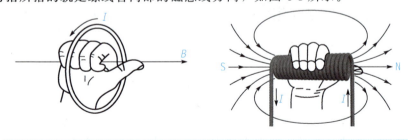

图4-8　螺线管通电磁场

【相关知识点二】　磁感应强度

磁场中垂直于磁场方向的通电直导线，所受的磁场力 $F$ 与电流 $I$ 和导线长度 $l$ 的乘积 $Il$ 的比值，叫作通电直导线所在处的磁感应强度 $B$，即

$$B=\frac{F}{Il}$$

磁感应强度是描述磁场强弱和方向的物理量。

磁感应强度是一个矢量，它的方向即为该点的磁场方向。在国际单位制中，磁感应强度的单位是特斯拉(T)。

用磁感线可形象地描述磁感应强度 $B$ 的大小，$B$ 较大的地方磁场较强，磁感线较密；$B$ 较小的地方磁场较弱，磁感线较稀；磁感线的切线方向即为该点磁感应强度 $B$ 的方向。

匀强磁场中各点的磁感应强度大小和方向均相同。

## 【相关知识点三】 磁路、主磁通、漏磁通

在磁感应强度为 $B$ 的匀强磁场中取一个与磁场方向垂直，面积为 $S$ 的平面，则 $B$ 与 $S$ 的乘积，叫作穿过这个平面的磁通量 $\Phi$，简称磁通，即

$$\Phi=BS$$

磁通的国际单位是韦伯(Wb)。

由磁通的定义式，可得

$$B=\frac{\Phi}{S}$$

即磁感应强度 $B$ 可看作是通过单位面积的磁通，因此磁感应强度 $B$ 也常叫作磁通密度，并用 $Wb/m^2$ 作单位。

磁通经过的闭合路径叫磁路。磁路和电路一样，分为有分支磁路(图 4-9)和无分支磁路两种类型。在无分支磁路中，通过每一个横截面的磁通都相等。

当线圈中通以电流后，大部分磁感线沿铁芯、衔铁和工作气隙构成回路，这部分磁通称为主磁通；还有一部分磁通，没有经过气隙和衔铁，而是经空气自成回路，这部分磁通称为漏磁通，如图 4-10 所示。

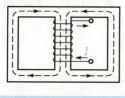

图 4-9 有分支磁路

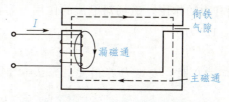

图 4-10 主磁通和漏磁通

# 课题二 安培力

### 知识目标

(1) 了解安培力的大小。

(2) 了解安培力方向的判定方法——左手定则。

单 元 四　磁场及电磁感应

> **主要内容**
>
> 通过观察与讲解，了解安培力的计算公式，并学会运用公式进行简单计算；了解安培力的方向的判定方法即左手定则。

【相关知识点一】　安培力的大小

## 一、安培力的大小

磁场对放在其中的通电直导线有力的作用，这个力称为安培力。

(1)当电流 $I$ 的方向与磁感应强度 $B$ 垂直时，导线受安培力最大，根据磁感应强度

$$B=\frac{F}{Il}$$

可得

$$F=BIl$$

(2)当电流 $I$ 的方向与磁感应强度 $B$ 平行时，导线不受安培力作用。

(3)如图 4-11 所示，当电流 $I$ 的方向与磁感应强度 $B$ 之间有一定夹角时，可将 $B$ 分解为两个互相垂直的分量：

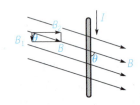

图 4-11　磁场对直线电流的作用力

一个与电流 $I$ 平行的分量，$B_1=B\cos\theta$；另一个与电流 $I$ 垂直的分量，$B_2=B\sin\theta$。$B_1$ 对电流没有力的作用，磁场对电流的作用力是由 $B_2$ 产生的。因此，磁场对直线电流的作用力(图 4-12)为

$$F=B_2Il=BIl\sin\theta$$

当 $\theta=90°$ 时，安培力 $F$ 最大；当 $\theta=0°$ 时，安培力 $F=0$。

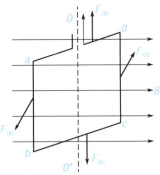

图 4-12　磁场对通电矩形线圈的作用力矩

## 二、单位

公式中各物理量的单位均采用国际单位制:安培力 $F$ 的单位用牛顿(N);电流 $I$ 的单位用安培(A);长度 $l$ 的单位用米(m);磁感应强度 $B$ 的单位用特斯拉(T)。

**【相关知识点二】 左手定则**

安培力 $F$ 的方向可用左手定则判断:伸出左手,使拇指跟其他四指垂直,并都跟手掌在一个平面内,让磁感线穿入手心,四指指向电流方向,大拇指所指的方向即为通电直导线在磁场中所受安培力的方向,如图 4-13 所示。

由左手定则可知,$F \perp B$,$F \perp I$,即 $F$ 垂直于 $B$、$I$ 所决定的平面。

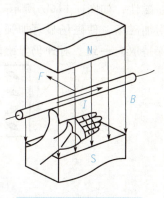

图 4-13 左手定则

# 课题三 铁磁物质

### 知识目标

(1)了解铁磁性物质的磁化现象。
(2)了解常用磁性材料的种类及用途。

### 主要内容

通过日常生活中磁化及消磁的观察与讲解,了解铁磁物质的磁化及消磁现象,并通过对比讲解认识常用的磁性材料的种类及其用途。

**【相关知识点一】 铁磁性物质的磁化**

**1. 磁化**

本来不具备磁性的物质,由于受磁场的作用而具有了磁性的现象称为该物质被磁化。只有铁磁性物质才能被磁化。

**2. 被磁化的原因**

(1)内因。铁磁性物质是由许多被称为磁畴的磁性小区域组成的,每一个磁畴相当于一个小磁铁。

(2)外因。有外磁场的作用。

如图 4-14(a)所示,当无外磁场作用时,磁畴排列杂乱无章,磁性相互抵消,对外不显磁性;如图 4-14(b)所示,当有外磁场作用时,磁畴将沿着磁场方向做取向排列,形成附加磁场,使磁场显著加强。有些铁磁性物质在撤去磁场后,磁畴的一部分或大部分仍然保持取向一致,对外仍显磁性,即成为永久磁铁。

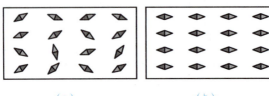

图 4-14 铁磁性物质的磁化

## 【相关知识点二】 常用磁性材料的种类及用途

不同的铁磁性物质,磁化后的磁性不同。根据铁磁性物质被磁化的性能,铁磁性物质可分为以下几种。

### 一、软磁性物质

(1)特点。磁滞损耗小,比较容易磁化,撤去外磁场后磁性基本消失,其剩磁与矫顽力较小。

(2)材料。硅钢、铁镍合金和软磁氧体。

(3)应用。制造变压器、发电机、电动机、电磁铁铁芯。

### 二、硬磁性材料

(1)特点。磁滞损耗较大,剩磁、矫顽力也较大,需要较强的磁场才能使它磁化,撤去外加磁场仍能保留较大的剩磁。

(2)材料。钨钢、铬钢、钴钢和钡铁氧体。

(3)应用。制造永久磁铁。

### 三、矩磁性物质

(1)特点。只需很小的外加磁场就能使之达到磁饱和,撤去外加磁场时,磁感应强度(剩磁)与饱和时一样。

(2)材料。锰镁铁氧体和锂锰铁氧体。

(3)应用。计算机中的存储元件。

## 课题四　电磁感应

> **知识目标**
> (1) 电磁感应现象及定律。
> (2) 理解楞次定律和右手定则。
> (3) 了解涡流产生的原因及其在工程技术上的应用。

> **主要内容**
> 以磁场等知识为基础，通过实验总结产生感应电流的条件和判断感应电流方向的一般方法——楞次定律和右手定则，给出确定感应电动势大小的一般规律——法拉第电磁感应定律，并了解涡流产生的原因及其在工程技术上的应用。

【相关知识点一】　电磁感应现象

### 一、产生感应电流的条件

在发现了电流的磁效应后，人们自然想到既然电能够产生磁，磁能否产生电呢？

由实验可知，当闭合回路中一部分导体在磁场中做切割磁感线运动时，回路中就有电流产生，如图 4-15 所示。

图 4-15　闭合回路的部分导体切割磁感线

87

在一定条件下，由磁产生电的现象，称为电磁感应现象，产生的电流叫感应电流。

通过实验看出，当穿过闭合线圈的磁通发生变化时，线圈中有电流产生。其实质上是通过不同的方法改变了穿过闭合回路的磁通，如图 4-16 至图 4-18 所示。

因此，产生电磁感应的条件是：不论用什么方法，只要穿过闭合电路的磁通量发生变化，闭合电路中就有电流产生。

图 4-16　开关 S 断开和闭合

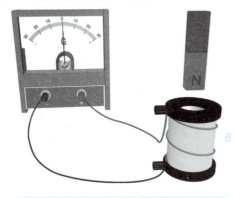

图 4-17　条形磁铁插入和拔出线圈

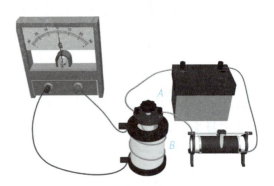

图 4-18　滑动变阻器滑片

## 二、感应电流的方向

### 1. 右手定则

当闭合回路中一部分导体做切割磁感线运动时，所产生的感应电流方向可用右手定则来判断。

伸开右手，使拇指与四指垂直，并都跟手掌在一个平面内，让磁感线穿入手心，拇指指向导体运动的方向，四指所指的方向即为感应电流的方向，如图 4-19 所示。

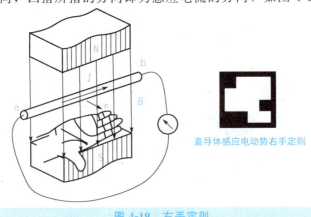

直导体感应电动势右手定则

图 4-19　右手定则

#### 2. 楞次定律

通过实验发现，当磁铁插入线圈时，原磁通在增加，线圈所产生的感应电流的磁场方向总是与原磁场方向相反，即感应电流的磁场总是阻碍原磁通的增加；当磁铁拔出线圈时，原磁通在减少，线圈所产生的感应电流的磁场方向总是与原磁场方向相同，即感应电流的磁场总是阻碍原磁通的减少。

因此，得出结论：当将磁铁插入或拔出线圈时，线圈中感应电流所产生的磁场方向，总是阻碍原磁通的变化。这就是楞次定律的内容。

根据楞次定律判断出感应电流磁场方向，然后根据安培定则，即可判断出线圈中的感应电流方向。

### 【相关知识点二】 法拉第电磁感应定律

## 一、感应电动势

电磁感应现象中，闭合回路中产生了感应电流，说明回路中有电动势存在。在电磁感应现象中产生的电动势叫作感应电动势。产生感应电动势的那部分导体就相当于电源，如在磁场中切割磁感线的导体和磁通发生变化的线圈等。

## 二、感应电动势的方向

在电源内部，电流从电源负极流向正极，电动势的方向也是由负极指向正极，因此感应电动势的方向与感应电流的方向一致，仍可用右手定则和楞次定律来判断。

**注意：**对电源来说，电流流出的一端为电源的正极。

## 三、电磁感应定律的数学表达式

大量的实验表明，单匝线圈中产生的感应电动势的大小，与穿过线圈的磁通变化率 $\Delta\Phi/\Delta t$ 成正比，即

$$E = \frac{\Delta \Phi}{\Delta t}$$

对于 $N$ 匝线圈，有

$$E = N\frac{\Delta \Phi}{\Delta t} = \frac{N\Phi_2 - N\Phi_1}{\Delta t}$$

式中 $N\Phi$ ——磁通与线圈匝数的乘积，称为磁链，用 $\Psi$ 表示，即

$$\Psi = N\Phi$$

于是对于 $N$ 匝线圈，感应电动势为

$$E = \frac{\Delta \Psi}{\Delta t}$$

**例 4-1** 在一个 $B=0.01\text{ T}$ 的匀强磁场里,放一个面积为 $0.001\text{ m}^2$ 的线圈,线圈匝数为 500 匝。在 0.1 s 内把线圈平面从与磁感线平行的位置转过 $90°$,变成与磁感线垂直,求这个过程中感应电动势的平均值。

**解** 在 0.1 s 时间内,穿过线圈平面的磁通变化量为

$$\Delta\Phi=\Phi_2-\Phi_1=BS-0=0.01\times 0.001=1\times 10^{-5}\text{(Wb)}$$

感应电动势为

$$E=N\frac{\Delta\Phi}{\Delta t}=500\times\frac{1\times 10^{-5}}{0.1}=0.05\text{(V)}$$

## 【相关知识点三】 涡流

把块状金属放在交变磁场中,金属块内将产生感应电流。这种电流在金属块内自成回路,像水的旋涡,因此叫作涡电流,简称涡流。

### 1. 涡流的危害

由于整块金属电阻很小,所以涡流很大,不可避免地使铁芯发热,温度升高,引起材料绝缘性能下降,甚至破坏绝缘造成事故。铁芯发热还使一部分电能转换为热能白白浪费,这种电能损失叫作涡流损失。

在电机、电器的铁芯中,完全消除涡流是不可能的,但可以采取有效措施尽可能地减小涡流。为减小涡流损失,电机和变压器的铁芯通常不用整块金属,而用涂有绝缘漆的薄硅钢片叠压制成。这样涡流被限制在狭窄的薄片内,回路电阻很大,涡流大为减小,从而使涡流损失大大降低。

铁芯采用硅钢片,是因为这种钢比普通钢电阻率大,可以进一步减少涡流损失,硅钢片的涡流损失只有普通钢片的 1/5～1/4。

### 2. 涡流的应用

在一些特殊场合,涡流也可以被利用,如可用于有色金属和特种合金的冶炼。利用涡流加热的电炉叫作高频感应炉,它的主要结构是一个与大功率高频交流电源相接的线圈,被加热的金属就放在线圈中间的坩埚内,当线圈中通以强大的高频电流时,它的交变磁场在坩埚内的金属中产生强大的涡流,发出大量的热,使金属熔化。在现代生活中非常普遍的家庭厨房电器电磁炉就是利用涡流的原理制成的,如图 4-20 所示。

图 4-20 涡流的应用

## 单元小结

(1)通电导线的周围和磁铁的周围一样，存在着磁场。磁场可以用磁感线来描述它的强弱和方向。通电导线周围的磁场方向可以用右手螺旋法则(也叫安培定则)来判定。

(2)磁感应强度和磁通为描述磁场的两个重要物理量。

①磁感应强度 $B$ 是描述磁场力效应的，当通电导线与磁场方向垂直时，其大小为

$$B=\frac{F}{Il}$$

②在匀强磁场中，通过与磁感线方向垂直的某一截面的磁感线的总数，叫作穿过这个面的磁通，即

$$\Phi=BS$$

(3)通电导线在磁场中会受到磁场力的作用，其方向可以用左手定则来判定，其大小为

$$F=BIl\sin\theta$$

(4)通电线圈放在匀强磁场中要受到力矩的作用，常用的磁电式仪表就是根据这一原理制成的。

①铁磁性物质都能够磁化，根据磁化、去磁性质的不同，可分为软磁性物质、硬磁性物质和矩磁性物质。

②穿过电路的磁通量发生改变时，电路中就有感应电动势产生。如果电路是闭合的，则产生感应电流。

电路中感应电流的方向可以用右手定则或楞次定律来判定。

电路中感应电动势的大小可用公式 $E=\dfrac{\Delta\Phi}{\Delta t}$ 进行计算。

③整块状金属放在交变磁场中，金属块内产生的感应电流叫作涡电流，简称涡流。

## 自 测 题

### 一、填空题

1. 如图 4-21 所示，当磁铁的 S 极离开金属环时，环内感应电流的方向是_____；当 S 极接近环时，环内感应电流的方向是_____。

2. 如图 4-22 所示，当闭合电键 S 时，CD 中感应电流的方向由_____到_____。当打开电键 S 时，CD 中感应电流的方向由_____到_____。

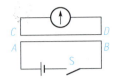

图 4-21 磁铁离开和插入环中时磁场的变化　　图 4-22 填空题 2 的图

3. 如图 4-23 所示，导体 ab 的电阻为 $R_1$，长为 $l$，导轨的电阻为 $R_2$，ab 以速度 $v$ 垂直于磁感应强度为 $B$ 的匀强磁场向右运动，在导体 ab 中产生的感应电动势的大小是_____，电路中的感应电流的大小是_____。

4. 半径为 10 cm 的导电圆环放在磁场中，如图 4-24 所示，当磁场以 0.1 T/s 的变化率增大时，环内的感应电动势为_____，方向是_____。

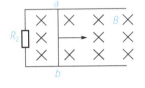

图 4-23 电路　　　　　　　　　图 4-24 磁场

## 二、选择题

1. 下面几种情况中，闭合回路发生变化的是(　　)。

   A. 在磁场中闭合回路所包围的面积发生变化

   B. 闭合回路在匀强磁场中平动

   C. 闭合回路在匀强磁场中转动

2. 如图 4-25 所示，通有电流 $I$ 的直导线 mn 与矩形金属框 abcd 在同一平面内，要使金属框中产生 $a \rightarrow b \rightarrow c \rightarrow d \rightarrow a$ 方向的感应电流，则下列方法中可行的是(　　)。

   A. 使金属框向右匀速平移　　　B. 使金属框绕导线 mn 旋转

   C. 垂直于导线向下匀速平移　　D. 使导线 mn 中的电流增大

3. 如图 4-26 所示，长方形线圈放于匀强磁场中，下述情况中能产生感应电流的是线圈(　　)。

   A. 左右平行移动　　　　　　　B. 以 bc 边为轴转动

   C. 上下平行移动　　　　　　　D. 以 OO′ 为轴转动

4. 如图 4-27 所示，有一从高处落下的条形磁铁，它穿过一个闭合线圈时，二者相互作用的情况为(　　)。

   A. 磁铁接近线圈和离开线圈时都相互吸引

   B. 磁铁接近线圈和离开线圈时都相互排斥

   C. 磁铁接近线圈时相互排斥，离开线圈时相互吸引

   D. 磁铁接近线圈时相互吸引，离开线圈时相互排斥

5. 行驶中的汽车制动后滑行一段距离，最后停下；流星在夜空中坠落并发出明亮的光芒；伞兵背着降落伞在空中匀速下降；条形磁铁在下落过程中产生电流。上述不同现象中所包含的相同的物理过程是(　　)。

A. 物体克服阻力做功  B. 物体的动能转化为其他形式的能量
C. 物体的势能转化为其他形式的能量  D. 物体的机械能转化为其他形式的能量

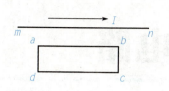

图 4-25  通有电流 $I$ 的直导线

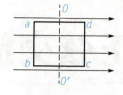

图 4-26  均强磁场

图 4-27  条形磁铁落入线圈

三、解答题

1. 作出图 4-28～图 4-30 所示磁场方向、运动方向或感应电流方向。

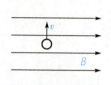

图 4-28  磁场一

图 4-29  磁场二

图 4-30  磁场三

2. 有一个 1 000 匝的线圈，在 0.4 s 内穿过它的磁通从 0.02 Wb 增加到 0.09 Wb。求线圈中的感应电动势。如果线圈的电阻是 10 Ω，当它跟一个 990 Ω 的电热器串联组成闭合电路时，通过电热器的电流是多大？

# 单元五

# 单相正弦交流电路

## 课题一　正弦交流电的基本概念

### 知识目标

(1) 了解正弦交流电的产生过程，掌握交流电波形图。
(2) 掌握频率、角频率、周期的概念及其关系。
(3) 掌握最大值、有效值的概念及其关系。
(4) 了解初相位与相位差的概念。
(5) 了解正弦量的矢量表示法。

### 主要内容

通过实验观察交流电的产生，了解正弦交流电的产生过程，掌握交流电的波形图；掌握正弦交流电三要素的概念及关系；了解初相位与相位差的概念，会进行同频率正弦量相位的比较；了解正弦量的三种表示方法并能进行相互转换。

【相关知识点一】　正弦交流电的三要素

### 一、交流电的产生

1831 年，法拉第发现了电磁感应现象，为人类进入电气化时代打开了大门。家用电器用的是什么电流？特点如何？遵循什么规律？这就是本课题要研究的内容。

观察实验现象，说明电表指针的偏转反映了电流的大小

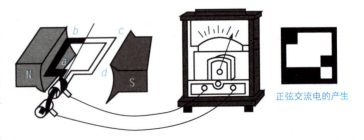

正弦交流电的产生

图 5-1　交流电的产生

和方向的变化,如图 5-1 所示。

(1)产生方式。使矩形线圈在匀强磁场中绕垂直于磁力线的轴匀速转动。

(2)交流电的概念。大小和方向都随时间做周期性变化的电流。

强调:方向随时间做周期性变化是它的最主要特征。

画出各种电流的波形图让学生来判别(告知学生坐标的正、负表示电流的方向)。

(3)交流电的变化规律。

①中性面:与磁力线垂直的所在位置的平面。

②约定:让线圈从中性面开始逆时针方向以角速度 $\omega$ 匀速转动。

③规律。

设 $ab=cd=L$,$ab$ 边做圆周运动的线速度为 $v$,经一段时间 $t$ 线圈转过的角度为 $\theta=\omega t$,则

$$e_{ab}=BLv\sin\theta=BLv\sin\omega t,\ e_{cd}=BLv\sin\theta=BLv\sin\omega t$$

a. 整个线圈产生的感应电动势的瞬时表达式为

$$e=2BLv\sin\theta=2BLv\sin\omega t$$

b. 感应电动势的最大值为

$$E_m=2BLv=BL_{ab}L_{cd}\omega=BS\omega=\Phi_m\omega$$

c. 若线圈的总电阻为 $R$ 且闭合,则产生的感应电流的瞬时表达式为

$$i=e/R=E_m\sin\omega t/R=I_m\sin\omega t$$

d. 若电路的某一部分电阻为 $r$,则该电阻两端的电压的瞬时表达式为

$$u=ir=rI_m\sin\omega t=U_m\sin\omega t$$

e. 若线圈开始转动时与中性面成 $\phi$ 角,则

$$e=E_m\sin(\omega t+\phi),\ i=I_m\sin(\omega t+\phi),\ u=U_m\sin(\omega t+\phi)$$

(4)正弦式交流电。按正弦规律变化的交流电。

## 二、表示交流电的物理量

### 1. 周期和频率

周期和频率是表示交流电变化快慢的物理量。

周期指完成一次周期性变化(线圈转动一周)所需的时间。周期的符号为 $T$,单位为 s。
频率是指 1 s 内完成周期性变化的次数。频率的符号为 $f$,单位为 Hz。
周期和频率的关系为

$$T=1/f$$

角频率(角速度)是指每秒转过的角度,即

$$\omega=\phi/t=2\pi f=2\pi/T(\text{rad/s})$$

我国交流电的标准:220 V,50 Hz,又称为工频交流电。

### 2. 最大值和有效值

最大值又称为峰值:$E_m$、$U_m$、$I_m$,表示交流电在一个周期内所达到的最大数值;反映了交流电的变化范围;用电器所加的最大值不超过其额定值;否则会烧坏。

如果让一直流电和该交流电分别通过相同的电阻，在相同的时间内产生的热量相等，这一直流电的数值就称为该交流电的有效值，即 $E$、$U$、$I$。它根据电流的热效应得出的等效值反映了交流电产生的平均效果而不是平均值。

瞬时值 $e$、$u$、$i$ 是指在某一时刻交流电的大小。

正弦式交流电有效值与最大值的关系为

$$I = \frac{I_m}{\sqrt{2}} = 0.707 I_m$$

$$U = \frac{U_m}{\sqrt{2}} = 0.707 U_m$$

$$E = \frac{E_m}{\sqrt{2}} = 0.707 E_m$$

需要说明的是：
(1)交流电设备铭牌上标的数值一般指有效值。
(2)交流电表测量值指有效值。
(3)交流电路无特殊说明的均指有效值。
(4)凡交流电路中功率计算应采用电压、电流的有效值代入计算。
(5)特例：电容器上所标出的是指最大值。

### 3. 相位与相位差

$\omega t + \phi$ 称为相位，它决定了交流电在变化过程中瞬时值的大小和正负，不同时刻对应不同的相位，就对应着不同的瞬时值。初相位指 $t=0$ 时的相位，即 $\phi$，通常 $-180° \leqslant \phi \leqslant 180°$。初相位反映了正弦式交流电的初始值大小，且反映了正弦式交流电的变化起点。两个频率相同的正弦式交流电的相位角之差亦即为它们的初相位之差，即相位差 $\Delta\phi$。它与 $t$、$\omega$ 均无关，仅取决于同频率的两正弦交流电的初相位之差，即

$$\Delta\phi = \phi_1 - \phi_2$$

在实际运用中规定

$$|\phi_{12}| \leqslant 180° \quad \text{或} \quad |\phi_{12}| \leqslant \pi$$

(1)当 $\phi_{12} > 0$ 时，称第一个正弦量比第二个正弦量的相位越前(或超前) $\phi_{12}$。
(2)当 $\phi_{12} < 0$ 时，称第一个正弦量比第二个正弦量的相位滞后(或落后) $|\phi_{12}|$。
(3)当 $\phi_{12} = 0$ 时，称第一个正弦量与第二个正弦量同相，如图 5-2(a)所示。
(4)当 $\phi_{12} = \pm\pi$ 或 $\pm 180°$ 时，称第一个正弦量与第二个正弦量反相，如图 5-2（b）所示。
(5)当 $\phi_{12} = \pm\dfrac{\pi}{2}$ 或 $\pm 90°$ 时，称第一个正弦量与第二个正弦量正交。

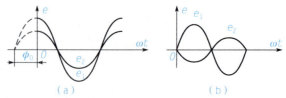

图 5-2 相位与相位差

## 【相关知识点二】 正弦交流的表示法

正弦交流电的三要素可以用各种方法表示出来，而各种方法是分析与计算正弦交流电的工具。正弦交流电可以用解析式、波形图、相量图表示。

### 一、解析式表示法

解析式表示法即正弦交流电的瞬时表达式，即

$$i(t)=I_m\sin(\omega t+\phi_{i0})，u(t)=U_m\sin(\omega t+\phi_{u0})，e(t)=E_m\sin(\omega t+\phi_{e0})$$

式中　$i(t)$，$u(t)$，$e(t)$——瞬时值；

　　　$E_m$，$U_m$，$I_m$——最大值；

　　　$\omega$——角频率（角速度）；

　　　$\phi_{i0}$，$\phi_{u0}$，$\phi_{e0}$——初相位。

它们反映了正弦交流电的三要素。

### 二、波形图表示法

波形图表示法即用正弦函数的图像来表示正弦交流电，以 $e(t)=E_m\sin(\omega t+\phi_{e0})$ 为例，波形图的画法如下：

(1)建立平面直角坐标系，以横轴表示时间 $t$ 或角度 $\omega t$，纵轴表示随时间变化的 $e$、$u$、$i$ 的瞬时值。

(2)利用数学中的五点法先作出 $e(t)=E_m\sin\omega t$ 标准正弦曲线的图像，如图 5-3(a)所示。

(3)根据 $\phi_{e0}$ 的正负将上述标准正弦曲线按"左正右负"的规则平移 $|\phi_{e0}|$ 个单位，或根据 $\phi_{e0}$ 的正负将纵坐标按"正右移、负左移"的原则进行移动坐标轴，即得 $e(t)=E_m\sin(\omega t+\phi_{e0})$，图 5-3(b)中的 $\phi_{e0}$ 为正值。图 5-3(c)中的 $\phi_{e0}$ 为负值。而图 5-3(d)中的 $\phi_{e0}=\pm\pi$。

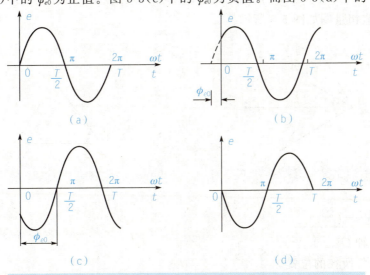

图 5-3　不同初相角的正弦交流电的波形

注意：

①$\omega = 2\pi/T$。

②图线反映最大值、初相和周期，即三要素。若横轴为 $\omega t$，则无法反映它的周期或频率或角频率。

③$t$ 的负半轴，图线要画成虚线；在正半轴时，图线要补全。

图 5-3 给出了不同初相角的正弦交流电的波形。

## 三、相量图表示法

用解析式或波形图表示正弦电压、电流比较直观，由于一般情况下电路中的电压、电流之间具有相位差，所以进行运算却不方便。为了对正弦交流电进行分析和计算，通常采用相量图来表示。

通常相量图可以用振幅相量或有效值相量表示，但通常用有效值相量表示。

### 1. 振幅相量表示法

振幅相量表示法是用正弦量的振幅值作为相量的模（大小）、用初相角作为相量的幅角，例如，有三个正弦量，即

$$e = 60\sin(\omega t + 60°) \text{V}$$
$$u = 30\sin(\omega t + 30°) \text{V}$$
$$i = 5\sin(\omega t - 30°) \text{A}$$

则它们的振幅相量图如图 5-4 所示。

### 2. 有效值相量表示法

有效值相量表示法是用正弦量的有效值作为相量的模（长度大小），仍用初相角作为相量的幅角，例如

$$u = 220\sqrt{2}\sin(\omega t + 53°) \text{V}, \quad i = 0.41\sqrt{2}\sin(\omega t) \text{A}$$

则它们的有效值相量图如图 5-5 所示。

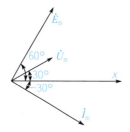

图 5-4 正弦量的振幅相量图举例

图 5-5 正弦量的有效值相量图举例

### 3. 相量图作法

(1) 作水平轴 $OX$。

(2) 作初相位所在的位置。

若 $\phi$ 为正，以 $OX$ 轴绕 $O$ 点逆时针旋转 $\phi$ 角；若 $\phi$ 为负，以 $OX$ 轴绕 $O$ 点顺时针旋转 $|\phi|$ 角。

（3）在确定的位置画一个有向线段（标箭头）。

（4）箭头旁写出最大值或有效值符号，并在符号头上加上黑点。

（注意：不能写成瞬时值的符号形式）

#### 4. 几点说明

（1）只有正弦量才能用矢量表示，矢量不能表示非正弦量。

（2）正弦交流电本身并不是矢量，这只是一种分析方法。

（3）只有同频率的正弦交流电才能在同一张相量图中表示。

（4）相量图只反映初相位和最大值或有效值，不能反映周期、频率或角频率。

## 课题二　纯电阻、纯电感、纯电容电路

### 知识目标

（1）理解电阻元件的电压与电流的关系，了解其有功功率。

（2）理解电感元件的电压与电路的关系，了解其感抗、有功功率和无功功率。

（3）理解电容元件的电压与电路的关系，了解其容抗、有功功率和无功功率。

### 主要内容

通过实验观察和讲解，理解电阻、电感、电容元件对交流电的阻碍作用及电压和电流的关系，了解有功功率、无功功率及其物理意义。

【相关知识点一】　纯电阻电路

只含有电阻元件的交流电路叫作纯电阻电路，如含有白炽灯、电炉、电烙铁等电路，如图5-6所示。

图5-6　纯电阻电路

## 一、纯电阻电路中的欧姆定律——电压和电流的大小关系

### 1. 电压、电流的瞬时值关系

电阻与电压、电流的瞬时值之间的关系服从欧姆定律。设加在电阻 $R$ 上的正弦交流电压瞬时值为 $u=U_m\sin\omega t$，则通过该电阻的电流瞬时值为

$$i=\frac{u}{R}=\frac{U_m}{R}\sin\omega t=I_m\sin\omega t$$

### 2. 最大值欧姆定律

$$I_m=U_m/R$$

### 3. 有效值欧姆定律

$$I=U/R$$

通常用此表达式，它与直流电路的欧姆定律相一致。

说明：(1) 用不同形式的公式时，各量要对应。
(2) 一般采用有效值形式。
(3) 可用交流电表验证（因交流电表读数为有效值）。

## 二、纯电阻电路的电压与电流的相位关系

电阻的两端电压 $u$ 与通过它的电流 $i$ 同相，即电阻对它们的相位无影响。其波形和相量图如图 5-7 所示。

图 5-7　波形及相量图

### 【相关知识点二】　纯电感电路

## 一、电感对交流电的阻碍作用

观察当开关 S 分别置于直流电源和交流电源上时相同灯泡的亮度变化情况，并分析原因（图 5-8 和图 5-9）。

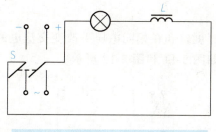
图 5-8 电感电路

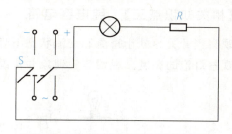
图 5-9 电阻电路

### 1. 原因

由于交流电压电流随时间做周期性变化,在线圈中产生自感现象,引起感应电动势,它阻碍了线圈中原电流的变化。

### 2. 感抗

(1)概念。电感对交流电流的阻碍作用,叫作感抗。
(2)决定因素——决定式为

$$X_L = \omega L = 2\pi f L$$

观察实验现象得结论。
(3)单位:Ω。

## 二、扼流圈——电感的交流特性

一般将电感线圈分为两类:
(1)"通直流、阻交流"——低频扼流圈。
(2)"通低频、阻高频"——高频扼流圈。

## 三、纯电感电路的电流与电压的关系

(1)纯电感电路。只有电感线圈的交流电路。
(2)纯电感电路的电流与电压的大小关系——欧姆定律。

$$I = U/X_L = U/(\omega L) = U/(2\pi f L)$$

可见,$I$ 与 $U$ 成正比。$I_m = U_m/X_L$ 成立,但 $i = u/X_L$ 不成立。
(3)电感电流与电压的相位关系。

电感电压比电流超前 90°(或 $\pi/2$),即电感电流比电压滞后 90°,$\phi_u - \phi_i = \pi/2$ 只能写成 $i$ 落后于 $u$ 为 90°,或电流的有效值相量(最大值相量)落后于电压的有效值相量(最大值相量)90°,但不能写成 $I$ 落后 $U$ 或 $I_m$ 落后 $U_m$。如图 5-10 所示。

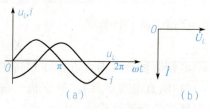
图 5-10 波形及相量图

## 【相关知识点三】 纯电容电路

观察当开关 S 处于直流和交流状态下灯泡的亮度，和在相同电压下改变交流电的频率时，观察灯泡的亮度。观察实验现象并作说明，如图 5-11 和图 5-12 所示。

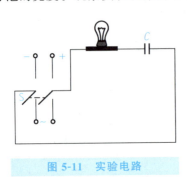

图 5-11　实验电路　　　　　图 5-12　电路测量

(1)电容器具有"隔直通交"的作用。
(2)通交流并非是电流真正通过电容器，实质是对电容器的充放电形成的。

## 一、电容对交流电的阻碍作用

### 1. 原因

电容器两极板上积聚的电荷形成电场反抗导体中自由电荷的定向移动，产生了阻碍作用。

### 2. 容抗

(1)概念。对交流电的阻碍作用。
(2)决定因素——决定式为
$$X_C = 1/(\omega C) = 1/(2\pi f C)$$
(3)单位：Ω。
注意：①电路中电灯亮度与 $f$、$C$ 的关系。
　　　②$C = \varepsilon s / d$。

## 二、隔直电容器和高频旁路电容器——电容的交流电路特性

根据容抗的计算式
$$X_C = 1/(\omega C) = 1/(2\pi f C)$$
电容器可分为隔直电容器和高频旁路电容器。
(1)隔直电容器具有"通交流、隔直流"的作用，在前、后两级电路中间串联一只电容可以将直流杂质滤除。
(2)具有"通高频、阻低频"作用的电容叫作高频旁路电容器，在前后两级电路中间并联一只电容可将高频电流成分滤除。

### 三、电流与电压的关系

(1) 纯电容电路。只有电容的电路。

(2) 纯电容电路的电流与电压的关系。

① 电容电流与电压的大小关系即欧姆定律，其关系式为

$$I = U/X_C = U\omega C = 2\pi fCU \quad (I_m = U_m / X_C)$$

② 电容电流与电压的相位关系。

电容电流比电压超前 90°（或 $\pi/2$），$\phi_i - \phi_u = \pi/2$，即电容电压比电流滞后 90°，如图 5-13 所示。

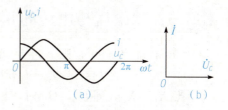

图 5-13 电容电流与电压的关系

## 课题三　电阻、电感、电容串联电路

### 知识目标

(1) 理解 $RLC$ 串联电路阻抗的概念。
(2) 了解 $RLC$ 串联电路总电流和端电压的大小及相位关系。
(3) 了解 $RLC$ 串联电路各元件电压和端电压的关系。
(4) 了解电压三角形、阻抗三角形的应用。

### 主要内容

通过实验观察和讲解，理解 $RLC$ 串联电路阻抗的概念；了解 $RLC$ 串联电路电流和端电压的关系；了解 $RLC$ 串联电路各元件电压和端电压的关系；了解电压三角形、阻抗三角形的应用。

【相关知识点一】　$RLC$ 串联电路

由电阻、电感、电容相串联构成的电路叫作 $RLC$ 串联电路，如图 5-14 所示。

设电路中电流为 $i = I_m \sin\omega t$，则根据 $R$、$L$、$C$ 的基本特性可得各元件的两端电压为

$$u_R = RI_m \sin\omega t$$

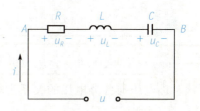

图 5-14　$RLC$ 串联电路

$$u_L = X_L I_m \sin(\omega t + 90°)$$
$$u_C = X_C I_m \sin(\omega t - 90°)$$

根据基尔霍夫电压定律(KVL)，在任一时刻总电压 $u$ 的瞬时值为

$$u = u_R + u_L + u_C$$

## 一、端电压与电流的相位关系

$\phi_L = 90°$，$\phi_C = -90°$，则 $\Delta\phi_{LC} = 180°$，则 $u_L$ 与 $u_C$ 反相。

$$I = I_L = I_C = I_R, \quad U_L = IX_L, \quad U_C = IX_C, \quad U_R = IR$$

(1) 当 $X_L > X_C$，即 $U_L > U_C$ 时，相量图如图 5-15 所示。

电压 $u$ 比电流 $i$ 超前 $\phi$，称电路呈感性，有

$$U = \sqrt{U_R^2 + (U_L - U_C)^2}$$
$$\Delta\phi = \phi_u - \phi_i = \arctan(U_L - U_C)/U_R > 0$$

(2) 当 $X_L < X_C$，即 $U_L < U_C$ 时，相量图如图 5-16 所示，电压 $u$ 比电流 $i$ 滞后 $|\phi|$，称电路呈容性。

$$U = \sqrt{U_R^2 + (U_L - U_C)^2}$$
$$\Delta\phi = \phi_u - \phi_i = \arctan(U_L - U_C)/U_R < 0$$

(3) 当 $X_L = X_C$，即 $U_L = U_C$ 时，相量图如图 5-17 所示，电压 $u$ 与电流 $i$ 同相，称电路呈电阻性，电路处于这种状态时叫作谐振状态。

$$U = \sqrt{U_R^2 + (U_L - U_C)^2} = U_R$$
$$\Delta\phi = \phi_u - \phi_i = \arctan(U_L - U_C)/U_R = 0$$

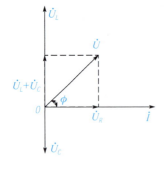

图 5-15 相量图(一)

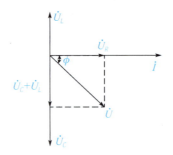

图 5-16 相量图(二)

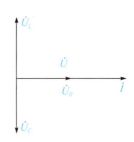

图 5-17 相量图(三)

## 二、端电压与电流的大小关系

### 1. 端电压与各分电压的关系

端电压与各分电压的关系为

$$u = u_R + u_L + u_C$$

也可写成相量和的形式。

作出相量图,并得到各电压之间的大小关系为

$$U=\sqrt{U_R^2+(U_L-U_C)^2}$$

即电压三角形关系式。

由于 $U_R=RI$,$U_L=X_L I$,$U_C=X_C I$,可得

$$U=\sqrt{U_R^2+(U_L-U_C)^2}=I\sqrt{R^2+(X_L-X_C)^2}=I|Z|$$

### 2. RLC 串联电路的欧姆定律

$$U=I|Z| \quad 或 \quad I=U/|Z|$$

### 3. 阻抗三角形关系式

$$|Z|=\frac{U}{I}=\sqrt{R^2+(X_L-X_C)^2}=\sqrt{R^2+X^2}$$

$|Z|$ 叫作 RLC 串联电路的阻抗,其中 $X=X_L-X_C$ 叫作电抗。阻抗和电抗的单位均是 Ω。

### 4. 阻抗三角形的关系

阻抗三角形的关系如图 5-18 所示。

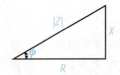

图 5-18　RLC 串联电路的阻抗三角形

### 5. 阻抗角

由相量图可以看出总电压与电流的相位差为

$$\phi=\arctan\frac{U_L-U_C}{U_R}=\arctan\frac{X_L-X_C}{R}=\arctan\frac{X}{R}$$

式中　$\phi$——阻抗角。

## 三、RLC 串联电路的性质

根据总电压与电流的相位差即阻抗角 $\phi$ 为正、为负、为零三种情况,将电路分为三种性质。

(1)感性电路。当 $X>0$ 时,即 $X_L>X_C$,$\phi>0$,电压 $u$ 比电流 $i$ 超前 $\phi$,呈感性。

(2)容性电路。当 $X<0$ 时,即 $X_L<X_C$,$\phi<0$,电压 $u$ 比电流 $i$ 滞后 $|\phi|$,呈容性。

(3)谐振电路。当 $X=0$ 时,即 $X_L=X_C$,$\phi=0$,电压 $u$ 与电流 $i$ 同相,呈电阻性,电路处于这种状态时,叫作谐振状态。

**例 5-1**　在 RLC 串联电路中,交流电源电压 $U=220$ V,频率 $f=50$ Hz,$R=30$ Ω,$L=445$ mH,$C=32$ μF。试求:①电路中的电流大小 $I$;②总电压与电流的相位差 $\phi$;③各元件上的电压 $U_R$、$U_L$、$U_C$。

**解** (1) $X_L = 2\pi f L \approx 140\ \Omega$，$X_C = \dfrac{1}{2\pi f C} \approx 100\ \Omega$，$|Z| = \sqrt{R^2 + (X_L - X_C)^2} = 50\ \Omega$，则

$$I = \dfrac{U}{|Z|} = 4.4\ \text{A}$$

(2) $\phi = \arctan \dfrac{X_L - X_C}{R} = \arctan \dfrac{40}{30} = 53.1°$。

即总电压比电流超前 53.1°，电路呈感性。

(3) $U_R = RI = 132\ \text{V}$，$U_L = X_L I = 616\ \text{V}$，$U_C = X_C I = 440\ \text{V}$。

说明：例题中电感电压、电容电压都比电源电压大，在交流电路中各元件上的电压可以比总电压大，这是交流电路与直流电路特性的不同之处。

## 课题四　交流电路的功率

### 知识目标

(1) 理解电路有功功率、无功功率和视在功率的概念。
(2) 理解功率三角形和电路的功率因数，了解功率因数的意义。
(3) 了解提高功率因数的方法，了解提高电路功率因数在实际生产生活中的意义。

### 主要内容

通过实验观察和讲解，理解电路有功功率、无功功率和视在功率的概念；理解功率三角形和电路的功率因数，了解功率因数的意义；了解提高功率因数的方法，了解提高电路功率因数在实际生产生活中的意义。

**【相关知识点一】　正弦交流电路的功率**

**1. 纯电阻电路的功率**

设 $u = U_m \sin \omega t$，则 $i = I_m \sin \omega t$。

(1) 数学表达式为

$$P_R = ui = U_m \sin(\omega t) I_m \sin(\omega t) = U_R I - U_R I \cos(2\omega t)$$

(2) 波形图如图 5-19 所示。

(3) 能量。$P$ 总为正值（可利用函数或结合图像说明），电阻总是消耗功率——电流的热效应。电能转化为热能，过程不可逆。

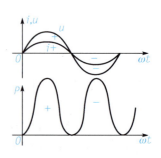

图 5-19　纯电阻电路波形

(4)平均功率。有功功率 $P$ 为瞬时功率在一个周期内的平均值,是最大值的一半(结合图像面积法思想说明),有功功率为

$$P_R=P_M/2=U_MI_M/2=U_RI=I^2R=\frac{U^2}{R}$$

### 2. 纯电容电路的功率

设 $u=U_{Cm}\sin\omega t$,则 $i=I_m\sin(\omega t+90°)$。

(1)数学表达式为

$$P_C=ui=U_{Cm}\sin(\omega t)I_m\sin(\omega t+90°)=U_CI\sin(2\omega t)$$

(2)波形图如图 5-20 所示。

(3)能量。

①平均功率 $P=0$(面积法)——不消耗功率。

②$C$ 为储能元件——$P$ 为正为吸收能量,$P$ 为负为释放能量。

③能量可逆——电源与电容间进行能量转换。

(4)无功功率为

$$Q_C=U_CI=I^2X_C=\frac{U^2}{X_C}$$

($P$ 的最大值,$L$ 与电源能量交换的最大值)

单位:乏(var)。

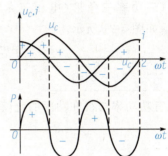

图 5-20 纯电容电路波形

### 3. 纯电感电路的功率

纯电感电路中,由于电压比电流超前 90°,即电压与电流的相位差 $\phi=90°$。

设 $i=I_m\sin\omega t$,则 $u_L=U_{Lm}\sin(\omega t+90°)$。

(1)数学表达式为

$$P_L=ui=I_m\sin(\omega t)U_{Lm}\sin(\omega t+90°)=U_LI\sin(2\omega t)$$

(2)波形图类似于纯电容电路的波形。

(3)能量。

①有功功率 $P_L=0$——不消耗功率。

②$L$ 为储能元件。

③电感与电源之间进行着可逆的能量转换。

### 4. 串联电路的功率

(1)$R$ 消耗的功率——平均功率:

$$P=U_RI=UI\cos\phi$$

(2)$L$、$C$ 不消耗能量——无功功率:

$$Q_L=U_LI$$
$$Q_C=U_CI$$

(3)能量转换。$L$、$C$ 与电源间进行周期性能量交换:

$$Q=Q_L-Q_C=(U_L-U_C)I=UI\sin\phi$$

(4)视在功率:

$$S = UI \text{ (V·A)}$$

式中，$S$ 为交流电源可以向电路提供的最大功率。

综上可知：

有功功率为：$P = UI\cos\phi$。

无功功率为：$Q = UI\sin\phi$。

视在功率为：$S = UI$。

说明：$U$、$I$ 指端电压与总电流的有效值，$\phi$ 为端电压与总电流的相位差。

(5) 功率三角形（电压三角形每边同乘以总电流 $I$ 即得），如图 5-21 所示。

$$S = \sqrt{P^2 + Q^2}$$

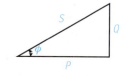

图 5-21 功率三角形

### 5. 功率因数

有功功率与视在功率的比值，叫作功率因数，计算式为

$$\lambda = \cos\phi = \frac{P}{S}$$

它反映电源功率被利用的程度，$\lambda$ 越大，电源利用率越高。在一定电压下，向负载输送一定功率，功率因数越高，输电线路的电流越小，线路中的功率损失越小。

在实际应用中，采用适当容量的电容器与感性负载并联的方法来提高功率因数。

## 单元小结

(1) 大小和方向都随时间做周期性变化的电流叫作交变电流，简称交流电。将矩形线圈置于匀强磁场中做匀速转动，即可产生按正弦规律变化的交流电，叫作正弦交流电，它是一种最简单而又最基本的交流电。

(2) 描述交流电的物理量有瞬时值、最大值、有效值、周期、频率、角频率、相位、初相位等。其中，有效值（或最大值）、频率（或周期、交频率）、初相位叫作正弦交流电的三要素。

正弦交流电的电动势、电压和电流的瞬时值为

$i(t) = I_m \sin(\omega t + \phi_{i0})$，$u(t) = U_m \sin(\omega t + \phi_{u0})$，$e(t) = E_m \sin(\omega t + \phi_{e0})$

正弦交流电的有效值和最大值之间的关系为

$$I = \frac{I_m}{\sqrt{2}} = 0.707 I_m$$

$$U = \frac{U_m}{\sqrt{2}} = 0.707 U_m$$

$$E = \frac{E_m}{\sqrt{2}} = 0.707 E_m$$

角频率、频率和周期之间的关系为
$$\omega = \phi/t = 2\pi f = 2\pi/T$$
两个交流电的相位之差叫作相位差，即
$$\phi_{12} = \phi_1 - \phi_2$$
(3) 交流电的表示法有解析式、波形图和相量图。

(4) RLC 元件的特性见表 5-1。

表 5-1　RLC 元件的特性

| 特性名称 | | 电阻 R | 电感 L | 电容 C |
|---|---|---|---|---|
| 阻抗特性 | 阻抗 | 电阻 R | 感抗 $X_L = \omega L$ | 容抗 $X_C = 1/(\omega C)$ |
| | 直流特性 | 呈现一定的阻碍作用 | 通直流（相当于短路） | 隔直流（相当于开路） |
| | 交流特性 | 呈现一定的阻碍作用 | 通低频、阻高频 | 通高频、阻低频 |
| 伏安关系 | 大小关系 | $U_R = RI_R$ | $U_L = X_L I_L$ | $U_C = X_C I_C$ |
| | 相位关系（电压与电流的相位差） | $\phi_{ui} = 0°$ | $\phi_{ui} = 90°$ | $\phi_{ui} = -90°$ |
| | 功率情况 | 耗能元件，存在有功功率 $P_R = U_R I_R$ （W） | 储能元件（$P_L = 0$），存在无功功率 $Q_L = U_L I_L$(var) | 储能元件（$P_C = 0$），存在无功功率 $Q_C = U_C I_C$(var) |

(5) RLC 串联电路的性质及公式见表 5-2。

表 5-2　RLC 串联电路的性质及公式

| 内容 | | RLC 串联电路 |
|---|---|---|
| 等效阻抗 | 阻抗大小 | $\|Z\| = \sqrt{R^2 + X^2} = \sqrt{R^2 + (X_L - X_C)^2}$ |
| | 阻抗角 | $\phi = \arctan(X/R)$ |
| 电压或电流关系 | 大小关系 | $U = \sqrt{U_R^2 + (U_L - U_C)^2}$ |
| 电路性质 | 感性电路 | $X_L > X_C$，$U_L > U_C$，$\phi > 0$ |
| | 容性电路 | $X_L < X_C$，$U_L < U_C$，$\phi < 0$ |
| | 谐振电路 | $X_L = X_C$，$U_L = U_C$，$\phi = 0$ |
| 功率 | 有功功率 | $P = I^2 R = UI\cos\phi$ （W） |
| | 无功功率 | $Q = I^2 X = UI\sin\phi$ (var) |
| | 视在功率 | $S = UI = I^2 \|Z\| = \dfrac{U^2}{\|Z\|} \sqrt{P^2 + Q^2}$ |

# 自 测 题

## 一、选择题

1. 正弦交流电的三要素是指（    ）。
   A. 电阻、电感、电容  B. 有效值、频率和初相位
   C. 电流、电压和相位差  D. 瞬时值、最大值和有效值

2. 在纯电容电路中，正确的关系式是（    ）。
   A. $I=\omega CU$  B. $I=U/(\omega C)$  C. $I=U_m/X_C$  D. $I=u/x_C$

3. 已知一交流电流，当 $t=0$ 时的值 $i_0=1$ A，初相位是 $30°$，则这个交流电的有效值为（    ）。
   A. 0.5 A  B. 1.414 A  C. 1 A  D. 2 A

4. 某一灯泡上写着"额定电压 220 V"，这是指（    ）。
   A. 最大值  B. 瞬时值  C. 有效值  D. 平均值

5. 电路如图 5-22 所示，属于电感电路的是（    ）。
   A. $R=4\ \Omega$, $X_L=1\ \Omega$, $X_C=2\ \Omega$  B. $R=4\ \Omega$, $X_L=0\ \Omega$, $X_C=2\ \Omega$
   C. $R=4\ \Omega$, $X_L=3\ \Omega$, $X_C=2\ \Omega$  D. $R=4\ \Omega$, $X_L=3\ \Omega$, $X_C=3\ \Omega$

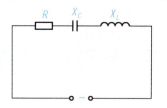

图 5-22 电感电路

## 二、填空题

1. 市用照明电的电压是 220 V，这是市电压的_____值，接入一个标有"220 V、100 W"的白炽灯后，灯丝上通过的电流的有效值是_____，电流的最大值是_____。

2. 图 5-23 所示为正弦交流电流的波形，它的周期是 0.02 s，那么，它的初相位是_____，电流的最大值是_____，$t=0.01$ s 时电流的瞬时值是_____。

3. 在 RLC 串联电路中，已知电流为 5 A，电阻为 30 Ω，感抗为 40 Ω，容抗为 80 Ω，电路的阻抗为_____，该电路称为_____性电路。电阻上的平均功率为_____，无功功率为_____；电感上的平均功率为_____，无功功率为_____；电容上的平均功率为_____，无功功率为_____。

4. _____之比叫作功率因数。感性电路提高功率因数的方法是_____。

5. 三相交流电源是三个_____、_____，而_____的单相交流电源按一

定方式的组合。

6. 如图 5-24 所示，若电压表 V1 的读数为 380 V，则电压表 V2 的读数为_____；若电流表 A1 的读数为 10 A，则电流表 A2 的读数为_____。

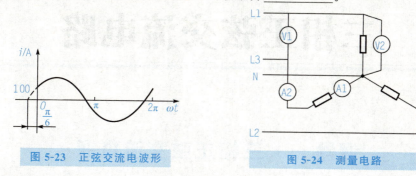

图 5-23　正弦交流电波形　　　　图 5-24　测量电路

### 三、解答题

1. 有三个交流电，它们的电压瞬时值表达式分别是 $u_1 = 311\sin 314t$ V，$u_2 = 537\sin(314t+\pi/2)$ V，$u_3 = 156\sin(314t-\pi/2)$ V。

(1) 这三个交流电有哪些不同之处？又有哪些相同之处？

(2) 在同一坐标平面内画出它们的正弦曲线，作出它们的相量图。

2. 一个线圈的自感系数为 0.5 H，电阻可以忽略不计，把它接在频率为 50 Hz 的交流电路中，它的感抗是多大？从感抗和电阻的大小来说明为什么粗略计算时，可以略去电阻的作用而认为它是一个纯电感电路。

3. 已知一个容量为 10 μF 的电容器接到 $u=220\sqrt{2}\sin 100\omega t$ V 的交流电源上，求：

(1) 电路中电流的大小。

(2) 写出电路中电流的解析式。

(3) 作出电流和端电压的相量图。

4. 把一个电阻为 20 Ω、电感为 48 mH 的线圈接到 $u=110\sqrt{2}\sin(314t+\pi/2)$ V 的交流电源上，求：

(1) 线圈中电流的大小。

(2) 写出线圈中电流的解析式。

(3) 作出线圈中电流和端电压的相量图。

5. 在一个 RLC 串联电路中，已知电阻为 8 Ω、容抗为 4 Ω，电路中的端电压为 220 V，求电路中的总阻抗、电流、各元件两端的电压及电流和端电压的相位关系，并画出电压、电流的相量图。

111

单元六

# 三相正弦交流电路

## 课题一  三相正弦交流电源

**知识目标**

(1) 了解三相交流电的应用。
(2) 了解三相正弦交流电的产生，理解相序的意义。
(3) 了解实际生活中的三相四线供电制。

**主要内容**

通过调查企业生产用电现状，了解三相交流电的应用；了解三相正弦交流电的产生及相序的意义；了解实际生活中的三相四线供电制。

【相关知识点一】  三相正弦交流电的产生

### 一、三相交流电源

在家庭供电线路中，一般采用两根线传送，一根零线（黑色），一根相线（黄色或红色或绿色，大多数为红色），称为单相交流电。而在用电量大的工厂及大楼等动力用电处则采用三相交流电供电（黄、绿、红三种颜色线同时传输）。单相交流电路从一个电源出发用两根线进行输送，如图 6-1 所示，三相交流电从电源引出三根线进行输出，如图 6-2 所示，通常的单相交流电源多数是从三相交流电源中获得的。

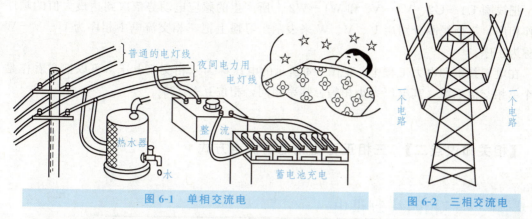

图 6-1　单相交流电　　　　图 6-2　三相交流电

与单相交流电相比,三相交流电具有以下优点:

(1)三相发电机比尺寸相同的单相发电机输出的功率大。

(2)三相发电机的结构和制造不比单相发电机复杂多少,且使用、维护都较方便,运转时比单相发电机的振动小。

(3)在相同条件下输送同样大的功率时,特别是在远距离输电时,三相输电线比单相输电线可节约 25% 左右的材料。

(4)三相异步电动机是应用最广泛的动力机械。使用三相交流电的三相异步电动机,其结构简单、价格低廉、使用维护方便,是工业生产的主要动力源。

## 二、三相交流电的产生

三相交流电是由三相发电机产生的。在三相交流发电机中有一个可以转动的磁铁,在磁铁周围的圆周上均匀分布有 U1—U2、V1—V2、W1—W2 三个绕组,每一个绕组叫作一相,各相绕组的匝数相等、结构相同,它们的始端(U1、V1、W1)在空间位置上彼此相差 120°,它们的末端(U2、V2、W2)在空间位置上也彼此相差 120°,如图 6-3 所示。

若按顺时针方向转动磁铁,导体切割磁感线,则在线圈 U1—U2 中就会产生感应电动势;在线圈 V1—V2 中产生相同的感应电动势,但其相位较 U1—U2 滞后 120°,W1—W2 也产生相同的感应电动势,但其相位较 V1—V2 滞后 120°。与磁铁的转动角相一致,画出的波形如图 6-4 所示。

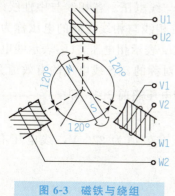

图 6-3　磁铁与绕组　　　　图 6-4　波形

把线圈 U1－U2、V1－V2 和 W1－W2 上所产生的感应电动势依次到达最大值的顺序叫作相序,三个线圈分别用 U、V、W 来表示。习惯上把三相交流电中相序为 U－V－W 的称为正序。

在电工技术和电力工程中,把图 6-4 所示的电压称为三相交流电压。可以把它看作是三个单相交流电源,其电压大小相等,频率相同,相位互差 120°。

## 【相关知识点二】 三相正弦交流电的供电方式

### 一、三相四线制供电

把三相发电机三相绕组的末端 U2、V2、W2 连接成一个公共端点,叫作中性点(零点),用字母 N 表示。从中性点引出的导线称为中性线(俗称零线),用黑色或白色表示。中性线接地时,又称为地线。从线圈的首端 U1、V1、W1 引出的三根导线称为相线(俗称火线),分别用黄、绿、红三种颜色表示,这种供电系统称为三相四线制,如图 6-5 所示。在低压供电系统中常采用三相四线制供电,如生活中的照明用电就是采用三相四线制供电。

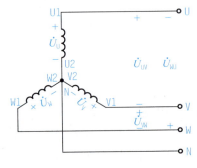

图 6-5 三相四线制供电

### 二、相电压与线电压

三相四线制供电系统可输送两种电压,即相电压与线电压。各相线与中性线之间的电压称为相电压,分别用 $U_U$、$U_V$、$U_W$ 表示其有效值;相线与相线之间的电压称为线电压,分别用 $U_{UV}$、$U_{VW}$、$U_{WU}$ 表示。另一种表示方法是用 $U_P$ 表示相电压,$U_L$ 表示线电压。

在三相四线制供电系统中,相电压和线电压都是对称的,各线电压的有效值为相电压有效值的 $\sqrt{3}$ 倍,而且各线电压在相位上比各对应的相电压超前 30°,即

$$U_L = \sqrt{3}\, U_P$$

我国低压三相四线制供电系统中,电源相电压有效值为 220 V,线电压有效值为 380 V。

# *课题二　三相负载的连接方式

**知识目标**

(1) 了解星形连接方式下线电压和相电压的关系及线电流、相电流和中性线电流的关系。

(2) 了解三角形连接方式下线电压和相电压的关系及线电流和相电流的关系。

(3) 了解中性线的作用。

**主要内容**

星形连接方式下线电压和相电压的关系及线电流、相电流和中性线电流的关系；中性线的作用；三角形连接方式下线电压和相电压的关系及线电流和相电流的关系；三相电功率的概念。

由三相电源供电的负载叫三相负载（如三相交流电动机）。三相电路中的三相负载，可分为对称三相负载和不对称三相负载。各相负载的大小和性质完全相同的叫作对称三相负载，即 $R_U=R_V=R_W$、$X_U=X_V=X_W$，如三相电动机、三相变压器、三相电炉等。各相负载不完全相同的叫作不对称三相负载，如家用电器和电灯，这类负载通常是按照尽量平均分配的方式接入三相交流电源中。

在三相电路中，负载有星形（用符号"Y"表示）和三角形（用符号"△"表示）两种连接方式。

## 【相关知识点一】　三相负载的星形连接

### 一、连接方式

把各相负载的末端 U2、V2、W2 连在一起接到三相电源的中性线上；把各相负载的首端 U1、V1、W1 分别接到三相交流电源的三根相线上，这种连接的方法叫作三相负载的星形连接，如图 6-6 所示。

负载作星形连接并具有中性线时，每相负载两端的电压称为负载的相电压，用 $U_{YP}$ 表示。

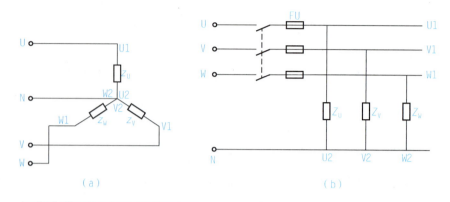

图 6-6 三相负载的星形连接
（a）三相负载星形连接的原理；（b）三相负载星形连接的实际电路

## 二、电路计算

当输电电线的电阻被忽略时，负载的相电压等于电源相电压，即

$$U_{YP}=U_P$$

电源的线电压与负载的相电压关系为

$$U_L=\sqrt{3}U_{YP}$$

在三相交流电路中，负载作星形连接，流过每一相负载的电流称为相电流，分别用 $I_U$、$I_V$、$I_W$ 表示，一般用 $I_{YP}$ 来表示。流过每根相线的电流称为线电流，分别用 $I_u$、$I_v$、$I_w$ 来表示，一般用 $I_L$ 表示。

当负载作星形连接具有中性线时，三相交流电路的每一相就是一个单相交流电路，各相电压与电流间的数量及相位关系可应用前面学过的单相交流电路的方法处理。

由于每相的负载都串在相线上，相线和负载通过的是同一个电流，所以各线电流等于各相电流，即

$$I_U=I_u,\ I_V=I_v,\ I_W=I_w$$

一般写成

$$I_L=I_P$$

另外还要考虑流过中性线的电流，由基尔霍夫节点电流定律可以求出中性线电流。一般采用矢量法来分析。中性线电流为线电流（或相电流）的矢量和，即

$$\dot{I}_N=\dot{I}_U+\dot{I}_V+\dot{I}_W$$

对于三相对称负载，在对称三相电源作用下，三相对称负载的中性线电流等于零，如图 6-7 所示，即

$$\dot{I}_N=\dot{I}_U+\dot{I}_V+\dot{I}_W=0$$

由于电流是瞬时值，三相电流瞬时值的代数和也为零，即 $i_N=i_U+i_V+i_W=0$。因此对称负载下中性线便可以省去不用，电路变成图 6-8 所示的三相三线制传输。如果在发电厂与变电站、变电站与三相电动机等之间连接的负载对称，便采用三相三线制传输。

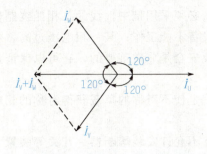 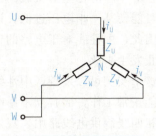

图 6-7 三相对称负载的中性线电流　　图 6-8 三相三线制

若负载不对称,则中性线电流不为零,其中性线电流为

$$\dot{I}_N = \dot{I}_U + \dot{I}_V + \dot{I}_W$$

或

$$i_N = i_U + i_V + i_W$$

## 三、中性线的作用

三相负载对称时,中性线可以去掉,但三相负载在很多情况下是不对称的,如常见的照明电路就是不对称负载星形连接的三相电路。下面根据实验分析三相四线制中性线的重要作用。

如图 6-9 所示,把额定电压为 220 V,功率分别为 100 W、60 W 和 40 W 的三盏白炽灯作星形连接,然后接到三相四线制的电源上,为了便于说明问题,设在中性线上装有开关 $S_N$。

当 $S_N$ 合上时,每个灯泡都能正常发光。当断开 $S_U$、$S_V$ 和 $S_W$ 中任意一个或两个开关时,处在通路状态下的灯泡两端的电压仍然是相电压,灯仍然正常发光。这种情况是相电压不变,而各相电流的数值不同,中性线电流不等于零。

如果断开开关 $S_W$,再断开中性线开关 $S_N$,如图 6-10 所示,中性线断开后,电路变成不对称星形负载无中性线电路,40 W 的灯反而比 100 W 的灯亮得多。其原因是,没有中性线,两个灯(40 W 和 100 W 灯泡)串联起来以后接到两根相线上,即加在两个串联灯两端的电压是线电压(380 V)。又由于 100 W 的灯的电阻比 40 W 的灯的电阻小,由串联分压可知它两端的电压也就小。因此,100 W 的灯反而较暗,40 W 的灯两端的电压大于 220 V,会发出更强的光,还可能将灯烧毁。

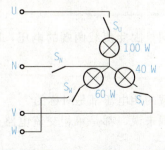 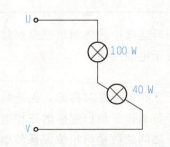

图 6-9 三相不对称负载星形连接　　图 6-10 三相不对称负载无中性线电路

可见，对于不对称星形负载的三相电路，必须采用带中性线的三相四线制供电。若无中性线，可能使某一相电压过低，该相用电设备不能工作；某一相电压过高，烧毁该相用电设备。因此，中性线对于电路的正常工作及安全是非常重要的，它可以保证负载电压的对称，防止发生事故。

通过这个实例可以发现，中性线的作用就是使不对称的负载获得对称的相电压，使各用电器都能正常工作，而且互不影响。

在三相四线制供电线路中，规定中性线上不允许安装熔断器、开关等装置。为了增强机械强度，有的还加有钢芯；另外，通常还要把中性线接地，使它与大地电位相同，以保障安全。

## 【相关知识点二】 三相负载的三角形连接

### 一、连接方式

把三相负载分别接到三相交流电源的每两根相线之间，这种连接方法叫作三角形连接，如图6-11所示。

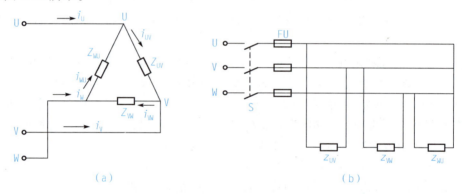

图6-11 三相负载的三角形连接
(a)负载三角形连接原理；(b)负载三角形连接的实际电路

### 二、电路计算

三角形连接中的各相负载全都接在了两根相线之间，因此负载两端的电压，即负载的相电压等于电源的线电压，则

$$U_{\triangle P}=U_L$$

由于三相电源是对称的，无论负载是否对称，负载的相电压都是对称的。

对于负载作三角形连接的三相电路中的每一相负载来说，都是单相交流电路。各相电流和电压之间的数量与相位关系与单相交流电路相同。

在对称三相电源的作用下，流过对称负载的各相电流也是对称的，应用单相交流电路

的计算关系,可知各相电流的有效值为 $I_{UV}=I_{VW}=I_{WU}=\dfrac{U_L}{|Z_{UV}|}$,采用矢量表示可求出线电流与相电流之间有以下关系,即

$$I_{\triangle L}=\sqrt{3}\,I_{\triangle P}$$

## 【相关知识点三】 三相电功率

在三相交流电路中,不论负载采用星形连接的方式还是采用三角形连接的方式,三相负载消耗的总功率都等于各相负载消耗的功率之和,即 $P=P_U+P_V+P_W$。每一相负载所消耗的功率,可以应用单相正弦交流电路中学过的方法计算。

当三相负载对称时,有 $P_U=P_V=P_W=U_P I_P \cos\phi_P$,负载消耗的总功率可以写成

$$P=3U_P I_P \cos\phi_P$$

式中 $U_P$——负载的相电压,V;

$I_P$——流过负载的电流,A;

$\phi_P$——负载相电压与相电流间的相位差,rad;

$P$——三相负载总的有功功率,W。

由上式可知,对称三相电路总有功功率为一相有功功率的 3 倍。

在实际工作中,测量线电压、线电流比较方便,三相电路的总功率常用线电压和线电流来表示。理论推导证明,对称负载不论负载作星形连接还是三角形连接,总有功功率也可由下式计算,即

$$P=\sqrt{3}\,U_L I_L \cos\phi_P$$

**例 6-1** 某三相对称负载,每相负载的电阻为 6 Ω,感抗为 8 Ω,电源线电压为 380 V,试求负载星形连接和三角形连接时两种接法的三相电功率。

**解** 每相绕组的阻抗为

$$|Z|=\sqrt{R^2+X_L^2}=\sqrt{6^2+8^2}=10(\Omega)$$

(1) 星形连接时,负载相电压为

$$U_{YP}=\dfrac{U_L}{\sqrt{3}}=\dfrac{380}{\sqrt{3}}=220(V)$$

因此流过负载的相电流为

$$I_P=\dfrac{U_P}{|Z|}=\dfrac{220}{10}=22(A)$$

负载的功率因数为

$$\cos\phi_P=\dfrac{R}{|Z|}=\dfrac{6}{10}=0.6$$

星形连接时三相总有功功率为

$$P=3U_P I_P \cos\phi_P=3\times 220\times 22\times 0.6\approx 8.7(kW)$$

(2) 三角形连接时,负载相电压等于电源线电压,即

$$U_P=U_L=380(V)$$

负载的相电流为

$$I_P=\dfrac{U_P}{|Z|}=\dfrac{380}{10}=38(A)$$

# 单元六 三相正弦交流电路

三角形连接时三相总有功功率为

$$P = 3U_P I_P \cos\phi_P = 3 \times 380 \times 38 \times 0.6 \approx 26 (\text{kW})$$

可见，同样的负载，三角形连接消耗的有功功率是星形连接时的 3 倍。也就是说，三相负载消耗的功率与负载连接方式有关，要使负载正常运行，必须正确连接电路。显然，在同一电源作用下，错将星形连接成三角形，负载会因 3 倍的过载而烧毁；反之，错将三角形连接成星形，负载也无法正常工作，只能输出 $\frac{1}{3}$ 的功率。

## 三相交流电路的连接与测量

### 一、实训目的

(1) 学习三相电路中负载的星形连接和三角形连接方法。

(2) 通过测量数据验证负载做星形连接和三角形连接时，负载的线电压 $U_L$ 和相电压 $U_P$、负载的线电流 $I_L$ 和相电流 $I_P$ 间的关系。

(3) 了解不对称负载做星形连接时中线的作用。

### 二、实训设备

(1) 三相调压器 1 台。

(2) 三相空气开关 1 只。

(3) 电流测量插孔 4 套。

(4) 数字交流电流表（0～3 A）1 只。

(5) 数字交流电压表（0～500 V）1 只。

(6) 强电导线若干。

(7) 三相白炽灯负载单元板(TS－B－23) 3 块。

### 三、实训内容及步骤

#### 1. 三相负载的星形连接

(1) 选取灯泡负载单元板、电流测量插口单元板及三相负荷开关单元板，安放在实训台上，按图 6-12 所示电路将电灯泡负载连接成星形。用三相调压器调压输出作为三相交流电源，具体操作如下：先将三相调压器的调节旋钮置于三相电压输出为 0 V 的位置（即逆时针旋到底的位置），然

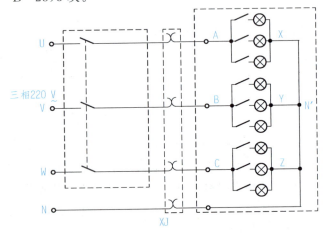

图 6-12 三相负载的星形连接

后旋转旋钮,调节调压器的输出,使输出的三相线电压为 220 V。

(2)每相均开 3 盏灯(对称负载),测量各线电压、相电压、线电流和中线电流,将测量数据填入表 6-1 中。

(3)将三相负载分别改为 1、2、3 盏灯,接上中线,观察各灯泡亮度是否有差别,测量各线电压、相电压、线电流和中线电流。然后拆除中线,再观察各灯亮度是否有差别,测量各线电压、相电压、线电流。将测量数据填入表 6-1 中。

表 6-1 三相负载的星形连接测量数据

| 测量项目 | | 对称负载 | | | | 不对称负载 | | | |
|---|---|---|---|---|---|---|---|---|---|
| | | 每相灯泡数/盏 | | | | 每相灯泡数/盏 | | | |
| | | A | B | | C | A | B | | C |
| | | 3 | 3 | | 3 | 1 | 2 | | 3 |
| | | 有中线 | | 无中线 | | 有中线 | | 无中线 | |
| 线电压/V | $U_{AB}$ | | | | | | | | |
| | $U_{BC}$ | | | | | | | | |
| | $U_{CA}$ | | | | | | | | |
| 相电压/V | $U_{AN'}$ | | | | | | | | |
| | $U_{BN'}$ | | | | | | | | |
| | $U_{CN'}$ | | | | | | | | |
| N 与 N′之间的电压/V | $U_{UV}$ | | | | | | | | |
| 线电流/A | $I_A$ | | | | | | | | |
| | $I_B$ | | | | | | | | |
| | $I_C$ | | | | | | | | |
| 中线电流/A | $I_0$ | | | | | | | | |

## 2. 三相负载的三角形连接

(1)按照图 6-13 所示连接三角形负载的电路。

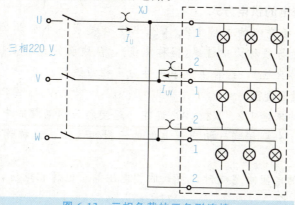

图 6-13 三相负载的三角形连接

(2)每相开3盏灯(对称负载)，测量各相电压、相电流、线电流，将测量数据填入表6-2中。

(3)关闭部分灯泡，使每相负载分别为1、2、3盏(非对称负载)，重复步骤(2)的测量内容，并将测量数据填入表6-2中。

表6-2 三相负载的三角形连接测量数据

| 条件 | 相电压 | | | | 线电流 | 相电流 | 每相灯泡数 | | |
|---|---|---|---|---|---|---|---|---|---|
| | $U_{UV}$ | $U_{VW}$ | $U_{WU}$ | 平均值 | $I_U$ | $I_{UV}$ | U | V | W |
| | V | V | V | V | A | A | 盏 | 盏 | 盏 |
| 对称负载 | | | | | | | 3 | 3 | 3 |
| 不对称负载 | | | | | | | 1 | 2 | 3 |

### 四、实训思考

(1)整理实验数据，说明在什么条件下具有 $I_L=\sqrt{3}I_P$、$U_L=\sqrt{3}U_P$ 的关系？

(2)中性线的作用是什么？什么情况下可以省略？什么情况下不可少？

## 单元小结

**1. 三相正弦交流电的产生**

三相交流电是由三相发电机产生的。在三相交流发电机中有一个可以转动的磁铁，在磁铁周围的圆周上均匀分布有 U1—U2、V1—V2、W1—W2 三个绕组，每一个绕组叫作一相，各相绕组的匝数相等、结构相同，它们的始端(U1、V1、W1)在空间位置上彼此相差120°，它们的末端(U2、V2、W2)在空间位置上也彼此相差120°，这样产生的电压称为三相交流电压。可以把它看作是三个单相交流电源，其电压大小相等、频率相同，相位互差120°。

**2. 三相正弦交流电的供电方式**

把三相发电机三相绕组的末端 U2、V2、W2 连接成一个公共端点，叫作中性点(零点)。从中性点引出的导线称为中性线(俗称零线)，从线圈的首端 U1、V1、W1 引出的三根导线称为相线(俗称火线)，这种供电系统称为三相四线制。

**3. 三相负载的星形连接**

(1)把各相负载的末端 U2、V2、W2 连在一起接到三相电源的中性线上；把各相负载的首端 U1、V1、W1 分别接到三相交流电源的三根相线上，这种连接的方法叫作三相负载的星形连接。

(2)当输电电线的电阻被忽略时，负载的相电压等于电源相电压，即

$$U_{YP}=U_P$$

电源的线电压与负载的相电压关系为

$$U_L = \sqrt{3} U_{YP}$$

(3)对于三相对称负载,在对称三相电源作用下,三相对称负载的中性线电流等于零,即

$$\dot{I}_N = \dot{I}_U + \dot{I}_V + \dot{I}_W = 0$$

(4)中性线的作用就是使不对称的负载获得对称的相电压,使各用电器都能正常工作,而且互不影响。在三相四线制供电线路中,规定中性线上不允许安装熔断器、开关等装置。

### 4. 三相负载的三角形连接

(1)把三相负载分别接到三相交流电源的每两根相线之间,这种连接方式叫作三角形连接。

(2)三角形连接中的各相负载全都接在了两根相线之间,因此负载两端的电压,即负载的相电压等于电源的线电压,则

$$U_{\triangle P} = U_L$$

### 5. 三相电功率

当三相负载对称时,有 $P_U = P_V = P_W = U_P I_P \cos\phi_P$,负载消耗的总功率可以写成

$$P = 3 U_P I_P \cos\phi_P$$

在实际工作中,测量线电压、线电流比较方便,三相电路的总功率常用线电压和线电流来表示。理论推导证明,对称负载不论负载作星形连接还是三角形连接,总有功功率都可由下式计算,即

$$P = \sqrt{3} U_L I_L \cos\phi_P$$

## 自 测 题

### 一、填空题

1. 在三相四线制中,线电压 $U_L$ 与相电压 $U_P$ 之间的关系为_____。
2. 三相对称交流电,相间相位差为_____。
3. 三相四线制供电系统可输送两种电压,即_____和_____。
4. 三相对称负载作星形连接时,相电压 $U_P$ 和线电压 $U_L$ 的关系为_____,相电流和线电流的关系为_____,中性线电流为_____。
5. 三相对称负载三角形连接时,$U_P = $ _____ $U_L$,$I_P = $ _____ $I_L$。

### 二、计算题

1. 星形连接的对称三相负载,每相电阻 $R = 220\ \Omega$,接到线电压 $U_L = 380\ V$ 的三相交流电源上,求相电压、相电流和负载消耗的功率。

2. 一台三相电炉接到线电压 $U_L = 380\ V$ 的三相交流电源上,电炉每相电阻 $R = 5\ \Omega$,若此电炉三相作三角形连接,试求相电压、相电流和电炉功率。

单元七

# 常用电器

## 课题一　变　压　器

**知识目标**

(1)了解单相变压器的基本结构、额定值及用途。
(2)理解变压器的工作原理及变压比、变流比的概念。
(3)了解变压器的外特性、损耗及效率。

**主要内容**

结合实物，本课题介绍了变压器的用途、单相变压器的基本结构、额定值，简要说明了变压器的工作原理及变压比、变流比的概念以及变压器的外特性、损耗及效率。作为选修课程，简单介绍了三相变压器和特殊变压器的类别及使用范围。

【相关知识点一】　变压器的用途

### 一、变压器的用途

变压器是一种能够改变交流电压的设备，除了用于变换电压外，还可以用来变换交流电流、变换阻抗和改变相位等。

变压器在改变电压的同时，不改变功率(不考虑损耗时)，所以在电压改变时必然使电流改变，也即改变了阻抗。所以在电子技术上，变压器用来作阻抗匹配用。

放大器的级间耦合，除了阻容耦合、直接耦合外，还有变压器耦合，既能改变阻抗，又能隔除直流。只是变压器的体积大，频率特性差，现在用得很少。

在振荡电路中，除了阻容、阻容移相振荡器外，更多应用的是变压器耦合振荡电路。这里变压器除了完成耦合功能以外，初级线圈的电感与外接电容器构成具有选频作用的谐振回路。

## 二、变压器的分类

通常按变压器的不同用途、不同容量、绕组匝数、相数、调压方式、冷却介质、冷却方式、铁芯形式等进行分类,以满足不同行业对变压器的需求。

### (一)按用途分类

(1)电力变压器。用来传输和分配电能,是所有变压器中用途最广泛、生产量最大的一种变压器,通过图 7-1 所示的一个简单电力系统的示意图,可加深对电力变压器所处重要地位的认识。

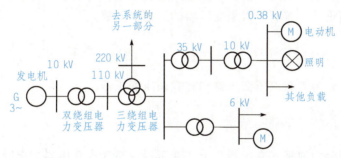

图 7-1 简单的电力系统

电力变压器主要分为升压变压器、降压变压器、配电变压器、联络变压器、厂用或所用变压器几种类型。

(2)电炉变压器。它分为炼钢炉变压器、电压炉变压器和感应炉变压器三种类型。

(3)整流变压器。

(4)工频试验变压器。

(5)矿用变压器(防爆变压器)。

(6)电抗器。

(7)调压变压器。

(8)互感器。其包括电流互感器、电压互感器。在测量系统中使用,作为测量和保护装置。它们能够把大电流变换成小电流,或把高电压变换成低电压,从而隔离大电流或高电压,以便于安全地进行测量工作。

(9)其他特种变压器。

### (二)按容量分类

(1)中小型变压器。电压在 35 kV 以下,容量在 10~6 300 kV·A。

(2)大型变压器。电压在 63~110 kV,容量在 6 300~63 000 kV·A。

(3)特大型变压器。电压在 220 kV 以上,容量在 31 500~360 000 kV·A。

### (三)按相数分类

(1)单相变压器。用于单相负载或三相变压器组。
(2)三相变压器。用于三相负载。

### (四)按绕组数量分类

(1)双绕组变压器。有高压绕组和低压绕组的变压器。
(2)三绕组变压器。有高压绕组、中压绕组和低压绕组的变压器。
(3)自耦电力变压器。自耦电力变压器的特点在于一、二绕组之间不仅有磁耦联系，而且还有电的直接联系。采用自耦变压器比采用普通变压器能节省材料、降低成本、缩小变压器体积和减轻重量，有利于大型变压器的运输和安装。

### (五)按变压器的调压方式分类

按调压方式可分为无载调压变压器和有载调压变压器。

### (六)按变压器的冷却介质分类

按冷却介质可分为油浸式变压器、干式变压器、充气式变压器、充胶式变压器和填砂式变压器等。

### (七)按变压器的冷却方式分类

(1)油浸自冷式变压器。
(2)油浸风冷式变压器。
(3)油浸强迫油循环风冷却式变压器。
(4)油浸强迫油循环水冷却式变压器。
(5)干式变压器。

### (八)按铁芯结构分类

可分为芯式变压器、壳式变压器。

### (九)其他分类

(1)按导线材料分类。有铜导线变压器和铝导线变压器。
(2)按中性绝缘水平分类。有全绝缘变压器和半绝缘变压器。
(3)按所连接发电机的台数分类。可分为双分裂与多分裂式变压器，双分裂式变压器又可分为沿轴向分裂与沿辐向分裂变压器。
(4)按高压绕组有无电的联系分类。可分为普通电力变压器和自耦变压器。

**【相关知识点二】 变压器的基本结构**

变压器的基本结构部件是铁芯和绕组,由它们组成变压器的器身。为了改善散热条件,大、中容量变压器的器身浸入盛满变压器油的封闭油箱中,各绕组与外电路的连接则经绝缘套管引出。为了使变压器安全、可靠地运行,还设有储油柜、气体继电器和安全气道等附件,如图 7-2 所示。

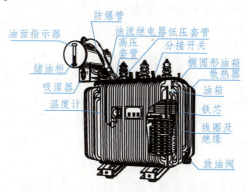

图 7-2 电力变压器外形

## 一、变压器的基本结构

变压器由铁芯、绕组、油箱及附件等三大部分组成。
下面以油浸式电力变压器为例来分别介绍。

### 1. 铁芯

铁芯既作为变压器的磁路,又作为变压器的机械骨架。

为了提高导磁性能、减少交变磁通在铁芯中引起的损耗,变压器的铁芯都采用厚度为 0.35~0.5 mm 的电工钢片叠装而成。电工钢片的两面涂有绝缘层,起绝缘作用。大容量变压器多采用高磁导率、低损耗的冷轧电工钢片。电力变压器的铁芯一般都采用芯式结构,其铁芯可分为铁芯柱(有绕组的部分)和铁轭(连接两个铁芯柱的部分)两部分。绕组套装在铁芯柱上,铁轭使铁芯柱之间的磁路闭合,如图 7-3 所示。

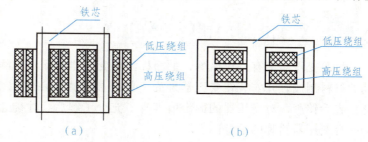

图 7-3 变压器的铁芯与绕组形式
(a)芯式铁芯和同心式绕组;(b)壳式铁芯和交叠式绕组

### 2. 绕组

绕组是变压器的电路部分,用来传输电能,一般分为高压绕组和低压绕组。接在较高电压上的绕组称为高压绕组;接在较低电压上的绕组称为低压绕组。从能量的变换传递来说,接在电源上,从电源吸收电能的绕组称为原边绕组(又称一次绕组或初级绕组);与负载连接，给负载输送电能的绕组称为副边绕组（又称二次绕组或次级绕组）。

绕组一般是用绝缘的铜线绕制而成。高压绕组的匝数多、导线横截面小；低压绕组的匝数少、导线横截面大。为了保证变压器能够安全可靠地运行以及有足够的使用寿命，对绕组的电气性能、耐热性能和机械强度都有一定的要求。

绕组是按照一定规律连接起来的若干个线圈的组合。根据高压绕组和低压绕组相互位置的不同，绕组结构形式可分为同心式和交叠式两种。

### 3. 油箱及附件

油箱就是油浸式变压器的外壳。变压器在运行中绕组和铁芯会产生热量，为了迅速将热量散发到周围空气中去，可采用增加散热面积的方法。变压器油箱的结构形式主要有平板式、管式等。对容量较大的变压器，采用在油箱壁的外侧装有散热管的管式油箱来增加散热面积，当油受热膨胀时，箱内的热油上升到油箱的上部，经散热管冷却后的油下降到油箱的底部，形成自然循环，把热量散发到周围空气中。对大容量变压器，还可采用强迫冷却的方法，如用风扇吹冷变压器等以提高散热效果。

变压器油受热后要膨胀，因此油箱不能密封。为了减小油与空气的接触面积，变压器安装有储油柜。

储油柜的一侧有油位计，可查看油面高度的变化。另外，储油柜上还装有吸湿器，它是一种空气过滤装置，外部空气经过吸湿器干燥后才能进入储油柜，从而使油箱中的油不易变质损坏。

在油箱与储油柜之间还装有气体继电器。当变压器发生故障时，油箱内部会产生气体，气体继电器动作而发出故障信号以提示工作人员及时处理或使相应的开关自动跳闸，切除变压器的电源。

大容量变压器的油箱盖上还装有安全气道，它是一个长的钢筒，下面与油箱相通，上端装有防爆膜。当变压器内部发生严重故障产生大量气体时，油箱内部压力迅速升高而冲破安全气道上的防爆膜，喷出气体，消除压力，以免产生重大事故。

## 二、变压器的铭牌和额定值

每台变压器都有一块铭牌，上面标注着变压器的型号和额定值等。铭牌用不受气候影响的材料制成，并安装在变压器外壳上的明显位置。在使用变压器之前必须先查看铭牌。通过查看铭牌，对变压器的额定值等有了充分了解后，才能正确使用变压器。图7-4所示为一台变压器铭牌的示意图。

额定值是制造工厂对变压器正常工作时所作的使用规定。在设计变压器时，根据所选用的导体截面、铁芯尺寸、绝缘材料及冷却方式等条件来确定变压器正常运行时的有关数值，如它能流过多大电流及能承受多高的电压等。这些在正常运行时所承担的电流和电压等数值，就被规定为额定值。各个量都处在额定值时的状态被称为额定运行。额定运行可以使变压器安全、经济地工作，并保证一定的使用寿命。变压器的额定值主要有以下几个：

## 课题一 变压器

电压变压器

| | 产品型号 S7-500/10 | | 标准代号 ×××× | 额定容量 500 KV·A |
| 产品代号 ×××× | | 额定电压 10 kV | 出厂序号 ××× |
| 额定频率 50 Hz 三相 | | 联接组别号 Y, yn0 | 阻抗电压 4% |
| 冷却方式 油冷 | | | |

| 开关位置 | 高压 | | 低压 | |
|---|---|---|---|---|
| | 电压/V | 电流/V | 电压/V | 电流/V |
| Ⅰ | 10 500 | 27.5 | | |
| Ⅱ | 10 000 | 28.9 | 400 | 721.7 |
| Ⅲ | 9 500 | 30.4 | | |

×× 变压器厂　　　　　×× 年 ×× 月

图 7-4　变压器的铭牌

### 1. 额定电压

在额定运行时规定加在原边绕组的端电压，称为原边绕组额定电压，以 $U_{1N}$ 表示；当变压器空载时，原边绕组加以额定电压后，在副边绕组上测量到的电压，称为副边绕组额定电压，以 $U_{2N}$ 表示。因此，副边绕组的额定电压是指它的空载电压。在三相变压器中，额定电压都是指线电压，电压的单位是 V 或 kV。

### 2. 额定电流

在额定运行时，原边绕组、副边绕组所能承担的电流，分别称为原边绕组、副边绕组的额定电流，并分别用 $I_{1N}$ 和 $I_{2N}$ 表示。在三相变压器中，额定电流都是指线电流。电流的单位是 A。

### 3. 额定容量

原边绕组或副边绕组额定电流与额定电压的乘积，称为额定容量，以 $S_N$ 表示，它是在铭牌上所标注的额定运行状态下，变压器输出的视在功率。它的单位以 kV·A 表示。对于三相变压器来说，额定容量是指三相的总容量。

对于单相变压器，有

$$S_N = I_{1N}U_{1N} = I_{2N}U_{2N}$$

对于三相变压器，有

$$S_N = \sqrt{3}\,I_{1N}U_{1N} = \sqrt{3}\,I_{2N}U_{2N}$$

### 4. 额定频率

额定频率用 $f_N$ 表示。在我国，交流电的额定频率为 $f_N = 50$ Hz。

### 5. 阻抗电压

阻抗电压又称为短路电压。它表示在额定电流时变压器短路阻抗压降的大小。通常用它的额定电压 $U_N$ 的百分比来表示。

此外，额定值还包括额定状态下变压器的效率、温升等数据。在铭牌上除额定值外，还标注着变压器的制造厂名、出厂序号、制造年月、标准代号、相数、连接组标号、接线图、冷却方式等。为便于运输，有时还标注变压器的重量和外形尺寸等数据。

### 【相关知识点三】 变压器的工作原理

变压器的工作原理示意图如图 7-5 所示。在绕组 $N_1$ 上外施交流电压 $U_1$，便有交流电流 $I_1$ 流入，因而在铁芯中激励出交变磁通 $\phi$。根据电磁感应定律可知，磁通 $\phi$ 中的交变会在绕组 $N_2$ 中感应出电势 $E_2$，此时若绕组 $N_2$ 接上负载，就会有电能输出。由于绕组的感应电势正比于它的匝数，因此只要改变绕组 $N_2$ 的匝数，就能改变感应电势 $E_2$ 的大小，这就是变压器的工作原理。

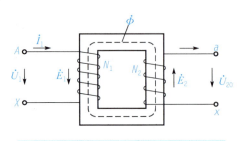

图 7-5 变压器的工作原理

绕组 $N_1$ 从电源吸收电能，称为原边绕组，有关原边绕组的各量均以下标"1"来表示，如原边绕组的功率、电流、电阻分别为 $P_1$、$I_1$、$R_1$；绕组 $N_2$ 向负载输出电能，称为副边绕组，有关副边绕组的各量均以下标"2"来表示，如副边绕组的功率、电流、电阻分别为 $P_2$、$I_2$、$R_2$。若原边绕组为高压绕组，副边绕组为低压绕组，则该变压器就是降压变压器；若原边绕组为低压绕组，副边绕组为高压绕组，则该变压器就是升压变压器。

### 【相关知识点四】 变压器的外特性及效率

## 一、变压器的外特性

在原边绕组电压保持额定，负载功率因数 $\cos\phi_2 =$ 常数时，变压器副边绕组端电压 $U_2$ 随负载电流 $I_2$ 变化的规律 $U_2 = f(I_2)$ 称为变压器的外特性，如图 7-6 所示。

由图 7-6 可见，空载时 $I_2 = 0$，则 $U_2 = U_{2N}$。当负载为电阻性或电感性负载时，随着 $I_2$ 增大，$U_2$ 逐渐降低，即变压器具有下降的外特性。在负载大小相同时，其电压下降的程度取决于负载的功率因数，负载功率因数越低，$U_2$ 下降越大。当负载为电容性负载时，随着 $I_2$ 增大，$U_2$ 有可能上升，即变压器有可能具有上升的外特性。

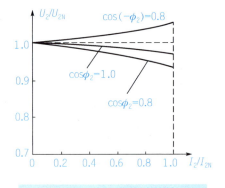

图 7-6 变压器的外特性

### 1. 变压器的效率

在能量传递过程中，变压器内部将同时产生损耗，这些损耗影响到变压器的效率。变压器的效率也是它的主要性能指标之一。

从变压器的等效电路可以看出变压器的功率平衡关系，如图 7-7 所示。变压器的输入功率 $P_1$ 为

$$P_1 = U_1 I_1 \cos\phi_1$$

输入功率中的一小部分供给铁磁损耗 $P_{Fe}$，其值为

$$P_{Fe} = I_0^2 R_m = P_0$$

铁磁损耗可以通过空载实验求得。由于变压器运行时其主磁通基本不变,因此与之对应的铁磁损耗也基本不变,故铁磁损耗又被称为变压器的不变损耗。

输入功率中的另一部分供给原边绕组和副边绕组的铜耗 $P_{Cu}$。其值为

$$P_{Cu} = I_1^2 R_1 + I_2^2 R_2$$

若令 $\beta = \dfrac{I_1}{I_{1N}} = \dfrac{KI_1}{KI_{1N}} \approx \dfrac{I_2}{I_{2N}}$,表示负载电流的负载系数(又称为标么值),则

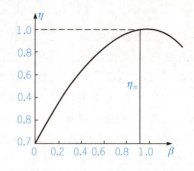

图 7-7 变压器的效率特性

$$I_1 = \beta I_{1N},\ I_2 = \beta I_{2N}$$

故:
$$P_{Cu} = \beta^2 I_{1N}^2 R_1 + \beta^2 I_{2N}^2 R_2 = \beta^2 P_K$$

式中 $P_K$——原边绕组和副边绕组在额定电流时的铜耗(即短路损耗),$P_K = I_{1N}^2 R_1 + I_{2N}^2 R_2$。

由于原边绕组和副边绕组的铜耗正比于电流的平方,故称它为变压器的可变损耗。

变压器的输出功率为

$$P_2 = U_2 I_2 \cos\phi_2 \approx \beta U_{2N} I_{2N} \cos\phi_2 = \beta S_N \cos\phi_2$$

输入功率应该等于损耗与输出功率之和。所以,变压器的功率平衡方程为

$$P_1 = P_2 + P_{Fe} + P_{Cu} = P_2 + \sum P$$

式中 $\sum P$——变压器中的总损耗,$P = P_{Fe} + P_{Cu}$。

变压器的效率为输出功率与输入功率之比。效率的计算式为

$$\eta = \dfrac{P_2}{P_1} = \dfrac{P_2}{P_2 + \sum P} = \dfrac{\beta S_N \cos\phi_2}{\beta S_N \cos\phi_2 + P_0 + \beta^2 P_K}$$

对于给定的变压器,$S_N$、$P_0$ 和 $P_K$ 都是一定的。可见,当功率因数 $\cos\phi_2$ 不变时,变压器的效率将随负载而变化。由此可得到变压器的效率特性 $\eta = f(\beta)$,如图 7-7 所示。

由图 7-7 可见,变压器的效率有一个最大值 $\eta_m$。

可以证明,当变压器的不变损耗与可变损耗相等,即 $P_{Fe} = \beta_m^2 P_K = P_{Cu}$ 时,变压器的效率达到最大。$\beta_m$ 是效率最大时的负载电流标么值。一般电力变压器的额定效率为 $\eta = 0.95 \sim 0.99$。

当 $\beta < \beta_m$ 时,随着负载 $\beta$ 的减小,效率 $\eta$ 急剧下降;当 $\beta > \beta_m$ 时,随着负载 $\beta$ 的增大,效率 $\eta$ 逐步下降。所以,要提高变压器的效率,不应使变压器在较小的负载下运行;当然,也不宜使变压器在很大的负载下运行,因为负载工况很大时,损耗 $P_{Cu}$ 急剧增大,不仅使效率下降,而且温升增高,会使变压器过热而受到损害。一般电力变压器的 $\beta = 0.4 \sim 0.6$ 时效率最高。

## 【相关知识点五】 三相变压器

三相变压器广泛适用于交流 50～60 Hz、电压 660 V 以下的电路中,三相变压器产品广泛用于工矿企业、纺织机械、印刷包装、石油化工、学校、商场、电梯、邮电通信、医疗机械、办公设备、测试设备、工业自动化设备、家用电器、高层建筑、机床、隧道的输配电及进口设备等所有需要正常电压保证的场合。

三相变压器工作原理：变压器的基本工作原理是电磁感应原理。当交流电压加到一次侧绕组后交流电流流入该绕组就产生励磁作用，在铁芯中产生交变的磁通，这个交变磁通不仅穿过一次侧绕组，同时也穿过二次侧绕组，它分别在两个绕组中引起感应电动势。这时如果二次侧与外电路的负载接通，便有交流电流流出，于是输出电能。

在三相变压器中，每一芯柱均绕有原绕组和副绕组，相当于一只单相变压器。三相变压器高压绕组的始端常用 A、B、C，末端用 X、Y、Z 来表示。低压绕组则用 a、b、c 和 x、y、z 来表示。高低压绕组分别可以接成星形或三角形。在低压绕组输出为低电压、大电流的三相变压器中（如电镀变压器），为了减少低压绕组的导线面积，低压绕组亦有采用六相星形或六相反星形接法，具体接线方式如图 7-8 所示。

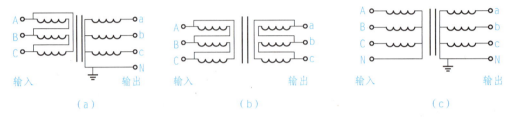

图 7-8　三相变压器接线方式
(a)电气原理图（△/Y 形接法）；(b)电气原理图（△/△形接法）；(c)电气原理图（Y/Y 形接法）

## 【相关知识点六】　特殊变压器

### 一、自耦变压器

双绕组变压器的原、副边绕组是分开绕制的，原边绕组和副边绕组虽然装在同一个铁芯上，但它们之间只有磁的联系，没有电的直接联系。自耦变压器是原、副边共用一部分绕组的变压器，它只有一个绕组，低压绕组是高压绕组的一部分，如图 7-9 所示，图中标出了各电磁量的正方向，采用与双绕组变压器相同的惯例。这是一台降压自耦变压器，原边绕组匝数 $N_1$ 大于副边绕组匝数 $N_2$。

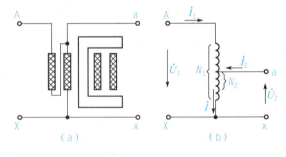

图 7-9　自耦变压器原理

### 二、互感器

直接测量大电流或高电压是比较困难的。在交流电路中，常用特殊的变压器把高电压转换成低电压、大电流转换成小电流后再测量。这种特殊的变压器就是互感器。使用互感器可以使测量仪表与高电压隔离，从而保证人身和仪表安全；可以扩大仪表量限，便于仪表的标准化。

### 1. 电压互感器

电压互感器实质上就是一台降压变压器，它将高电压转换成低电压以供测量，也可作为控制信号使用。电压互感器副边的额定电压一般为 100 V。

电压互感器接线如图 7-10 所示。原边绕组并联接入主线路，被测电压为 $U_1$。副边电压为 $U_2$，副边绕组接的电压表或功率表的电压线圈的阻抗很大，实际副边绕组近似为开路。因此，电压互感器是一个近似空载运行的单相降压变压器。为了安全，铁芯及副边绕组一端必须接地。

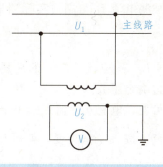

图 7-10　电压互感器接线

通过采用单相变压器的分析方法来分析电压互感器可知，不计漏阻抗压降，电压互感器原边被测电压 $U_1$ 与副边实际测量得到的电压 $U_2$ 之间的关系为

$$U_1 = KU_2$$

式中　$K$——电压互感器的变压比，是个常数，$K = N_1/N_2$，$N_1$ 为原边绕组匝数，$N_2$ 为副边绕组匝数。

可见，电压互感器副边电压数值乘以常数 $K$ 就是原边被测电压的数值。测量的电压表按 $KU_2$ 来刻度，就可直接从表上读出被测电压的数值。

实际上的电压互感器，原、副边都有漏阻抗压降，因此，原、副边电压数值之比只是近似为常数 $K$，误差必然存在。电压互感器的误差有电压误差（数值大小的误差）和相位误差。根据误差的大小分为 0.2、0.5、1.0、3.0 几个等级。

每个等级的允许误差可查阅有关技术标准。

电压互感器使用时必须注意以下三个问题：

（1）副边不许短路。电压互感器正常运行时接近空载，如副边短路，则电流变得很大，使绕组过热而烧毁。

（2）铁芯及副边绕组一端接地。

（3）副边接的阻抗值不能太小；否则原、副边电流都将增大，使原、副边漏阻抗压降增加，误差加大，降低电压互感器的精度等级。

### 2. 电流互感器

电流互感器实质上是一台升压变压器，它将大电流转换成小电流，送到电流表或功率表的电流线圈以供测量，也可作为控制信号使用。电流互感器副边的额定电流一般为 5 A 或 1 A。电流互感器接线如图 7-11 所示。

原边绕组串联接入主线路，被测电流为 $I_1$。副边电流为 $I_2$，副边绕组接内阻很小的电流表或功率表的电流线圈，实际副边近似为短路。因此，电流互感器是一个近似短路运行的单相升压变压器。为了安全，铁芯及副边绕组一端必须接地。

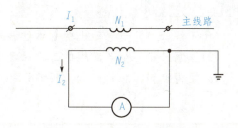

图 7-11　电流互感器接线

通过采用单相变压器的分析方法来分析电流互感器可知，忽略励磁电流，电流互感器原边被测电流 $I_1$ 与副边实际测量得到的电流 $I_2$ 之间的关系为

$$I_1 = \frac{1}{K} I_2$$

式中　$K$——电流互感器的变压比，是一个常数，$K = N_1/N_2$，$N_1$ 为原边绕组匝数，$N_2$ 为副边绕组匝数。

可见，电流互感器副边电流数值上乘以常数 $K$ 就是原边被测电流的数值。用来测量的电流表按 $\frac{1}{K} I_2$ 来刻度，就可直接从表上读出被测电流的数值。

实际上的电流互感器中，励磁电流不可能为零，因此，原、副边电流数值之比只是近似为常数，误差必然存在。电流互感器的误差有电流误差（数值大小的误差）和相位误差。根据误差的大小，电流互感器分为以下几个等级：0.2、0.5、1.0、3.0 和 10.0，每个等级的允许误差可查阅有关技术标准。

电流互感器使用时必须注意以下三个问题：

(1) 副边不许开路。电流互感器正常运行时接近短路，如副边开路，则原边被测的主线路电流就成为励磁电流，它比正常工作时的励磁电流大几百倍，这样大的励磁电流会造成电流互感器的铁磁损耗急剧上升，使它过热甚至烧毁绝缘，会造成电流互感器的副边出现很高的电压，不但击穿绝缘，而且危及操作人员和其他设备安全。

(2) 铁芯及副边绕组一端接地。

(3) 副边回路串入的阻抗值不能超过有关技术标准的规定。这是因为，如果副边回路串入的阻抗值过大，则副边电流变小，而原边电流（主线路电流）不变，造成励磁电流增大，使误差加大，从而降低电流互感器的精度等级。

# 课题二　三相异步电动机

## 知识目标

(1) 了解三相异步电动机的基本结构与铭牌参数。
(2) 理解三相异步电动机的工作原理及机械特性。
(3) 懂得检测三相异步电动机的好坏及首末端的判别。

## 主要内容

本课题主要讲解了三相笼型交流异步电动机的基本结构和铭牌参数；通过多媒体演示等方式，了解旋转磁场的产生与转子转动的原理；理解三相异步电动机的机械特性的含义，并对三相绕线式异步电动机的基本结构与工作原理作简略的介绍。

**【相关知识点一】 三相异步电动机的基本结构与铭牌参数**

## 一、三相异步电动机的基本结构

三相异步电动机由固定的定子和旋转的转子两个基本部分组成,转子装在定子内腔里,借助轴承被支撑在两个端盖上。为了保证转子能在定子内自由转动,定子和转子之间必须有一间隙,称为气隙。电机的气隙是一个非常重要的参数,其大小及对称性等对电机的性能有很大影响。图 7-12 所示为三相笼型异步电动机的组成部件。

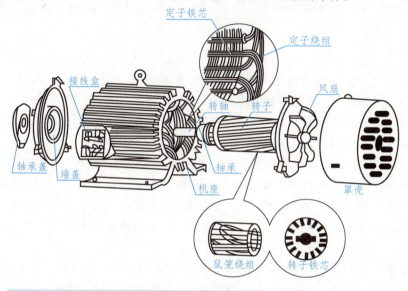

图 7-12 三相笼型异步电动机的组成部件

### 1. 定子

定子由定子三相绕组、定子铁芯和机座组成。

(1)定子三相绕组。定子三相绕组是异步电动机的电路部分,在异步电动机的运行中起着很重要的作用,是把电能转换为机械能的关键部件。定子三相绕组的结构是对称的,一般有六个出线端 U1、U2、V1、V2、W1、W2。置于机座外侧的接线盒内,根据需要接成星形(Y)或三角形(△),图 7-13 所示为三相笼型异步电动机外部出线端连接方式。

(2)定子铁芯。定子铁芯是异步电动机磁路的一部分,由于主磁场以同步转速相对于定子旋转,为减小在铁芯中引

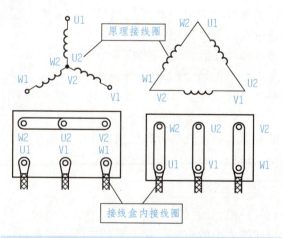

图 7-13 三相笼型异步电动机出线端连接方式

起的损耗，铁芯采用 0.5 mm 厚的高导磁电工钢片叠成，电工钢片两面涂有绝缘漆以减小铁芯的涡流损耗。中小型异步电动机定子铁芯一般采用整圆的冲片叠成，大型异步电动机的定子铁芯一般采用扇型冲片拼成。在每个冲片内圆上均匀地开槽，使叠装后的定子铁芯内圆上均匀地形成许多形状相同的槽，用以嵌放定子绕组。槽的形状由电机的容量、电压及绕组的形式而定。绕组的嵌放过程在电机制造厂中称为下线。完成下线并进行浸漆处理后的铁芯与绕组成为一个整体一同固定在机座内。

(3) 机座。机座又称机壳，它的主要作用是支撑定子铁芯，同时也承受整个电机负载运行时产生的反作用力，运行时由于内部损耗所产生的热量也是通过机座向外散发的。中、小型电机的机座一般采用铸铁制成。大型电机因机身较大浇注不便，常用钢板焊接成型。

### 2. 转子

异步电动机的转子由转子铁芯、转子绕组及转轴组成。

(1) 转子铁芯。转子铁芯也是电机磁路的一部分，也是用电工钢片叠成。与定子铁芯冲片不同的是，转子铁芯冲片是在冲片的外圆上开槽，叠装后的转子铁芯外圆柱面上均匀地形成许多形状相同的槽，用以放置转子绕组。

(2) 转子绕组。转子绕组是异步电动机电路的另一部分，其作用为切割定子磁场，产生感应电动势和电流，并在磁场作用下受力而使转子转动。其结构可分为笼型转子绕组和绕线式转子绕组两种类型。这两种转子各自的主要特点是，笼型转子结构简单、制造方便、经济耐用；绕线式转子结构复杂、价格贵，但转子回路可引入外加电阻来改善启动和调速性能。

笼型转子绕组由置于转子槽中的导条和两端的端环构成。为节约用钢和提高生产率，小功率异步电动机的导条和端环一般都是熔化的铝液一次浇铸出来的；对于大功率的电机，由于铸铝质量不易保证，常用铜条插入转子铁芯槽中，再在两端焊上端环。笼型转子绕组自行闭合，不必由外界电源供电，其外形像一个鼠笼，故称笼型转子，其外形如图 7-14 所示。

笼型转子绕组的各相均由单根导条组成，其感应电动势不大，加上导条和铁芯叠片之间的接触电阻较大，所以无须专门把导条和铁芯用绝缘材料分开。

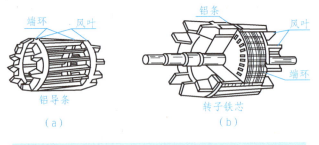

图 7-14 铸铝转子结构
(a) 铸铝转子绕组；(b) 铸铝转子

(3) 转轴。转轴是整个转子部件的安装基础，又是力和机械功率的传输部件，整个转子靠轴和轴承被支撑在定子铁芯内腔中。转轴一般由中碳钢或合金钢制成。

### 3. 气隙

异步电机的气隙是很小的，中小型电机一般为 0.2～2 mm。气隙越大，磁阻越大，要产生同样大小的磁场，就需要较大的励磁电流。由于气隙的存在，异步电动机的磁路磁阻远比变压器的大，因而异步电动机的励磁电流也比变压器的大得多。变压器的励磁电流约为额定电流的3%，异步电动机的励磁电流约为额定电流的30%。励磁电流是无功电流，因而励磁电流越大，功率因数越低。为提高异步电动机的功率因数，必须减少它的励磁电流，最有效的方法是尽可能缩短气隙长度。但是气隙过小会使装配困难，还有可能使定、转子在运行时发生摩擦或碰撞，因此，气隙的最小值由制造工艺以及运行安全可靠等因素来决定。

#### 4. 其他部件

端盖：安装在机座的两端，它的材料加工方法与机座相同，一般为铸铁件。端盖上的轴承室里安装了轴承来支撑转子，以使定子和转子得到较好的同心度，保证转子在定子内膛里正常运转。端盖除了起支撑作用外，还起着保护定、转子绕组的作用。

风扇：冷却电动机。

## 二、异步电动机的分类

异步电动机按定子相数可分为三相、单相和两相异步电动机三类。除约 200 W 以下的电动机多做成单相异步电动机外，现代动力用电动机大多数都为三相异步电动机。两相异步电动机主要用于微型控制电动机。

按照转子形式，异步电动机可分为笼型转子和绕线型转子两大类。笼型转子又分为普通笼型转子、深槽形笼型转子和双鼠笼转子三种。

根据机壳不同的保护方式，异步电动机可分为开启式、防护式、封闭式和防爆式等。图 7-15 是不同保护方式的三相异步电动机外形。

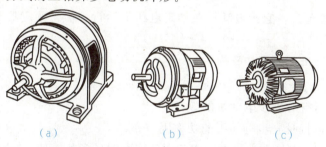

（a）　　　　　　　（b）　　　　　　　（c）

图 7-15　三相异步电动机外形
（a）开启式；（b）防护式；（c）封闭式

防护式异步电动机具有防止外界杂物落入电机内的防护装置，一般在转轴上装有风扇，冷却空气进入电机内部冷却定子绕组端部及定子铁芯后将热量带出来。

封闭式异步电动机的内部和外部的空气是隔开的。它的冷却是依靠装在机壳外面转轴上的风扇吹风，借机座上的散热片将电机内部发散出来的热量带走。这种电机主要用于尘埃较多的场所，如机床上使用的电机。

防爆式异步电动机为全封闭式，它将内部与外界的易燃、易爆性气体隔离。这种电机多用于有汽油、酒精、天然气、煤气等气体较多的地方，如矿井或某些化工厂等处。

## 三、异步电动机的铭牌和额定值

每台异步电动机机壳上都装有铭牌,把它的运行额定值印刻在上面。表 7-1 是三相异步电动机的铭牌。

表 7-1　三相异步电动机铭牌

| 三相异步电动机 | | | |
|---|---|---|---|
| 型号 Y-112M-4 | | 编号 | |
| 4.0 kW | | 8.8 A | |
| 380 kV | 1 440 r/min | LW82dB | |
| 接法　△ | 防护等级 IP44 | 50 Hz | 45 kg |
| 标准编号 | 工作制 SI | B 级绝缘 | 年　　月 |
| 电机厂 | | | |

电机按铭牌上所规定的条件运行时,就称为电机的额定运行状态。根据国家标准规定,异步电动机的额定值主要有以下几个:

(1)额定功率 $P_N$。它指电动机在制造厂(铭牌)所规定额定运行状态下运行时,轴端输出的机械功率,单位为 W 或 kW。

(2)定子额定电压 $U_N$。它指电动机在额定状态下运行时,定子绕组应加的线电压,单位为 V 或 kV。

(3)定子额定电流 $I_N$。它指电动机在额定电压下运行,输出额定功率时,流入定子绕组的电流,单位为 A。

对三相异步电动机,额定功率为

$$P_N = \sqrt{3} U_N I_N \eta_N \cos\phi_N$$

式中　$\eta_N$——额定运行时异步电动机的效率;

$\cos\phi_N$——额定运行时异步电动机的功率因数。

(4)额定转速 $n_N$。它指电动机在额定状态下运行时转子的转速,单位为 r/min。

(5)额定频率 $f_N$。我国工频为 50 Hz。

(6)温升。它指电机按规定方式运行时,绕组允许的温度升高,即绕组的温度比周围空气温度高出的数值。允许温升的高低取决于电机所使用的绝缘材料。

(7)定额。我国电机的定额分为三类,即连续定额、短时定额和断续定额。

连续定额是指电机按铭牌规定的数据长期连续运行,短时定额和断续定额均属于间歇运行方式,即运行一段时间后就停止运行一段时间。

## 【相关知识点二】　三相异步电动机的工作原理

### 1. 定子旋转磁场的产生

将三相对称的交流电通入三相对称的定子绕组后,会在定子和转子的气隙中产生旋转的磁场。电动机的转向是由接入三相绕组的电流相序决定的,只要调换电动机任意两相绕组电源接线(相序),旋转磁场即反向旋转,电动机也随之反转。

旋转磁场的转速为

$$n_1 = 60f_1/p$$

式中　$n_1$——旋转磁场转速,又称同步转速,r/min;
　　　$f_1$——三相交流电频率,Hz;
　　　$p$——磁极对数。

### 2. 转子感应电流的产生

假定旋转磁场以转速 $n_1$ 做顺时针方向旋转,而转子开始时是静止的,故转子导体将被旋转磁场切割而产生感应电动势。感应电动势的方向用右手定则判定。又因转子导体自成闭合回路,将产生感应电流。

### 3. 转子电磁力矩的产生

有感应电流的转子导体在旋转磁场中会受到电磁力的作用,力的方向用左手定则判定。转子导体受到电磁力的作用后形成一个电磁转矩,驱动转子旋转,转子旋转方向与定子旋转磁场方向相同。

## 【相关知识点三】　三相异步电动机的机械特性

三相异步电动机的机械特性是指电动机的转速与电磁转矩之间的关系。由于转速与转差率有一定的对应关系,所以机械特性也常用转矩,与转差率之间按一定的对应关系成立。

三相异步电动机的电磁转矩是由转子电流和主磁通相互作用所产生的。转子电流与气隙磁密度作用产生电磁力,遵守电磁力定律,但是由于转子电流滞后转子电动势,在气隙磁场同一极性下面的各转子有效导体中,电流方向不会相同,所以电磁转矩与转子电路的功率因数有关。

(1)主磁通决定于定子电动势,而定子电动势则决定于定子的电压平衡关系,当定子漏阻抗电压降可以忽略不计时,定子电动势与电网电压相平衡,因为电网电压实际上是恒定的,所以主磁通可以近似认为是恒定的。但是当转差率较大时,定子电流较大,定子漏阻抗电压降不能忽略。转差率增大使转子电动势增大,尽管转子漏抗也增大,但转子漏阻抗的增大比转子漏抗的增大要小,所以转子电流随转差率的增大而增大。

转子电阻不随转差率的增大而减小。用电磁转矩与转差率之间的关系,绘制出三相异步电动机的特性是一条曲线。而三相异步电动机的机械特性曲线具有比较复杂的形状。当转速等于同步转速时,转子频率等于零,转子漏抗等于零,转子功率因数等于1。但因转子感应电动势等于零,转子电流等于零,所以电磁转矩等于零。

三相异步电动机只有在理想空载下,才能不依靠外力以同步转速旋转。

实际条件下,以同步转速旋转就是指靠外力克服所有静阻转矩的情况。随着转速从同步转速开始降低,转子绕组中有感应电动势和感应电流。转差率增大使转子电动势和转子电流均增大,使转子功率因数降低,主磁通也有所减小。当转速较高即转差率较小时,转子漏抗比转子电阻要小很多,转子电流随转差率增加而增加较快,转子功率因数则减小较慢。随着转速进一步降低，转子漏抗相对于转子电阻越来越大，使转子电流增加较慢而转子功率因数减小较快，又因定子电流较大，主磁通随转速降低而减小越来越明显，使得电磁转矩随转速降低而减小。虽然三相异步电动机能够产生的最大转矩是临界转矩，但是如果扰动恰好等于临界转矩的静负载是不能稳定运行的。根据三相异步电动机的机械特性，因为只要出现扰动使转速稍有降低，就会导致拖动系统减速直到停止。因此，设计电动机时都把额定转矩确定为临界转矩的一半左右。

（2）用最大转矩与额定转矩之比来衡量电动机短时间内允许超过额定负载的能力。因为，额定转矩是按照发热条件允许的最大转矩，如果使异步电动机带动接近于临界转矩的负载长时间运行，就会使电动机因过热而损坏。

【相关知识点四】 绕线式异步电动机

绕线式异步电动机的转子绕组同定子绕组一样也是三相的，是用绝缘导线组成，嵌放在转子铁芯槽内的三相对称绕组。三相一般为星形接法，三根引出线分别接到固定在转轴上并互相绝缘的三个集电环上，再通过安装在端盖上的电刷装置与集电环接触把电流引出来。

每相绕组的始端连接在三个铜制的滑环上，滑环固定在转轴上，环与环、环与转轴之间都是互相绝缘的。在环上用弹簧压着炭质电刷，结构如图7-16所示。

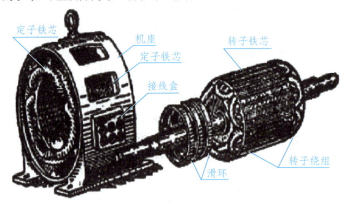

图7-16 绕线式异步电动机的构造

这种转子的特点是可以通过集电环和电刷在转子回路中接入附加电阻，用以改善电动机的启动性能，或调节电动机的转速。有的绕线式转子异步电动机还装有一种举刷短路装置，当电动机启动完毕而又不需要调节转速时，移动手柄使电刷被举起而与集电环脱离接触，同时使三只集电环彼此短接起来，这样可以减少电刷与集电环间的磨损和摩擦损耗，提高运行可靠性。

与笼型转子比较，绕线式转子的缺点是结构复杂，价格较贵，运行的可靠性也较差。因此，绕线式转子异步电动机只用在要求启动电流小、启动转矩大，或需要调节转速的场合，如用来拖动频繁启动的起重设备。

# 课题三　常用低压电器

## 知识目标

(1) 了解常用低压电器的分类、符号。
(2) 了解常用低压电器的结构、工作原理。
(3) 能合理选用各种常用低压电器。

## 主要内容

本课题主要讲解了熔断器、电源开关、交流接触器、主令电器、继电器等常用低压电器的结构、工作原理以及在使用常用低压电器的过程中根据不同的工作场所进行合理选用,对于常用低压电器在使用时所产生的简单故障现象进行了描述,同时介绍了几种故障排除方法。

【相关知识点一】　熔断器

熔断器是低压电路及电动机控制线路中用作短路保护的电器。使用时串联在被保护的电路中,当电路发生短路故障时,熔断器中的熔体首先熔断,从而自动分断电路,起到保护作用。它具有结构简单、价格便宜、动作可靠、使用维护方便、体积小、重量轻等优点,因此得到广泛应用。

### 一、熔断器的结构与主要技术参数

#### 1. 熔断器的结构

熔断器主要由熔体、安装熔体的熔管和熔座三部分组成。

#### 2. 熔断器的主要技术参数

(1) 额定电压。
熔断器的额定电压是指能保证熔断器长期正常工作的电压。
(2) 额定电流。
熔断器的额定电流是指保证熔断器能长期正常工作的电流,是由熔断器各部分长期工作时的允许温升决定的。熔体的额定电流是指在规定的工作条件下,长时间通过熔体而熔体不熔断的最大电流值。

（3）分断能力。

在规定的使用和性能条件下，熔断器在规定电压下能分断的预期分断电流值。

（4）时间-电流特性。

在规定工作条件下，表征流过熔体的电流与熔体熔断时间关系的函数曲线，也称保护特性或熔断特性。

熔断器对过载反应是很不灵敏的，当电气设备发生轻度过载时，熔断器将持续很长时间才熔断，有时甚至不熔断。因此，除在照明电路中外，熔断器一般不宜用作过载保护，主要用作短路保护。

图 7-17 熔断器的图形符号

### 3. 熔断器的图形符号

熔断器的图形符号如图 7-17 所示。

## 二、常用低压熔断器的种类和适用范围

熔断器按结构形式分为半封闭插入式、无填料封闭管式、有填料封闭管式和自复式四类。

### 1. RC1A 系列插入式熔断器（瓷插式熔断器）

它由瓷座、瓷盖、动触点、静触点及熔丝五部分组成，其外形及结构如图 7-18 所示，它常用于 380 V 及以下电压等级的线路末端，作为配电支线或电气设备的短路保护用。

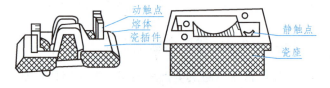

图 7-18 插入式熔断器

RC1A 系列插入式熔断器结构简单，更换方便，价格低廉，一般在交流 50 Hz、额定电压 380 V 及以下、额定电流 200 A 及以下的低压线路末端或分支电路中，作为电气设备的短路保护及一定程度的过载保护。

### 2. 螺旋式熔断器

RL1 系列螺旋式熔断器属于有填料封闭管式，其外形和结构如图 7-19 所示。

它主要由瓷帽、熔断管、瓷套、上接线座、下接线座及瓷座等部分组成。熔体的上端盖有一熔断指示器，一旦熔体熔断，指示器马上弹出，可透过瓷帽上的玻璃孔观察到，它常用于机床电气控制设备中。螺旋式熔断器分断电流较大，可用于电压等级在 500 V 及其以下、电流等级 200 A 及以下的

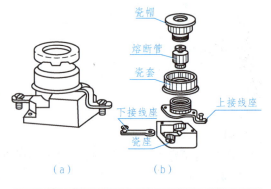

图 7-19 螺旋式熔断器
(a) 外形；(b) 结构

电路中,作短路保护。

### 3. RM10系列无填料封闭管式熔断器

RM10系列无填料封闭管式熔断器主要由熔断管、熔体、夹头及夹座等部分组成,如图7-20所示。

RM10系列无填料封闭管式熔断器适用于交流50 Hz、额定电压380 V或直流额定电压440 V及以下电压等级的动力网络和成套配电设备中,作为导线、电缆及较大容量电气设备的短路和连续过载保护。

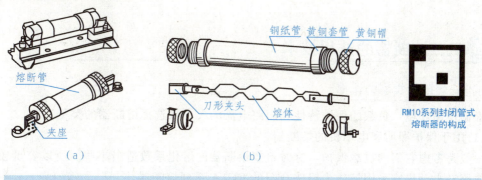

图7-20 RM10系列无填料封闭管式熔断器
(a)外形;(b)结构

### 4. RT0系列有填料封闭管式熔断器

RT0系列有填料封闭管式熔断器主要由熔管、底座、夹头、夹座等部分组成,其外形与结构如图7-21所示。

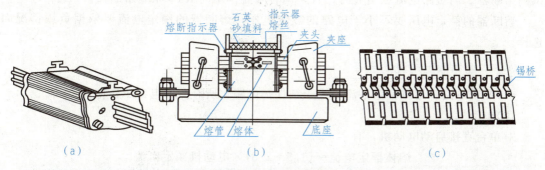

图7-21 RT0系列有填料封闭管式熔断器
(a)外形;(b)结构;(c)锡桥

RT0系列有填料封闭管式熔断器是一种大分断能力的熔断器,广泛用于短路电流较大的电力输配电系统中,作为电缆、导线和电气设备的短路保护及导线、电缆的过载保护。

### 5. 快速熔断器

快速熔断器又叫半导体器件保护用熔断器,主要用于半导体功率元件的过电流保护。由于半导体元件承受过电流的能力很差,只允许在较短的时间内承受一定的过载电流(如

70 A 的晶闸管能承受 6 倍额定电流的时间仅为 10 ms），因此要求短路保护元件应具有快动作的特征，快速熔断器能满足这一要求，且结构简单、使用方便、动作灵敏可靠，因而得到了广泛应用。

#### 6. 自复熔断器

常用熔断器的熔体一旦熔断，必须更换新的熔体，这就给使用带来一些不便，而且延缓了供电时间。近年来，可重复使用一定次数的自复式熔断器开始在电力网络的输配电线路中得到应用。

### 三、熔断器的选用技术

#### 1. 熔断器类型的选择

根据使用环境、负载的保护特性和短路电流的大小来选择熔断器的类型。

(1) 用于保护照明和电动机的熔断器。

一般是考虑它们的过载保护，这时希望熔断器的熔化系数适当小些。所以容量较小的照明线路和电动机宜采用熔体为铅锌合金的 RC1A 系列熔断器。

(2) 用于大容量的照明线路和电动机的熔断器。

除过载保护外，还应考虑短路时分断短路电流的能力。若短路电流较小时，可采用熔体为锡质的 RC1A 系列或熔体为锌质的 RM10 系列熔断器。

(3) 用于车间低压供电线路的保护熔断器。

一般是考虑短路时的分断能力。当短路电流较小时，宜采用具有高分断能力的 RL1 系列熔断器。当短路电流相当大时，宜采用有限流作用的 RT0 系列熔断器。

熔断器的额定电压要不小于电路的额定电压，熔断器的额定电流要依据负载情况而选择。

#### 2. 熔体额定电流的选择

(1) 照明电路。熔体额定电流不小于被保护电路上所有照明电器工作电流之和。

(2) 电动机。

对单台直接启动电动机，有

$$熔体额定电流 = (1.5 \sim 2.5) \times 电动机额定电流$$

对多台直接启动电动机，有

$$总的保护熔体额定电流 = (1.5 \sim 2.5) \times 各台电动机额定电流之和$$

(3) 熔断器额定电压和额定电流的选择。

① 熔断器的额定电压不得小于电路的额定电压。

② 熔断器的额定电流不得小于所装熔体的额定电流。

③ 熔断器的分段能力应大于电路中可能出现的最大短路电流。

### 【相关知识点二】 电源开关

低压电源开关主要作隔离、转换及接通和分断电路用，多数用作机床电路的电源开关和局部照明电路的控制开关,有时也可用来直接控制小容量电动机的启动、停止和正反转。

低压电源开关一般为非自动切换电器,常用的主要类型有刀开关、组合开关和低压断路器。

## 一、刀开关

刀开关的种类很多,在电力拖动控制线路中最常用的是由刀开关和熔断器组合而成的负荷开关。负荷开关分为开启式负荷开关和封闭式负荷开关两种。

### 1. 开启式负荷开关

开启式负荷开关又称为瓷底胶盖刀开关,简称闸刀开关。生产中常用的是 HK 系列开启式负荷开关,适用于照明、电热设备及小容量电动机控制线路中,供手动不频繁地接通和分断电路,并起短路保护作用。

HK 系列负荷开关由刀开关和熔断器组合而成,开关的瓷底座上装有进线座、静触点、熔体、出线座和带瓷质手柄的刀式动触点,上面盖有胶盖以防止操作时触及带电体或分断时产生的电弧飞出伤人。

开启式负荷开关的结构和符号如图 7-22 所示。

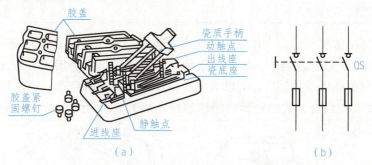

图 7-22  HK 系列开启式负荷开关
(a)结构;(b)符号

开启式负荷开关的结构简单,价格便宜,在一般的照明电路和功率小于 5.5 kW 的电动机控制线路中被广泛采用。但这种开关没有专门的灭弧装置,其刀式动触点和静夹座易被电弧灼伤引起接触不良,因此不宜用于操作频繁的电路。

### 2. 封闭式负荷开关

封闭式负荷开关是在开启式负荷开关的基础上改进设计的一种开关。其灭弧性能、操作性能、通断能力和安全防护性能都优于开启式负荷开关。因其外壳多为铸铁或用薄钢板冲压而成,故俗称铁壳开关。可用于手动不频繁的接通和断开带负载的电路以及作为线末端的短路保护,也可用于 15 kW 以下的交流电动机不频繁的直接启动和停止。

它主要由刀开关、熔断器、操作机构和外壳组成。这种开关的操作机构具有以下两个特点:一是采用了储能分合闸方式,使触点的分合速度与手柄操作速度无关,有利于迅速熄灭电弧，从而提高开关的通断能力，延长其使用寿命；二是设置了联锁装置，保证开关在合闸状态下开关盖不能开启，而当开关盖开启时又不能合闸，确保操作安全。它的结构和符号如图7-23所示。

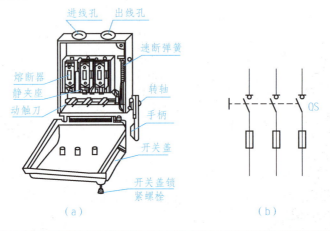

图7-23　HH系列封闭式负荷开关
(a)结构；(b)符号

## 二、组合开关

组合开关又叫转换开关，它体积小，触点对数多，接线方式灵活，操作方便，常用于交流50 Hz、380 V以下及直流220 V以下的电气线路中，供手动不频繁地接通和断开电路、换接电源和负载以及控制5 kW以下小容量异步电动机的启动、停止和正反转。

HZ10－10/3型组合开关的外形、结构和符号如图7-24所示。

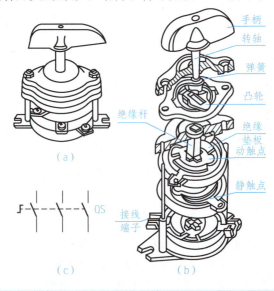

图7-24　HZ10—10/3型组合开关
(a)外形；(b)结构；(c)符号

146

开关的三对静触点分别装在三层绝缘垫板上,并附有接线柱,用于与电源及用电设备相接。动触点是由磷铜片(或硬紫铜片)和具有良好灭弧性能的绝缘钢纸板铆合而成,并和绝缘垫板一起套在附有手柄的方形绝缘转轴上。手柄和转轴能在平行于安装面的平面内沿顺时针或逆时针方向每次转 90°。带动三个动触点分别与三对静触点接触或分离,实现接通或分断电路的目的。开关的顶盖部分是由滑板、凸轮、扭簧和手柄等构成的操作机构。由于采用了扭簧储能,可使触点快速闭合或分断,从而提高了开关的通断能力。

组合开关的绝缘垫板可以一层层组合起来,最多可达六层。按不同方式配置动触点和静触点,可得到不同类型的组合开关,以满足不同的控制要求。

组合开关的选用应根据电源种类、电压等级、所需触点数、接线方式和负载容量进行选用。用于直接控制异步电动机的启动和正、反转时,开关的额定电流一般取电动机额定电流的 1.5～2.5 倍。

## 三、低压断路器

低压断路器又叫自动空气开关或自动空气断路器,可简称断路器,是低压配电网络和电力拖动系统中常用的一种配电电器。它集控制和多种保护功能于一体,在正常情况下可用于不频繁地接通和断开电路以及控制电动机的运行。当电路中发生短路、过载和失压等故障时,能自动切断故障电路,保护线路和电气设备。

在电力拖动控制系统中常用的低压断路器是 DZ 系列塑壳式断路器,如 DZ5 系列和 DZ10 系列。其中,DZ5 为小电流系列,额定电流为 10～50 A。DZ10 为大电流系列,额定电流有 100 A、250 A、600A 三种。下面以 DZ5—20 型断路器为例介绍低压断路器。

DZ5—20 型低压断路器的外形、结构和符号如图 7-25 所示。

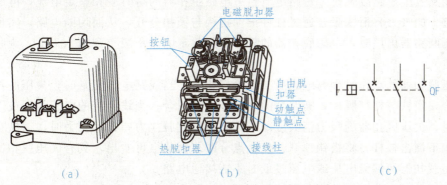

图 7-25　DZ5—20 型低压断路器
(a)外形;(b)结构;(c)符号

断路器主要由动触点、静触点、灭弧装置、操作机构热脱扣器、电磁脱扣器及外壳等部分组成。其结构采用立体布置,操作机构在中间,上面是由加热元件和双金属片等构成的热脱扣器,作过载保护,配有电流调节装置,调节整定电流。下面是由线圈和铁芯等组成的电磁脱扣器,作短路保护,它也有一个电流调节装置,调节瞬时脱扣整定电流。主触点在操作机构后面,由动触点和静触点组成,配有栅片灭弧装置,用以接通和分断主回路

单 元 七　常用电器

的大电流。另外，还有常开和常闭辅助触点各一对。主、辅触点的接线柱均伸出壳外，以便于接线。在外壳顶部还伸出接通（绿色）和分断（红色）按钮，通过储能弹簧和杠杆机构实现断路器的手动接通和分断操作。

断路器的工作原理如图 7-26 所示。

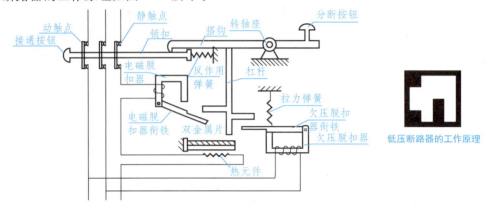

图 7-26　低压断路器工作原理示意图

使用时断路器的三副主触点串联在被控制的三相电路中，按下接通按钮时，外力使锁扣克服反作用弹簧的反力，将固定在锁扣上面的动触点与静触点闭合，并由锁扣锁住搭钩使动静触点保持闭合，开关处于接通状态。

当线路发生过载时，过载电流流过热元件产生一定的热量，使双金属片受热向上弯曲，通过杠杆推动搭钩与锁扣脱开，在反作用弹簧的推动下，动、静触点分开，从而切断电路，使用电设备不致因过载而烧毁。

当线路发生短路故障时，短路电流超过电磁脱扣器的瞬时脱扣整定电流，电磁脱扣器产生足够大的吸力将衔铁吸合通过杠杆推动搭钩与锁扣分开，从而切断电路，实现短路保护。低压断路器出厂时，电磁脱扣器的瞬时脱扣整定电流一般整定为 $10I_N$（$I_N$ 为断路器的额定电流）。

欠压脱扣器的动作过程与电磁脱扣器恰好相反。当线路电压正常时，欠压脱扣器的衔铁被吸合，衔铁与杠杆脱离，断路器的主触点能够闭合；当线路上的电压消失或下降到某一数值时，欠压脱扣器的吸力消失或减小到不足以克服拉力弹簧的拉力时，衔铁在拉力弹簧的作用下撞击杠杆，将搭钩顶开，使触点分断。由此也可看出，具有欠压脱扣器的断路器在欠压脱扣器两端无电压或电压过低时不能接通电路。

需手动分断电路时，按下分断按钮即可。

【相关知识点三】　交流接触器

交流接触器是通过电磁机构动作，频繁地接通和分断主电路的远距离操纵电器。其优点是动作迅速、操作方便和便于远距离控制。所以广泛地应用于电动机、电热设备、小型发电机、电焊机和机床电路上。其缺点是噪声大、寿命短。由于它只能接通和分断负荷电流，不具备短路保护功能，故必须与熔断器、热继电器等保护电器配合使用。

## 一、交流接触器的结构

交流接触器主要由电磁系统、触点系统、灭弧装置及辅助部件等组成。CJ0—20型交流接触器的结构和符号如图7-27所示。

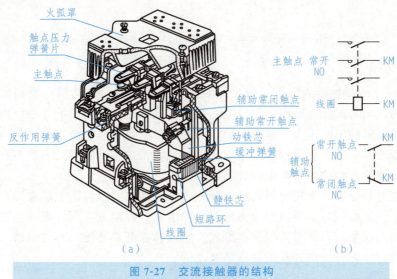

图 7-27 交流接触器的结构
(a)结构；(b)符号

### 1. 电磁系统

交流接触器的电磁系统主要由线圈、铁芯(静铁芯)和衔铁(动铁芯)三部分组成，其作用是利用电磁线圈的通电或断电，使衔铁和铁芯吸合或释放，从而带动动触点与静触点闭合或分断，实现接通或断开电路的目的。

CJ10系列交流接触器的衔铁运动方式有两种，对于额定电流为40 A及以下的接触器，采用衔铁直线运动的螺管式；对于额定电流为60 A及以上的接触器，采用衔铁绕轴转动的拍合式。

为了减少工作过程中交变磁场在铁芯中产生的涡流及磁滞损耗，避免铁芯过热，交流接触器的铁芯和衔铁一般用E形硅钢片叠压铆成。尽管如此，铁芯仍是交流接触器发热的主要部件。为增大铁芯的散热面积，又避免线圈与铁芯直接接触而受热烧毁，交流接触器的线圈一般做成粗而短的圆筒形，并且绕在绝缘骨架上。使铁芯与线圈之间有一定空隙。另外，E形铁芯的中柱端面需留有0.1~0.2 mm的气隙，以减小剩磁影响，避免线圈断电后衔铁粘住不能释放。

### 2. 触点系统

交流接触器的触点按接触情况可分为点接触式、线接触式和面接触式三种，分别如图7-28(a)、(b)、(c)所示。按触点的结构形式划分，有桥式触点和指形触点两种，如图7-29所示。

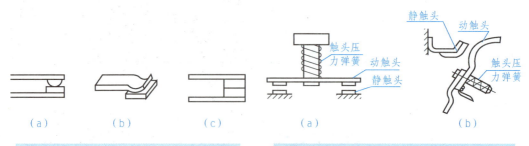

图 7-28 触点的三种接触形式
(a)点接触；(b)线接触；(c)面接触

图 7-29 触点的结构形式
(a)双断点桥式触点；(b)指形触点

CJ10 系列交流接触器的触点一般采用双断点桥式触点。其动触点桥用紫铜片冲压而成。由于铜的表面易氧化并形成一层导电性能很差的氧化铜，而银的接触电阻小且其黑色氧化物对接触电阻的影响不大，所以在触点桥的两端镶有银基合金制成的触点块。静触点一般用黄铜板冲压而成，一端镶焊触点块，另一端为接线座。在触点上装有压力弹簧以减小接触电阻并消除开始接触时产生的有害振动。

按通断能力划分，交流接触器的触点分为主触点和辅助触点。主触点用以通断电流较大的主电路，一般由三对接触而较大的常开触点组成。辅助触点用以通断电流较小的控制电路，一般由两对常开和两对常闭触点组成。触点的常开和常闭，是指电磁系统未通电动作时触点的状态。常开触点和常闭触点是联动的。

### 3. 灭弧装置

交流接触器在断开大电流或高电压电路时，在动、静触点之间会产生很强的电弧。电弧是触点间气体在强电场作用下产生的放电现象，电弧的产生，一方面会灼伤触点，影响触点的使用寿命；另一方面会使电路切断时间延长，甚至造成弧光短路或引起火灾事故。因此，希望触点间的电弧能尽快熄灭。实验证明，触点开合过程中的电压越高、电流越大、弧区温度越高，电弧就越强。低压电器中通常采用拉长电弧、冷却电弧或将电弧分成多段等措施，促使电弧尽快熄灭。在交流接触器中常用的灭弧方法有以下几种：

(1)双断口电动力灭弧。这种灭弧方法是将整个电弧分割成两段，同时利用触点回路本身的电动力 $F$ 把电弧向两侧拉长，使电弧热量在拉长的过程中散发、冷却而熄灭。容量较小的交流接触器，如 CJ10－10 型等，多采用这种方法灭弧。

(2)纵缝灭弧。由耐弧陶土、石棉、水泥等材料制成的灭弧罩内每相有一个或多个纵缝，缝的下部较宽以便放置触点；缝的上部较窄，以便压缩电弧，使电弧与灭弧室壁有很好的接触。当触点分断时，电弧被外磁场或电动力吹入缝内，其热量传递给室壁，电弧被迅速冷却熄灭。CJ10 系列交流接触器额定电流在 20 A 及以上的，均采用这种方法灭弧。

(3)栅片灭弧。金属栅片由镀铜或镀锌铁片制成，形状一般为"人"字形，栅片插在灭弧罩内，各片之间相互绝缘。当动触点与静触点分断时，在触点间产生电弧，电弧电流在其周围产生磁场。由于金属栅片的磁阻远小于空气的磁阻，因此电弧上部的磁通容易通过金属栅片而形成闭合磁路，这就造成了电弧周围空气中的磁场上疏下密。这一磁场对电弧产生向上的作用力，将电弧拉到栅片间隙中，栅片将电弧分割成若干个串联的短电弧。每个栅片成为短电弧的电极，将总电弧压降分成几段，栅片间的电弧电压都低于燃弧电压，同时栅片将电弧的热量吸收散发，使电弧迅速冷却，促使电弧尽快熄灭。容量较大的交流接触器多采用这种方法灭弧，如 CJ0—40 型交流接触器。

### 4. 辅助部件

交流接触器的辅助部件有反作用弹簧、缓冲弹簧、触点压力弹簧、传动机构及底座、接线柱等。

## 二、交流接触器的工作原理

当接触器的线圈通电后，线圈中流过的电流产生磁场，使铁芯产生足够大的吸力，克服反作用弹簧的反作用力，将衔铁吸合，通过传动机构带动三对主触点和辅助常开触点闭合，辅助常闭触点断开。当接触器线圈断电或电压显著下降时，由于电磁吸力消失或过小，衔铁在反作用弹簧力的作用下复位，带动各触点恢复到原始状态。

常用的 CJ0、CJ10 等系列的交流接触器在 0.85～1.05 倍的额定电压下，能保证可靠吸合。电压过高，磁路趋于饱和，线圈电流会显著增大。电压过低，电磁吸力不足，衔铁吸合不上，线圈电流会达到额定电流的十几倍，因此，电压过高或过低都会造成线圈过热而烧毁。

## 三、交流接触器的选用

### 1. 选择接触器主触点的额定电压

接触器主触点的额定电压应不小于控制线路的额定电压。

### 2. 选择接触器主触点的额定电流

接触器控制电阻性负载时，主触点的额定电流应等于负载的额定电流。控制电动机时，主触点的额定电流应大于或稍大于电动机的额定电流。

### 3. 选择接触器吸引线圈的电压

当控制线路简单，使用电器较少时，为节省变压器，可直接选用 380 V 或 220 V 的电压。当线路复杂，使用电器超过 5 个时，从人身和设备安全角度考虑，吸引线圈电压要选低些，可用 36 V 或 110 V 电压的线圈。

### 4. 选择接触器的触点数量及类型

接触器的触点数量、类型应满足控制线路的要求。

## 四、交流接触器的常见故障及处理方法

由于交流接触器是一种典型的电磁式电器，它的某些组成部分，如电磁系统、触点系统是电磁式电器所共有的。

### 1. 触头的故障

交流接触器在工作时往往需要频繁地接通和断开大电流电路，因此它的主触点是较容

易损坏的部件。交流接触器触点的常见故障一般有触点过热、触点磨损和主触点熔焊等情况。

#### 2. 电磁系统的故障及维修

(1)铁芯噪声大。电磁系统在运行中发出轻微的"嗡嗡"声是正常的,若声音过大或异常,可判定电磁系统发生故障。

(2)衔铁吸不上。当交流接触器的线圈接通电源后,衔铁不能被铁芯吸合时,应立即断开电源,以免线圈被烧毁。

(3)衔铁不释放。当线圈断电后,衔铁不释放,此时应立即断开电源开关,以免发生意外事故。

(4)线圈的故障及其修理。线圈的主要故障是由于所通过的电流过大导致线圈过热甚至烧毁。

### 【相关知识点四】 主令电器

主令电器是指在电气自动控制系统中用来发出信号指令的电器。它的信号指令将通过继电器、接触器和其他电器的动作,接通和分断被控制电路,以实现对电动机及其他生产机械的远距离控制。主令电器的种类很多,常用的有按钮、位置开关和万能转换开关等。

## 一、按钮

按钮是用来短时间接通或断开小电流控制电路的手动电器。按钮的触点允许通过的电流较小,一般不超过5 A,因此一般情况下它不直接控制主电路的通断,而是在控制电路中发出指令或信号去控制接触器、继电器等电器,再由它们去控制主电路的通断、功能转换或电气联锁。

#### 1. 按钮的结构

按钮一般由按钮帽、复位弹簧、桥式动触点、静触点、支柱连杆及外壳等部分组成,如图7-30所示。按其用途和触点的结构不同,可分为常开按钮(启动按钮)、常闭按钮(停止按钮)和复合按钮(常开、常闭组合为一体的按钮)。

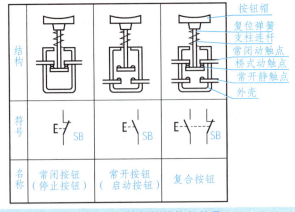

图7-30 按钮的结构与符号

常开按钮：未按下时，触点是断开的；按下时触点闭合；当松开后，按钮自动复位。

常闭按钮：与常开按钮相反，未按下时，触点是闭合的；按下时触点断开；当松开后，按钮自动复位。

复合按钮：将常开和常闭按钮组合为一体按下复合按钮时，其常闭触点先断开，然后常开触点再闭合；而松开时，常开触点先断开，然后常闭触点再闭合。

按钮的符号如图 7-30 所示。但不同类型和用途的按钮在电路图中的符号不完全相同，如图 7-31 所示。

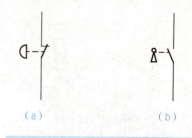

图 7-31 部分按钮的符号
(a) 急停按钮；(b) 钥匙操作式按钮

### 2. 按钮的选择

（1）根据使用场合和具体用途选择按钮的种类。
（2）根据工作状态指示和工作情况要求，选择按钮或指示灯的颜色。
（3）根据控制回路的需要选择按钮的数量。

## 二、位置开关

位置开关是操动机构在机器的运动部件到达一个预定位置时操作的一种指示开关。它包括行程开关(限位开关)、接近开关等。

### 1. 行程开关

行程开关是用以反映工作机械的行程，发出命令以控制其运动方向和行程大小的开关。其作用原理与按钮相同，区别在于它不是靠手指的按压而是利用生产机械运动部件的碰压使其触点动作，从而将机械信号转变为电信号，用以控制机械动作或用作程序控制。通常，行程开关被用来限制机械运动的位置或行程，使运动机械按一定的位置或行程实现自动停止、反向运动、变速运动或自动往返运动等。

各系列行程开关的基本结构大体相同，都是由触点系统、操作机构和外壳组成。以某种行程开关元件为基础，装置不同的操作机构，可得到各种不同形式的行程开关，常见的有按钮式(直动式)和旋转式(滚轮式)。

行程开关动作后，复位方式有自动复位和非自动复位两种。图 7-32(a)、(b)所示的按钮式和单轮旋转式均为自动复位式，即当挡铁移开后，在复位弹簧的作用下，行程开关的各部分能自动恢复原始状态。但有的行程开关动作后不能自动复位，如双轮旋转式行程开关。当挡铁碰压这种行程开关的一个滚轮时，杠杆转动一定角度后触点瞬时动作；当挡铁离开滚轮后，开关不自动复位，只有运动机械反向移动，挡铁从相反方向碰压另一滚轮时，触点才能复位。这种非自动复位式的行程开关价格较贵，但运行较可靠。

JLXK1 系列行程开关的动作原理如图 7-32(b)所示。当运动部件的挡铁碰压行程开关的滚轮时，杠杆连同转轴一起转动，使凸轮推动撞块，当撞块被压到一定位置时，推动微动开关快速动作，使其常闭触点断开，常开触点闭合。

行程开关在电路图中的符号如图 7-32(c)所示。

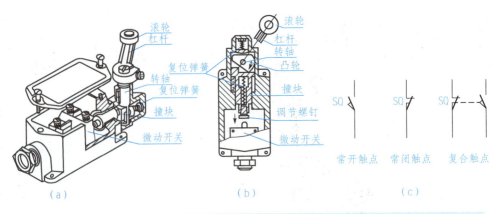

图 7-32 JLXK1—111 型行程开关的结构和动作原理
(a)结构；(b)动作原理；(c)符号

### 2. 接近开关

接近开关又称为无触点位置开关，是一种与运动部件无机械接触而能操作的位置开关。当运动的物体靠近开关到一定位置时，开关发出信号，达到行程控制、计数及自动控制的作用。它的用途除了行程控制和限位保护外，还可作为检测金属体的存在、高速计数、测速、定位、变换运动方向、检测零件尺寸、液面控制及用作无触点按钮等，与行程开关相比，接近开关具有定位精度高、工作可靠、寿命长、操作频率高以及能适应恶劣工作环境等优点。但接近开关在使用时，一般需要有触点继电器作为输出器。

按工作原理来分，接近开关有高频振荡型、感应电桥型、霍尔效应型、光电型、永磁及磁敏元件型、电容型和超声波型等多种类型，其中以高频振荡型最为常用。

目前在工业生产中，LJ1、LJ2 等系列晶体管接近开关已逐步被 LJ、LXJ10 等系列集成电路接近开关所取代。LJ 系列集成电路接近开关是由德国西门子公司生产的元器件组装而成，其性能可靠，安装使用方便，产品品种规格齐全，应用广泛。

LJ 系列接近开关分交流和直流两种类型，交流型为两线制，有常开式和常闭式两种。直流型分为两线制、三线制和四线制。除四线制为双触点输出(含有一个常开和一个常闭输出触点)外，其余均为单触点输出(含有一个常开或一个常闭输出触点)。交流两线接近开关的外形和接线方式如图 7-33 所示。

接近开关在电路图中的符号如图 7-33(c)所示。

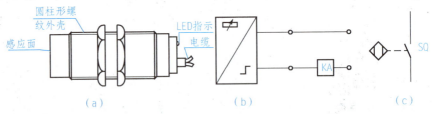

图 7-33 交流两线接近开关的外形和接线方式
(a)外形；(b)接线方式；(c)符号

## 三、万能转换开关

万能转换开关是由多组相同结构的触点组件叠装而成的多回路控制电器。主要用作控制线路的转换及电气测量仪表的转换，也可用于控制小容量异步电动机的启动、换向及变速。由于触点挡数多、换接线路多、用途广泛，故称其为万能转换开关。

### 1. 万能转换开关的结构与工作原理

万能转换开关主要由接触系统、操作机构、转轴、手柄、定位机构等部件组成，用螺栓组装成整体。其外形及工作原理如图 7-34 所示。

万能转换开关的接触系统由许多接触元件组成，每一接触元件均有一胶木触点座，中间装有一对或三对触点，分别由凸轮通过支架操作。操作时，手柄带动转轴和凸轮一起旋转，则凸轮即可推动触点接通或断开，如图 7-34（b）所示。由于凸轮的形状不同，当手柄处于不同的操作位置时，触点的分合情况也不同，从而达到换接电路的目的。

万能转换开关在电路图中的符号如图 7-35（a）所示。图中"—○ ○—"代表一路触点，竖的虚线表示手柄位置。当手柄置于某一个位置上时，就在处于接通状态的触点下方的虚线上标注黑点"·"表示，触点的通断也可用如图 7-35（b）所示的触点分合表来表示。表中"×"号表示触点闭合，空白表示触点分断。

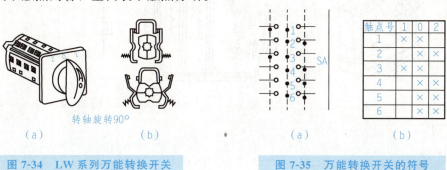

图 7-34 LW 系列万能转换开关
(a) 外形；(b) 凸轮通断触点示意图

图 7-35 万能转换开关的符号
(a) 符号；(b) 触点分合表

### 2. 万能转换开关的选用

万能转换开关主要依据用途、接线方式、所需触点挡数和额定电流来选择。

### 【相关知识点五】 继电器

继电器是一种根据输入信号（电量或非电量）的变化，接通或断开小电流电路，实现自动控制和保护电力拖动装置的电器。一般情况下不直接控制电流较大的主电路，而是通过接触器或其他电器对主电路进行控制。同接触器相比，继电器具有触点分断能力弱、结构简单、体积小、重量轻、反应灵敏、动作准确、工作可靠等特点。

## 一、热继电器

热继电器是利用流过继电器的电流所产生的热效应而反时限动作的继电器。反时限动作是指电器的延时动作时间随通过电路电流的增加而缩短。热继电器主要用于电动机的过载保护、断相保护、电流不平衡运行的保护及其他电气设备发热状态的控制。

热继电器的形式有多种,其中双金属片式应用最多。按极数划分热继电器可分为单极、两极和三极三种,其中三极的又包括带断相保护装置的和不带断相保护装置的;按复位方式分,有自动复位式(触点动作后能自动返回原来位置)和手动复位式。

### 1. 热继电器的结构

目前我国在生产中常用的热继电器有国产的JR16、JR20等系列以及引进的T系列、3UA等系列产品,均为双金属片式。

JR16系列热继电器的外形和结构如图7-36所示。它主要由热元件、动作机构、触点系统、电流整定装置、复位机构和温度补偿元件等部分组成。

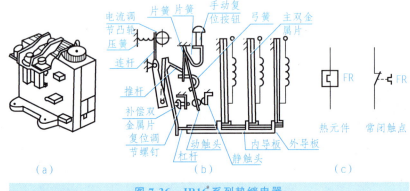

图7-36 JR16系列热继电器
(a)外形;(b)结构;(c)符号

(1)热元件。热元件是热继电器的主要组成部分,由主双金属片和绕在外面的电阻丝组成。主双金属片是由两种热膨胀系数不同的金属片复合而成,金属片的材料多为铁镍铬合金和铁镍合金。电阻丝一般用康铜或镍铬合金等材料制成。

(2)动作机构和触点系统。动作机构利用杠杆传递及弓簧式瞬跳机构来保证触点动作的迅速、可靠。触点为单断点弓簧跳跃式动作,一般为一个常开触点、一个常闭触点。

(3)电流整定装置。通过旋钮和电流调节凸轮调节推杆间隙,改变推杆移动距离,从而调节整定电流值。

(4)温度补偿元件。温度补偿元件也为双金属片,其受热弯曲的方向与主双金属片一致,它能保证热继电器的动作特性在−30 ℃~+40 ℃的环境温度范围内基本上不受周围介质温度的影响。

(5)复位机构。复位机构有手动和自动两种形式,可根据使用要求通过复位调节螺钉来自由调整选择。一般自动复位的时间不大于5 min,手动复位时间不大于2 min。

### 2. 热继电器的工作原理

使用时，将热继电器的三相热元件分别串接在电动机的三相主电路中，常闭触点串接在控制电路的接触器线圈回路中。当电动机过载时，流过电阻丝的电流超过热继电器的整定电流，电阻丝发热，主双金属片向右弯曲，推动导板向右移动，通过温度补偿双金属片推动推杆绕轴转动，从而推动触点系统动作，动触点与常闭静触点分开，使接触器线圈断电，接触器触点断开，将电源切除起保护作用。电源切除后，主双金属片逐渐冷却恢复原位，于是动触点在失去作用力的情况下，靠弓簧的弹性自动复位。

这种热继电器也可采用手动复位，以防止故障排除前设备带故障再次投入运行。将复位调节螺钉向外调节到一定位置，使动触点弓簧的转动超过一定角度失去反弹性，此时即使主双金属片冷却复原，动触点也不能自动复位，必须采用手动复位。按下复位按钮，动触点弓簧恢复到具有弹性的角度，推动动触点与静触点恢复闭合。

当环境温度变化时，主双金属片会发生零点漂移，即热元件未通过电流时主双金属片即产生变形，使热继电器的动作性能受环境温度影响，导致热继电器的动作产生误差。为补偿这种影响，设置了温度补偿双金属片，其材料与主双金属片相同。当环境温度变化时，温度补偿双金属片与主双金属片产生同一方向上的附加变形，从而使热继电器的动作特性在一定温度范围内基本不受环境温度的影响。

热继电器整定电流的大小可通过旋转电流整定旋钮来调节，旋钮上刻有整定电流值标尺。热继电器的整定电流，是指热继电器连续工作而不动作的最大电流，超过整定电流时，热继电器将在负载未达到其允许的过载极限之前动作。

### 3. 热继电器的选用

选择热继电器主要根据所保护电动机的额定电流来确定热继电器的规格和热元件的电流等级。

（1）根据电动机的额定电流选择热继电器的规格。一般应使热继电器的额定电流略大于电动机的额定电流。

（2）根据需要的整定电流值选择热元件的编号和电流等级。一般情况下，热元件的整定电流为电动机额定电流的 0.95～1.05 倍。但如果电动机拖动的是冲击性负载或启动时间较长及拖动的设备不允许停电的场合，热继电器的整定电流值可取电动机额定电流的 1.1～1.5 倍。如果电动机的过载能力较差，热继电器的整定电流可取电动机额定电流的 0.6～0.8 倍。同时，整定电流应留有一定的上下限调整范围。

（3）根据电动机定子绕组的连接方式选择热继电器的结构形式，即定子绕组作 Y 形连接的电动机选用普通三相结构的热继电器，而作 △ 形连接的电动机应选用三相结构带断相保护装置的热继电器。

## 二、时间继电器

时间继电器是在电路中起着控制动作时间的继电器，它是一种利用电磁原理或机械动作原理来延迟触点闭合或断开的自动控制电路。它广泛用于需要按时间顺序进行控制的电气控制线路中。

常用的时间继电器主要有电磁式、电动式、空气阻尼式、晶体管式等。其中，电磁式时间继电器的结构简单、价格低廉，但体积和重量较大，延时较短（如 JT3 型只有 0.3～5.5 s），且只能用于直流断电延时；电动式时间继电器的延时精度高，延时可调范围大（由几分钟到几小时），但结构复杂、价格贵。目前在电力拖动线路中应用较多的是空气阻尼式时间继电器。随着电子技术的发展，近年来晶体管式时间继电器的应用日益广泛。

### 1. JS7－A 系列空气阻尼式时间继电器

空气阻尼式时间继电器又称气囊式时间继电器，是利用气囊中的空气通过小孔节流的原理来获得延时动作的。根据触点延时的特点，可分为通电延时动作型和断电延时复位型两种。

（1）结构。JS7－A 系列时间继电器的外形和结构如图 7-37 所示。

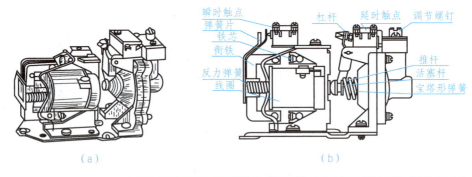

图 7-37　JS7－A 系列时间继电器的外形和结构
(a) 外形；(b) 结构

它主要由以下几部分组成：

①电磁系统。由线圈、铁芯和衔铁组成。

②触点系统。包括两对瞬时触点（一常开、一常闭）和两对延时触点（一常开、一常闭）。瞬时触点和延时触点分别是两个微动开关的触点。

③空气室。空气室为一空腔，由橡皮膜、活塞等组成。橡皮膜可随空气的增减而移动，顶部的调节螺钉可调节延时时间。

④传动机构。由推杆、活塞杆、杠杆及各种类型的弹簧等组成。

⑤基座。用金属板制成，用以固定电磁机构和气室。

（2）工作原理。JS7－A 系列时间继电器的工作原理示意图如图 7-38 所示。其中图 7-38(a)所示为通电延时型，图 7-38(b)所示为断电延时型。

①通电延时型时间继电器。当线圈通电后，铁芯产生吸力，衔铁克服反力弹簧的阻力与铁芯吸合，带动推板立即动作，压合微动开关 SQ2，使其常闭触点瞬时断开，常开触点瞬时闭合。同时活塞杆在宝塔形弹簧的作用下向上移动，带动与活塞相连的橡皮膜向上运动，运动的速度受进气口进气速度的限制。这时橡皮膜下面形成空气较稀薄的空间，与橡皮膜上面的空气形成压力差，对活塞的移动产生阻尼作用。活塞杆带动杠杆只能缓慢地移动。经过一段时间，活塞才完成全部行程而压动微动开关 SQ1，使其常闭触点断开，常开触点闭合。由于从线圈通电到触点动作需延时一段时间，因此 SQ1 的两对触点分别被称

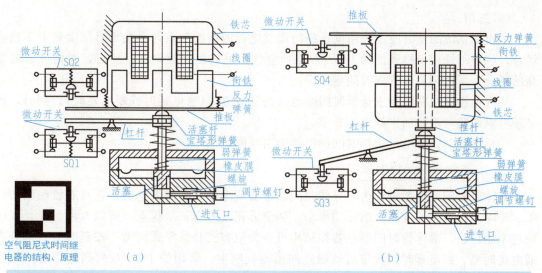

图 7-38 空气阻尼式时间继电器的结构
(a)通电延时型；(b)断电延时型

为延时闭合瞬时断开的常开触点和延时断开瞬时闭合的常闭触点。这种时间继电器延时时间的长短取决于进气的快慢，旋动调节螺钉可调节进气孔的大小，即可达到调节延时时间长短的目的。JS7－A 系列时间继电器的延时范围有 0.4～60 s 和 0.4～180 s 两种。

当线圈断电时，衔铁在反力弹簧的作用下，通过活塞杆将活塞推向下端，这时橡皮膜下方腔内的空气通过橡皮膜、弱弹簧和活塞局部所形成的单向阀迅速从橡皮膜上方的气室缝隙中排掉，使微动开关 SQ1、SQ2 的各对触点均瞬时复位。

②断电延时型时间继电器。JS7－A 系列断电延时型和通电延时型时间继电器的组成元件是通用的。如果将通电延时型时间继电器的电磁机构翻转 180°安装，即成为断电延时型时间继电器。

空气阻尼式时间继电器的优点是：延时范围较大(0.4～180 s)，且不受电压和频率波动的影响，可以做成通电和断电两种延时形式；结构简单、寿命长、价格低。其缺点是：延时误差大，难以精确地整定延时值，且延时值易受周围环境温度、尘埃等的影响。因此，对延时精度要求较高的场合不宜采用。

时间继电器在电路图中的符号如图 7-39 所示。

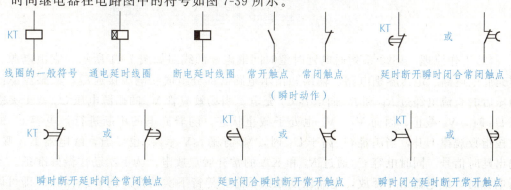

图 7-39 时间继电器的符号

(3)选用。

①根据系统的延时范围和精度选择时间继电器的类型和系列。在延时精度要求不高的场合,一般可选用价格较低的 JS7－A 系列空气阻尼式时间继电器;反之,对精度要求较高的场合,可选用晶体管式时间继电器。

②根据控制线路的要求选择时间继电器的延时方式(通电延时或断电延时)。同时,还必须考虑线路对瞬时动作触点的要求。

③根据控制线路电压选择时间继电器吸引线圈的电压。

### 2. 晶体管时间继电器

晶体管时间继电器也称为半导体时间继电器或电子式时间继电器,它具有机械结构简单、延时范围广、精度高、消耗功率小、调整方便及寿命长等优点,所以发展迅速,其应用越来越广泛。晶体管时间继电器按结构可分为阻容式和数字式两类;按延时方式可分为通电延时型、断电延时型及带瞬动触点的通电延时型。常用的 JS20 系列晶体管时间继电器是全国推广的统一设计产品,适用于交流 50 Hz、电压 380 V 及以下或直流 110 V 及以下的控制电路,作为时间控制元件,按预定的时间延时,周期性地接通或分断电路。

(1)结构。JS20 系列时间继电器的外形如图 7-40(a)所示。继电器具有保护外壳,其内部结构采用印制电路组件安装和接线采用专用的插接座,并配有带插脚标记的下标牌作接线指示,上标盘上还带有发光二极管作为动作指示。结构形式有外接式、装置式和面板式三种。外接式的整定电位器可通过插座用导线接到所需的控制板上;装置式具有带接线端子的胶木底座;面板式采用通用八大脚插座,可直接安装在控制台的面板上,另外还带有延时刻度和延时旋钮供整定延时时间用。JS20 系列通电延时型时间继电器的接线示意图如图 7-40(b)所示。

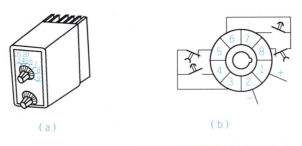

图 7-40　JS20 系列时间继电器的外形与接线
(a)外形(b)接线示意图

(2)工作原理。JS20 系列通电延时型时间继电器的线路如图 7-41 所示。它由电源、电容充放电电路、电压鉴别电路、输出和指示电路五部分组成。电源接通后,经整流滤波和稳压后的直流电经过 $R_{P1}$ 和 $R_2$ 向电容 $C_2$ 充电。当场效应管 $V_6$ 的栅源电压 $U_{gs}$ 低于夹断电压 $U_P$ 时,$V_6$ 截止,因而 $V_7$、$V_8$ 也处于截止状态。随着充电的不断进行,电容 $C_2$ 的电位按指数规律上升,当满足 $U_{gs}$ 高于 $U_P$ 时,$V_6$ 导通,$V_7$、$V_8$ 也导通,继电器 KA 吸合,输出延时信号。同时电容 $C_2$ 通过 $R_8$ 和 KA 的常开触点放电,为下次动作做好准备。当切断电源时,继电器 KA 释放,电路恢复原始状态,等待下次动作。调节 $R_{P1}$ 和 $R_{P2}$ 即可调整延时时间。

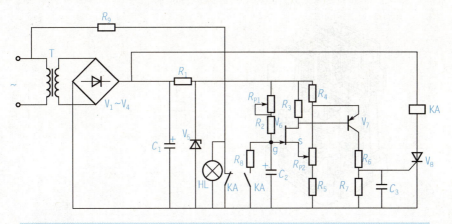

图 7-41 JS20 系列通电延时型时间继电器的电路

(3) 晶体管时间继电器适用于以下场合：
① 当电磁式时间继电器不能满足要求时。
② 当要求的延时精度较高时。
③ 控制回路相互协调需要无触点输出等。

## 三、中间继电器

中间继电器是用来增加控制电路中的信号数量或将信号放大的继电器。其输入信号是线圈的通电和断电，输出信号是触点的动作，由于触点的数量较多，所以可用来控制多个元件或回路。

中间继电器的结构及工作原理与接触器基本相同，因而中间继电器又称为接触器式继电器。但中间继电器的触点对数多，且没有主辅之分，各对触点允许通过的电流大小相同，多数为 5 A。因此，对于工作电流小于 5 A 的电气控制线路，可用中间继电器代替接触器实施控制。

常用的中间继电器有 JZ7、JZ14 等系列，JZ7 系列为交流中间继电器，其结构如图 7-42(a) 所示。

JZ7 中间继电器采用立体布置，由铁芯、衔铁、线圈、触点系统、反作用弹簧和缓冲弹簧等组成。触点采用双断点桥式结构，上下两层各有四对触点，下层触点只能是常开触点，故触点系统可按 8 常开、6 常开、2 常闭及 4 常开、4 常闭组合。继电器吸引线圈额定电压有 12 V、36 V、110 V、220 V、380 V 等。

JZ14 系列中间继电器有交流操作和直流操作两种，采用螺管式电磁系统和双断点桥式触点，其基本结构为交直流通用，只是交流铁芯为平顶形，直流铁芯与衔铁为圆锥形接触面，触点采用直列式分布，对数达 8 对，可按 6 常开、2 常闭；4 常开、4 常闭或 2 常开、6 常闭组合。该系列继电器带有透明外罩，可防止尘埃进入内部而影响工作的可靠性。

中间继电器在电路图中的符号如图 7-42(b) 所示。

# 单元 七 常用电器

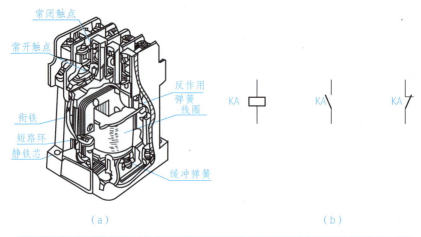

图 7-42 JZ7 系列中间继电器
(a)结构；(b)符号

中间继电器的安装、使用、常见故障及处理方法与接触器类似，可参看接触器的有关内容。

## 常用低压电器的识别

### 1. 常用继电器的识别

(1)在教师指导下，仔细观察不同系列、不同规格的继电器的外形和结构特点。

(2)根据指导教师给出的元件清单，从所给继电器中正确选出清单中的继电器。

(3)由指导教师从所给继电器中选取 7 件，用胶布盖住铭牌。由学生写出其名称、型号及主要参数(动作值或释放值及整定范围)。

### 2. 热继电器的校验

(1)观察热继电器的结构。

将热继电器的后绝缘盖板卸下，仔细观察热继电器的结构，指出动作机构、电流整定装置、复位按钮及触点系统的位置，并能叙述它们的作用。

(2)校验调整。热继电器更换热元件后应进行校验调整，方法如下：

①按图 7-43 所示连好校验电路。将调压变压器的输出调到零位置。将热继电器置于手动复位状态，并将整定值旋钮置于额定值处。

②经教师审查同意后，合上电源开关 QS，指示灯 HL 亮。

③将调压变压器输出电压从零升高，使热元件通过的电流升至额定值，1 h 内热继电器应不动作；若 1 h 内热继电器动作，则应将调节旋钮向整定值大的方向旋动。

④接着将电流升至 1.2 倍额定电流，热继电器应在 20 min 内动作，指示灯 HL 熄灭；若 20 min 内不动作，则应将调节旋钮向整定值小的位置旋动。

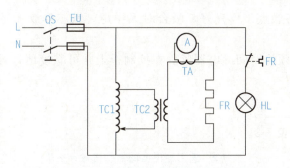

图 7-43 热继电器校验电路

⑤将电流降至零,待热继电器冷却并手动复位后,再调升电流至 1.5 倍额定值,热继电器应在 2 min 内动作。

⑥再将电流降至零,待热继电器冷却并复位后,快速调升电流至 6 倍额定值,分断 QS 再随即合上,其动作时间应大于 5 s。

(3) 复位方式的调整。热继电器出厂时,一般都调在手动复位,如果需要自动复位,可将复位调节螺钉顺时针旋进。自动复位时应在动作后 5 min 内自动复位;手动复位时,在动作 2 min 后,按下手动复位按钮,热继电器应复位。

### 3. 时间继电器的检修与校验

(1) 整修 JS7－2A 型时间继电器的触点。

①松下延时或瞬时微动开关的紧固螺钉,取下微动开关。

②均匀用力慢慢撬开并取下微动开关盖板。

③小心取下动触点及附件,要防止用力过猛而弹失小弹簧和薄垫片。

④进行触点整修。整修时,不允许用砂纸或其他研磨材料,而应使用锋利的刀刃或细锉修平,然后用净布擦净,不得用手指直接接触触点或用油类润滑,以免沾污触点。整修后的触点应做到接触良好,若无法修复则应调换新触点。

⑤按拆卸的逆顺序进行装配。

⑥手动检查微动开关的分合是否瞬间动作,触点接触是否良好。

(2) 将 JS7－2A 型改装成 JS7－4A 型。

①松开线圈支架紧固螺钉,取下线圈和铁芯总成部件。

②将电磁机构沿水平方向旋转 180°后,重新旋上紧固螺钉。改装后的时间继电器,使衔铁释放时的运动方向始终保持垂直向下。

③观察延时和瞬时触点的动作情况,将其调整在最佳位置上。调整延时触点时,可旋松线圈和铁芯总成部件的安装螺钉,向上或向下移动后再旋紧。调整瞬时触点时,可松开安装瞬时微动开关底板上的螺钉,将微动开关向上或向下移动后再旋紧。

④旋紧各安装螺钉,进行手动检查,若达不到要求须重新调整。

(3) 通电校验。

①将整修和装配好的时间继电器连入线路,进行通电校验。在进行校验接线时,要注意各接线端子上线头间的距离,防止产生相间短路故障。

②通电校验要做到一次通电校验合格。通电校验合格的标准为:在 1 min 内通电频率

不少于 10 次，做到各触点工作良好，吸合时无噪声，铁芯释放无延缓，并且每次动作的延时时间一致。

通电校验时，必须将时间继电器紧固在控制板上并可靠接地，且有指导教师监护，以确保用电安全。

### 4. 任务评估

任务评估内容见表 7-2。

表 7-2　选用继电器的训练任务评估表

| 项目 | 配分 | 评分标准 | | 扣分 |
| --- | --- | --- | --- | --- |
| 根据实物写电器的名称、型号规格 | 10 | ①名称每漏写或写错，每件<br>②型号规格写错，每件 | 扣 2 分<br>扣 3 分 | |
| 热继电器的结构 | 20 | ①不能指出热继电器各部件的位置，每个<br>②不能说出各部件的作用，每个 | 扣 4 分<br>扣 5 分 | |
| 热继电器校验 | 20 | ①不能根据图纸接线<br>②互感器量程选择不当<br>③操作步骤错误，每步<br>④电流表未调零或读数不准确<br>⑤不会调整动作值 | 扣 20 分<br>扣 10 分<br>扣 4 分<br>扣 5 分<br>扣 5 分 | |
| 热继电器复位方式的调整 | 10 | 不会调整复位方式 | 扣 10 分 | |
| 时间继电器的整修和改装 | 20 | ①丢失或损坏零件，每件<br>②改装错误或扩大故障<br>③整修和改装的步骤或方法不正确，每次<br>④整修和改装不熟练<br>⑤整修和改装后不能装配，不能通电 | 扣 5 分<br>扣 10 分<br>扣 4 分<br>扣 5 分<br>扣 20 分 | |
| 通电校验 | 20 | ①不能进行通电校验<br>②校验线路接错<br>③通电校验不符合要求：<br>　吸合时有噪声<br>　铁芯释放缓慢<br>　延时时间误差，每超过 1 s<br>　其他原因造成不成功，每次<br>④安装元件不牢固或漏接接地线 | 扣 20 分<br>扣 20 分<br><br>扣 10 分<br>扣 5 分<br>扣 5 分<br>扣 10 分<br>扣 5 分 | |
| 安全文明生产 | | 违反文明生产规程，每次 | 扣 5 分 | |
| 定额时间 30 min | | 每超时 5 min 以内以扣 5 分计算 | | |
| 备注 | | 除定额时间外，各项目的最高扣分不得超过配分数 | | |
| 开始时间 | | 结束时间 | 实际时间 | |

# 课题四　三相异步电动机的基本控制

### 知识目标

(1)了解三相异步电动机直接启动控制及单相点动与连续控制电路的组成和工作原理。

(2)了解三相异步电动机接触器互锁正/反转控制电路的组成和工作原理。

(3)了解普通车床电气控制的一般知识,能识读简单的生产机械设备电气控制电路原理图。

### 主要内容

本课题主要讲解了绘制、识读电气控制电路图的原则,以及根据电气原理图绘制出安装图,详细讲解了三相异步电动机几种基本控制电路的组成、工作原理、安装步骤以及调试和通电试验,侧重于动手操作,同时对于普通的车床电路作了简单的介绍。

【相关知识点一】　三相异步电动机正转控制

## 一、绘制、识读电气控制线路图的原则

### 1. 电路图

电路图是根据生产机械运动形式对电气控制系统的要求,采用国家统一规定的电气图形符号和文字符号,按照电气设备和电器的工作顺序,详细表示电路、设备或成套装置的全部基本组成和连接关系,而不考虑其实际位置的一种简图。电路图能充分表达电气设备和电器的用途、作用和工作原理,是电气线路安装、调试和维修的理论依据。

绘制、识读接线图应遵循以下原则:

(1)电路图一般分电源电路、主电路和辅助电路三部分绘制。

①电源电路画成水平线,三相交流电源相序 L1、L2、L3 自上而下依次画出,中线 N 和保护地线 PE 依次画在相线之下。直流电源的"+"端画在上边,"-"端在下边画出。电源开关要水平画出。

②主电路是指受电的动力装置及控制、保护电器的支路等,它是由主熔断器、接触器的主触点、热继电器的热元件以及电动机等组成。主电路通过的电流是电动机的工作电流,电流较大。主电路图要画在电路图的左侧并垂直电源电路。

③辅助电路一般包括：控制主电路工作状态的控制电路；显示主电路工作状态的指示电路；提供机床设备局部照明的照明电路等。它是由主令电器的触点、接触器线圈及辅助触点、继电器线圈及触点、指示灯和照明灯等组成。辅助电路通过的电流都较小，一般不超过 5 A。画辅助电路图时，辅助电路要跨接在两相电源线之间，一般按照控制电路、指示电路和照明电路的顺序依次垂直画在主电路图的右侧，且电路中与下边电源线相连的耗能元件(如接触器和继电器的线圈、指示灯、照明灯等)要画在电路图的下方，而电器的触点要画在耗能元件与上边电源线之间。为读图方便，一般应按照自左至右、自上而下的排列顺序来表示操作顺序。

(2)电路图中，各电器的触点位置都按电路未通电或电器未受外力作用时的常态位置画出。分析原理时，应从触点的常态位置出发。

(3)电路图中，不画各电器元件实际的外形图，而采用国家统一规定的电气图形符号画出。

(4)电路图中，同一电器的各元件不按它们的实际位置画在一起，而是按其在线路中所起的作用分画在不同电路中，但它们的动作却是相互关联的，因此，必须标注相同的文字符号。若图中相同的电器较多时，需要在电器文字符号后面加注不同的数字，以示区别，如 KM1、KM2 等。

(5)画电路图时，应尽可能减少线条和避免线条交叉。对有直接电联系的交叉导线连接点，要用小黑圆点表示；无直接电联系的交叉导线则不画小黑圆点。

(6)电路图采用电路编号法，即对电路中的各个接点用字母或数字编号。

①主电路在电源开关的出线端按相序依次编号为 U11、V11、W11。然后按从上至下、从左至右的顺序，每经过一个电器元件后，编号要递增，如 U12、V12、W12；U13、V13、W13……。单台三相交流电动机(或设备)的三根引出线按相序依次编号为 U、V、W。对于多台电动机引出线的编号，为了不致引起误解和混淆，可在字母前用不同的数字加以区别，如 1U、1V、1W；2U、2V、2W……。

②辅助电路编号按"等电位"原则从上至下、从左至右的顺序用数字依次编号，每经过一个电器元件后，编号要依次递增。控制电路编号的起始数字必须是 1。其他辅助电路编号的起始数字依次递增 100，如照明电路编号从 101 开始；指示电路编号从 201 开始等。

## 2. 接线图

接线图是根据电气设备和电器元件的实际位置和安装情况绘制的，只用来表示电气设备和电器元件的位置、配线方式和接线方式，而不明显表示电气动作原理。主要用于安装接线、线路的检查维修和故障处理。

绘制、识读接线图应遵循以下原则：

(1)接线图中一般示出以下内容：电气设备和电器元件的相对位置、文字符号、端子号、导线号、导线类型、导线截面积、屏蔽和导线绞合等。

(2)所有的电气设备和电器元件都按其所在的实际位置绘制在图纸上，且同一电器的各元件根据其实际结构，使用与电路图相同的图形符号画在一起，并用点画线框上，其文字符号以及接线端子的编号应与电路图中的标注一致，以便对照检查接线。

(3)接线图中的导线有单根导线、导线组(或线扎)、电缆等之分，可用连续线和中断线来表示。凡导线走向相同的可以合并,用线束来表示,到达接线端子板或电器元件的连接点时再分别画出。在用线束来表示导线组、电缆等时可用加粗的线条表示,在不致引起误解的情况下也可采用部分加粗。另外,导线及管子的型号、根数和规格应标注清楚。

### 3. 布置图

布置图是根据电器元件在控制板上的实际安装位置,采用简化的外形符号(如正方形、矩形、圆形等)而绘制的一种简图。它不表达各电器的具体结构、作用、接线情况以及工作原理,主要用于电器元件的布置和安装。图中各电器的文字符号必须与电路图和接线图的标注相一致。

在实际中,电路图、接线图和布置图要结合起来使用。

## 二、电动机基本控制电路的安装步骤

电动机基本控制电路的安装,一般应按以下步骤进行:
(1)识读电路图,明确线路所用电器元件及其作用,熟悉线路的工作原理。
(2)根据电路图或元件明细表配齐电器元件,并进行检验。
(3)根据电器元件选配安装工具和控制板。
(4)根据电路图绘制布置图和接线图,然后按要求在控制板上固装电器元件(电动机除外),并贴上醒目的文字符号。
(5)根据电动机容量选配主电路导线的截面。控制电路导线一般采用截面为 $1~mm^2$ 的铜芯线(BVR);按钮线一般采用截面为 $0.75~mm^2$ 的铜芯线(BVR);接地线一般采用截面不小于 $1.5~mm^2$ 的铜芯线(BVR)。
(6)根据接线图布线,同时将剥去绝缘层的两端线头套上标有与电路图相一致编号的编码套管。
(7)安装电动机。
(8)连接电动机和所有电器元件金属外壳的保护接地线。
(9)连接电源、电动机等控制板外部的导线。
(10)自检。
(11)校验。
(12)通电试车。

## 三、点动控制电路图及其工作原理

### 1. 点动正转控制电路图

点动正转控制电路是用按钮、接触器来控制电动机运转的最简单的正转控制电路,如图7-44所示。

点动控制是指按下按钮,电动机就得电运转;松开按钮,电动机就失电停转。这种控制方法常用于电动葫芦的起重电动机控制和车床拖板箱快速移动电动机控制。

点动控制电路中，组合开关 QS 作电源隔离开关；熔断器 FU1、FU2 分别作主电路、控制电路的短路保护；启动按钮 SB 控制接触器 KM 的线圈得电、失电；接触器 KM 的主触点控制电动机 M 的启动与停止。

### 2. 点动正转控制电路的工作原理

当电动机 M 需要点动时，先合上组合开关 QS，此时电动机 M 尚未接通电源。按下启动按钮 SB，接触器 KM 的线圈得电，使衔铁吸合，同时带动接触器 KM 的三对主触点闭合，电动机 M 便接通电源启动运转。当电动机需要停转时，只要松开启动按钮 SB，使接触器 KM 的线圈失电，衔铁在复位弹簧作用下复位，带动接触器 KM 的三对主触点恢复分断，电动机 M 失电停转。

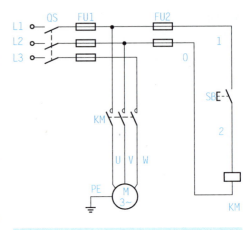

图 7-44　点动正转控制电路

在分析各种控制电路的原理时，为了简单明了，常用电器文字符号和箭头配以少量文字说明来表达电路的工作原理。如点动正转控制电路的工作原理可叙述如下：

先合上电源开关 QS。

启动：按下 SB→KM 线圈得电→KM 主触点闭合→电动机 M 启动运转

停止：松开 SB→KM 线圈失电→KM 主触点分断→电动机 M 失电停转

停止使用时，断开电源开关 QS。

## 四、接触器自锁控制电路图及其工作原理

### 1. 接触器自锁控制电路图

过载保护是指当电动机出现过载时能自动切断电动机电源，使电动机停转的一种保护。电动机在运行过程中，如果长期负载过大，或启动操作频繁，或者缺相运行等原因，都可能使电动机定子绕组的电流增大，超过其额定值。而在这种情况下，熔断器往往并不熔断，从而引起定子绕组过热，使温度升高，若温度超过允许温升就会使绝缘损坏，缩短电动机的使用寿命，严重时甚至会使电动机的定子绕组烧毁。因此，对电动机还必须采取过载保护措施。最常用的过载保护是由热继电器来实现的。

具有过载保护的自锁正转控制电路如图 7-45 所示。此电路与点动正转控制电路的区别是在三相主电路中串接热继电器 FR 的热元件，在控制电路中串接

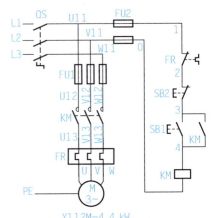

Y112M-4　4 kW
△接法，380 V，8.8 A　1440 r/min

图 7-45　接触器自锁控制电路

了热继电器 FR 的常闭触点和一个停止按钮 SB2，在启动按钮 SB1 的两端并接了接触器 KM 的一对常开辅助触点。

如果电动机在运行过程中，由于过载或其他原因使电流超过额定值，那么经过一定时间，串接在主电路中热继电器的热元件因受热发生弯曲，通过动作机构使串接在控制电路中的常闭触点分断，切断控制电路，接触器 KM 的线圈失电，其主触点、自锁触点分断，电动机 M 失电停转，达到了过载保护的目的。

在照明、电加热等电路中，熔断器 FU 既可以作短路保护，也可以作过载保护。但对三相异步电动机控制电路来说，熔断器只能用作短路保护。因为三相异步电动机的启动电流很大（全压启动时的启动电流能达到额定电流的 4～7 倍），若用熔断器作过载保护，则选择熔断器的额定电流应不小于电动机的额定电流，这样电动机在启动时，由于启动电流大大超过了熔断器的额定电流，使熔断器在很短的时间内熔断，造成电动机无法启动。所以熔断器只能作短路保护，熔体额定电流应取电动机额定电流的 1.5～2.5 倍。

热继电器在三相异步电动机控制线路中也只能作过载保护，不能作短路保护。因为热继电器的热惯性大，即热继电器的双金属片受热膨胀弯曲需要一定的时间。当电动机发生短路时，由于短路电流很大，热继电器还没来得及动作，供电线路和电源设备可能已经损坏。而在电动机启动时，由于启动时间很短，热继电器还未动作，电动机已启动完毕。总之，热继电器与熔断器两者所起的作用不同，不能相互代替。

### 2. 接触器自锁控制电路的工作原理

先合上电源开关 QS。

当松开 SB1，其常开触点恢复分断后，因为接触器 KM 的常开辅助触点闭合时已将 SB1 短接，控制电路仍保持接通，所以接触器 KM 继续得电，电动机 M 实现连续运转。像这种当松开启动按钮 SB1 后，接触器 KM 通过自身常开辅助触点而使线圈保持得电的作用叫作自锁。与启动按钮 SB1 并联起自锁作用的常开辅助触点叫自锁触点。

当松开 SB2，其常闭触点恢复闭合后，因接触器 KM 的自锁触点在切断控制电路时已分断，解除了自锁，SB1 也是分断的，所以接触器 KM 不能得电，电动机 M 也不会转动。

该控制电路不但具有过载保护、短路保护和自锁作用，而且还有一个重要的特点，就是具有欠压和失压（或零压）保护作用。

(1) 欠压保护。"欠压"是指线路电压低于电动机应加的额定电压。"欠压保护"是指当线路电压下降到某一数值时，电动机能自动脱离电源停转，避免电动机在欠压下运行的一种保护。采用接触器自锁控制电路就可避免电动机欠压运行。因为当线路电压下降到一定值（一般指低于额定电压 85% 以下）时，接触器线圈两端的电压也同样下降到此值，从而使接触器线圈磁通减弱，产生的电磁吸力减小。当电磁吸力减小到小于反作用弹簧的拉力时，动铁芯被迫释放，主触点、自锁触点同时分断，自动切断主电路和控制电路，电动机失电停转,达到了欠压保护的目的。

(2)失压(或零压)保护。失压保护是指电动机在正常运行中,由于外界某种原因引起突然断电时,能自动切断电动机电源;当重新供电时,保证电动机不能自行启动的一种保护。接触器自锁控制电路也可实现失压保护。因为接触器自锁触点和主触点在电源断电时已经断开,使控制电路和主电路都不能接通,所以在电源恢复供电时,电动机就不会自行启动运转,保证了人身和设备的安全。

### 3. 常见故障及原因

(1)电动机不能启动。

可能原因:若按下启动按钮接触器动作,则逐级检查主电路部分;若不动作,则逐级检查控制电路部分。

(2)电动机缺相。

可能原因:主电路某相电路开路,如线头松脱或 W 相熔断体熔断等。

(3)只能点动控制。

可能原因:自锁失灵。

(4)电动机不能停止。

可能原因:停止按钮被短接。

## 五、连续与点动混合控制电路图及其工作原理

### 1. 连续与点动混合控制电路图

机床设备在正常工作时,一般需要电动机处在连续运转状态。但在试车或调整刀具与工件的相对位置时,又需要电动机能点动控制,实现这种工艺要求的电路是连续与点动混合正转控制电路,如图 7-46 所示。

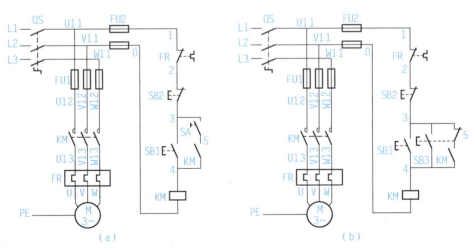

图 7-46 连续与点动混合正转控制电路

图 7-46(a)所示电路是在接触器自锁正转控制电路的基础上,把手动开关 SA 串接在自锁电路中。显然,当把 SA 闭合或打开时,就可实现电动机连续或点动控制。

图 7-46(b)所示电路是在自锁正转控制电路的基础上,增加了一个复合按钮 SB3,来实现连续与点动混合正转控制。SB3 的常闭触点应与 KM 自锁触点串接。

### 2. 连续与点动混合控制电路的工作原理

先合上电源开关 QS。

(1)连续控制。

(2)点动控制。

(3)停止。

## 六、常见故障与检修

### 1. 电动机基本控制电路故障检修的一般步骤和方法

(1)用试验法观察故障现象,初步判定故障范围。试验法是在不扩大故障范围,不损坏电气设备和机械设备的前提下,对电路进行通电试验,通过观察电气设备和电器元件的动作,看它是否正常,各控制环节的动作程序是否符合要求,找出故障发生部位或回路。

(2)用逻辑分析法缩小故障范围。逻辑分析法是根据电气控制线路的工作原理、控制环节的动作程序以及它们之间的联系,结合故障现象作具体的分析,迅速地缩小故障范围,从而判断出故障所在。这种方法是一种以准为前提,以快为目的的检查方法,特别适用于对复杂电路的故障检查。

(3)用测量法确定故障点。测量法是指利用电工工具和仪表(如测电笔、万用表、钳形电流表、兆欧表等)对电路进行带电或断电测量,是查找故障点的有效方法。下面介绍电压分阶测量法和电阻分阶测量法。

①电压分阶测量法测量检查时,首先把万用表的转换开关置于交流电压 500 V 的挡位

上，然后按图 7-47 所示方法进行测量。

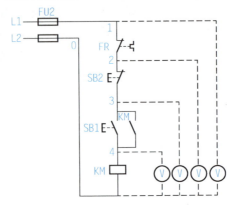

图 7-47 电压分阶测量法

断开主电路，接通控制电路的电源。若按下启动按钮 SB1 时，接触器 KM 不吸合，则说明控制电路有故障。

检测时，需要两人配合进行。一人先用万用表测量 0 和 1 两点之间的电压，若电压为 380 V，则说明控制电路的电源电压正常。然后由另一人按下 SB1 不放，一人把黑表棒接到 0 点上，红表棒依次接到 2、3、4 各点上，分别测量出 0—2、0—3、0—4 两点间的电压。根据其测量结果即可找出故障点，见表 7-3。

表 7-3　电压分阶测量法查找故障点

| 故障现象 | 测试状态 | 0—2 | 0—3 | 0—4 | 故障点 |
| --- | --- | --- | --- | --- | --- |
| 按下 SB1 时，KM 不吸合 | 按下 SB1 不放 | 0 | 0 | 0 | FR 常闭触点接触不良 |
| | | 380 V | 0 | R | SB2 常闭触点接触不良 |
| | | 380 V | 380 V | R | SB1 接触不良 |
| | | 380 V | 380 V | 380 V | KM 线圈断路 |
| 注：R 为 KM 线圈电阻值。 | | | | | |

这种测量方法像下（或上）台阶一样依次测量电压，所以叫电压分阶测量法。

②电阻分阶测量法测量检查时，首先把万用表的转换开关置于倍率适当的电阻挡，然后按图 7-48 所示方法进行测量。

断开主电路，接通控制电路电源。若按下启动按钮 SB1 时，接触器 KM 不吸合，则说明控制电路有故障。

检测时，首先切断控制电路电源（这一点与电压分阶测量法不同），然后一人按下 SB1 不放，另一人用万用表依次测量 0—1、0—2、0—3、0—4 各两点之间的电阻值，根据测量结果可找出故障点，见表 7-4。

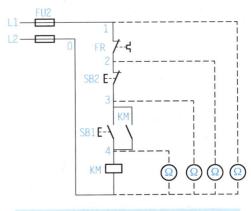

图 7-48 电阻分阶测量法

表 7-4　电阻分阶测量法查找故障点

| 故障现象 | 测试状态 | 0—1 | 0—2 | 0—3 | 0—4 | 故障点 |
|---|---|---|---|---|---|---|
| 按下 SB1 时，KM 不吸合 | 按下 SB1 不放 | ∞ | R | R | R | FR 常闭触点接触不良 |
|  |  | ∞ | ∞ | R | R | SB2 常闭触点接触不良 |
|  |  | ∞ | ∞ | ∞ | R | SB1 接触不良 |
|  |  | ∞ | ∞ | ∞ | ∞ | KM 线圈断路 |

注：$R$ 为 KM 线圈电阻值。

（4）根据故障点的不同情况，采取正确的维修方法排除故障。

（5）检修完毕，进行通电空载校验或局部空载校验。

（6）校验合格，通电正常运行。

在实际维修工作中，由于电动机控制电路的故障不是千篇一律的，即使是同一种故障现象，发生的故障部位也不一定相同。因此，采用以上故障检修步骤和方法时，不要生搬硬套，而应按不同的故障情况灵活运用，妥善处理，力求迅速、准确地找出故障点，查明故障原因，及时正确地排除故障。

### 2. 常见故障与原因

常见故障与原因见表 7-5。

表 7-5　常见故障与原因及排除方法

| 故障现象 | 故障原因 | 排除方法 |
|---|---|---|
| 电动机不转 | 主电路故障（缺相）：<br>(1)交流接触器主触点磨损<br>(2)热继电器热元件损坏<br>(3)熔断器熔芯熔断<br>(4)转换开关损坏 | (1)更换触点或交流接触器<br>(2)更换热继电器<br>(3)更换熔芯<br>(4)更换转换开关 |
|  | 控制电路故障：<br>(1)热继电器常闭触点断开<br>(2)停止按钮常闭触点损坏<br>(3)交流接触器线圈烧毁 | (1)更换热继电器<br>(2)维修按钮或更换<br>(3)更换线圈或交流接触器 |
| 电动机转动但线路不能自锁 | (1)按钮线接错<br>(2)交流接触器常开自锁触点磨损 | (1)重新接线<br>(2)更换触点或交流接触器 |
| 电动机转动但不能停止 | (1)停止按钮线短接<br>(2)停止按钮熔焊<br>(3)交流接触器熔焊 | (1)重新接线<br>(2)更换按钮<br>(3)更换交流接触器 |

## 【相关知识点二】　三相异步电动机可逆运转控制

机床的工作部件往往需要向正/反两个方向运动，如主轴的正转与反转、摇臂的上升和下降等，很多是靠对电动机的正/反转控制来实现的。

要实现电动机的正/反转只需把接入电动机三相电源进线中的任意两根对调接线即可。

下面介绍几种常用的正/反转控制电路。

## 一、接触器联锁正/反转控制电路图及其工作原理

### 1. 接触器联锁正/反转控制电路图

接触器联锁的正/反转控制电路如图 7-49 所示。电路中采用了两个接触器，即正转用的接触器 KM1 和反转用的接触器 KM2，它们分别由正转按钮 SB1 和反转按钮 SB2 控制。从主电路图中可以看出，这两个接触器的主触点所接通的电源相序不同，KM1 按 L1—L2—L3 相序接线，KM2 则按 L3—L2—L1 相序接线。相应的控制电路有两条，一条是由按钮 SB1 和 KM1 线圈等组成的正转控制电路；另一条是由按钮 SB2 和 KM2 线圈等组成的反转控制电路。

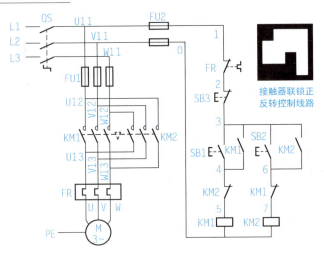

图 7-49 接触器联锁正/反转控制电路

控制电路中分别串接了对方接触器的一对常闭辅助触点，这样，当一个接触器得电动作，通过其常闭辅助触点使另一个接触器不能得电动作，接触器间这种相互制约的作用叫接触器联锁（或互锁）。实现联锁作用的常闭辅助触点称为联锁触点（或互锁触点），联锁用符号"▽"表示。

### 2. 接触器联锁正/反转控制电路的工作原理

先合上电源开关 QS。

（1）正转控制。

（2）反转控制。

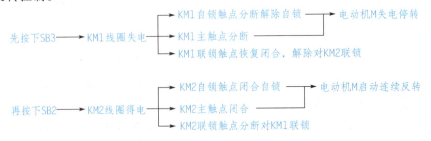

(3)停止时,按下停止按钮 SB3→控制电路失电→KM1(或 KM2)主触点分断→电动机 M 失电停转。

从以上分析可见,接触器联锁正/反转控制电路的优点是工作安全可靠,缺点是操作不便。因电动机从正转变为反转时,必须先按下停止按钮后,才能按反转启动按钮;否则由于接触器的联锁作用,不能实现反转。为克服此电路的不足,可采用按钮联锁、按钮和接触器双重联锁的正/反转控制电路。

## 二、按钮联锁正/反转控制电路图及其工作原理

### 1. 按钮联锁正/反转控制电路图

按钮联锁正/反转控制电路如图 7-50 所示。为克服接触器联锁正/反转控制电路操作不便的缺点,把正转按钮 SB1 和反转按钮 SB2 换成两个复合按钮,并使两个复合按钮的常闭触点代替接触器的联锁触点,就构成了按钮联锁线路。两种按钮的颜色不同,以便区别正转按钮和反转按钮。

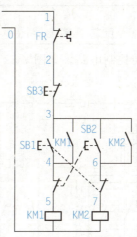

图 7-50 按钮联锁正/反转控制电路

### 2. 按钮联锁正/反转控制电路的工作原理

(1)正转控制。

(2)反转控制。

这种控制电路的工作原理与接触器联锁的正/反转控制电路的工作原理基本相同，只是当电动机从正转变为反转时，可直接按下反转按钮 SB2 即可实现，不必先按停止按钮 SB3。因为当按下反转按钮 SB2 时，串接在正转控制电路中 SB2 的常闭触点先分断，使正转接触器 KM1 线圈失电，KM1 的主触点和自锁触点分断，电动机 M 失电，惯性运转。SB2 的常闭触点分断后，其常开触点才随后闭合，接通反转控制电路，电动机 M 便反转。这样既保证了 KM1 和 KM2 的线圈不会同时通电，又可不按停止按钮而直接按反转按钮实现反转。同样，若使电动机从反转运行变为正转运行时，也只要直接按下正转按钮 SB1 即可。

这种电路的优点是操作方便，缺点是容易产生电源两相短路故障。例如，当正转接触器 KM1 发生主触点熔焊或被杂物卡住等故障时，即使 KM1 线圈失电，主触点也分断不开，这时若直接按下反转按钮 SB2，KM2 得电动作，触点闭合，必然造成电源两相短路故障。所以采用此线路工作有一定安全隐患。在实际工作中，经常采用按钮、接触器双重联锁的正/反转控制线路。

## 三、按钮、接触器双重联锁正/反转控制电路图及其工作原理

### 1. 按钮、接触器双重联锁正/反转控制电路图

按钮、接触器双重联锁正/反转控制电路，如图 7-51 所示。

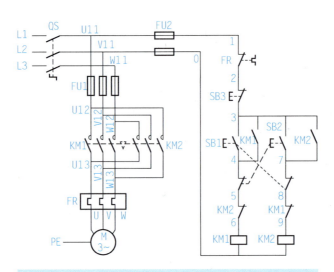

图 7-51 按钮、接触器双重联锁正/反转控制电路

它的主电路结构与前面介绍的按钮、接触器联锁正/反转控制电路的主电路相同。它的控制电路，除了用复合按钮的常闭触点作电气联锁外，又加了用接触器辅助触点作电气联锁，这两种联锁电路串联，组成双重联锁，使电路更加安全，运行更加可靠，操作又同样方便，在生产上用得相当广泛。

### 2. 按钮、接触器双重联锁正/反转控制电路的工作原理

先合上电源开关 QS。

(1)正转控制。

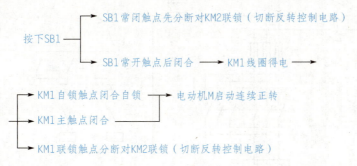

(2)反转控制。

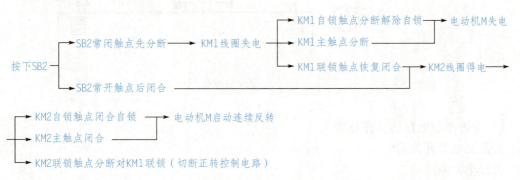

若要停止，按下 SB3 按钮，整个控制电路失电，主触点分断，电动机 M 失电停转。

## 四、工作台自动往返控制电路的安装及检修技术

### 1. 位置控制电路图、工作原理及位置开关的作用

在生产过程中，一些生产机械运动部件的行程或位置要受到限制，或者需要其运动部件在一定范围内自动往返循环等，如在摇臂钻床、万能铣床、镗床、桥式起重机及各种自动或半自动控制机床设备中就经常遇到这种控制要求。而实现这种控制要求所依靠的主要电器是位置开关。

(1)位置开关的作用。位置开关是一种将机械信号转换为电气信号，以控制运动部件位置或行程的自动控制电器。而位置控制就是利用生产机械运动部件上的挡铁与位置开关碰撞，使其触点动作，来接通或断开电路，以实现对生产机械运动部件的位置或行程的自动控制。

(2)位置控制电路图。位置控制电路图如图 7-52 所示。

工厂车间里的行车常采用这种电路，右下角是行车运动示意图，行车的两头终点处各安装一个位置开关 SQ1 和 SQ2，将这两个位置开关的常闭触点分别串接在正转控制电路和反转控制电路中。行车前后各装有挡铁 1 和挡铁 2，行车的行程和位置可通过移动位置开关的安装位置来调节。位置控制电路又称为行程控制或限位控制电路。

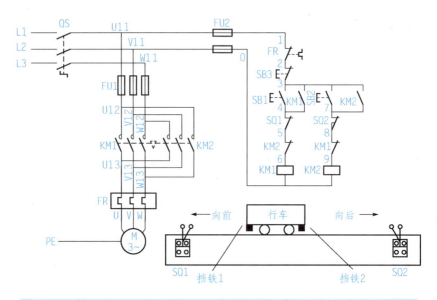

图 7-52 位置控制电路

(3) 位置控制电路的工作原理。

先合上电源开关 QS。

①行车向前运动。

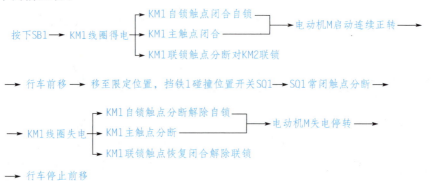

此时,即使再按下 SB1,由于 SQ1 常闭触点已分断,接触器 KM1 线圈也不会得电,保证了行车不会超过 SQ1 所在的位置。

②行车向后运动。

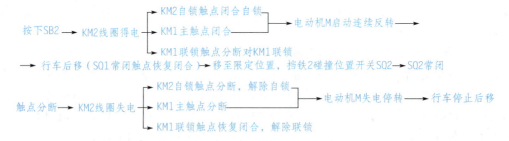

停车时只需按下 SB3 即可。

### 2. 工作台自动往返控制电路图及其工作原理

有些生产机械，要求工作台在一定的行程内能自动往返运动，以便实现对工件的连续加工，提高生产效率。这就需要电气控制电路能对电动机实现自动转换正/反转控制。

(1) 工作台自动往返控制电路图。

由位置开关控制的工作台自动往返控制电路如图 7-53 所示。右下角是工作台自动往返运动的示意图。

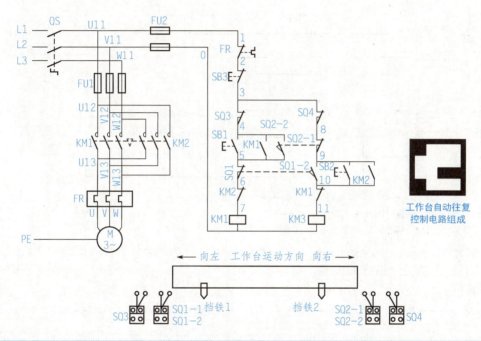

图 7-53 工作台自动往返控制电路

为了使电动机的正/反转控制与工作台的左右运动相配合，在控制电路中设置了四个位置开关 SQ1、SQ2、SQ3 和 SQ4，并把它们安装在工作台需限位的地方。其中 SQ1、SQ2 被用来自动换接电动机正/反转控制电路，实现工作台的自动往返行程控制；SQ3、SQ4 被用来作终端保护，以防止 SQ1、SQ2 失灵，工作台越过限定位置而造成事故。在工作台边的 T 形槽中装有两块挡铁，挡铁 1 只能和 SQ1、SQ3 相碰撞，挡铁 2 只能和 SQ2、SQ4 相碰撞。当工作台运动到所限位置时，挡铁碰撞位置开关，使其触点动作，自动换接电动机正/反转控制电路，通过机械传动机构使工作台自动往返运动。工作台行程可通过移动挡铁位置来调节，拉开两块挡铁间的距离，行程就短；反之则长。

(2) 工作台自动往返控制电路的工作原理。

先合上电源开关 QS。

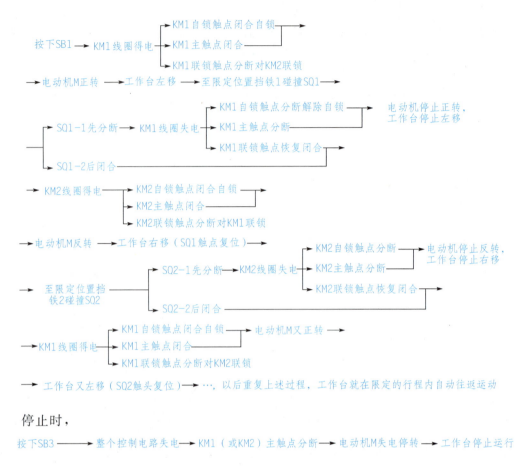

停止时，

按下SB3 ⟶ 整个控制电路失电 ⟶ KM1（或KM2）主触点分断 ⟶ 电动机M失电停转 ⟶ 工作台停止运行

这里 SB1、SB2 分别作为正转启动按钮和反转启动按钮，若启动时工作台在左端，则应按下 SB2 进行启动。

## 【相关知识点三】 CA6140 普通车床控制电路

### 一、CA6140 普通车床的主要结构和运动形式

#### 1. 主要结构

普通车床主要由床身、主轴变速箱、进给箱、溜板箱（又称拖板）、刀架、尾架、丝杠、光杠等组成。图 7-54 所示为 CA6140 普通车床的外形。其中，主轴变速箱的作用是使主轴获得不同级别的正/反转转速，进给箱的作用是变换被加工螺纹的种类和导程，以获得所需的各种进给量，溜板箱的作用是将丝杠或光杠传来的旋转运动转变为直线运动等带动刀架进给。

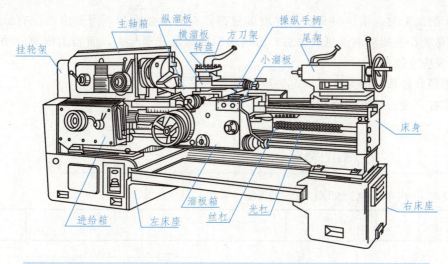

图 7-54　CA6140 型普通车床外形

### 2. 运动形式与控制要求

（1）主轴运动形式及控制。

CA6140 普通车床的动力由主轴电动机供给，经三角带与主轴变速箱相连，使主轴带动卡盘旋转。主轴的变速采用机械方式实现，是由主轴电动机经 V 带传递到主轴变速箱来实现的。调整主轴变速机构的操作手柄，可使主轴获得不同的速度，以适应各种不同的加工需要，CA6140 普通车床的主轴正转速度有 24 种（10～1 400 r/min），反转速度有 12 种（14～1 580 r/min）。主轴的正/反转由操作手柄通过双向摩擦离合器控制；主轴的制动采用机械制动。

（2）刀架进给运动形式及控制。

车床的进给运动是刀架带动刀具的直线运动。刀架进给运动由主轴电动机通过丝杠或光杠连接溜板箱带动刀架部分，变换溜板箱外的手柄位置，经刀架部分使车刀做纵向或横向进给。刀架快速进给由另一台电动机拖动，采用点动控制。

（3）冷却系统。

冷却泵由一台单速单向运动的电动机拖动，主轴启动后可直接开、关冷却液的供给。车床的辅助运动为车床上除切削运动以外的其他一切必需的运动，如尾架的纵向移动、工件的夹紧与放松等。

### 3. 电力拖动特点及控制要求

（1）主拖动电动机一般选用三相笼型异步电动机，不进行电气调速。

（2）采用齿轮箱进行机械有级调速。为减小振动，主拖动电动机通过几条 V 带将动力传递到主轴箱。

（3）在车削螺纹时，要求主轴有正/反转功能，由主拖动电动机正/反转或采用机械方法来实现。

（4）主拖动电动机的启动、停止采用按钮操作。

（5）刀架移动和主轴转动有固定的比例关系，以便满足对螺纹的加工需要。

# 单 元 七　常用电器

（6）车削加工时，由于刀具及工件温度过高，有时需要冷却，因而应该配有冷却泵电动机，且要求在主拖动电动机启动后，方可决定冷却泵开动与否，而当主拖动电动机停止时，冷却泵应立即停止。

（7）必须有过载、短路、欠压、失压保护。

（8）具有安全的局部照明装置。

## 二、电气控制电路分析

CA6140 卧式车床电路如图 7-55 所示。

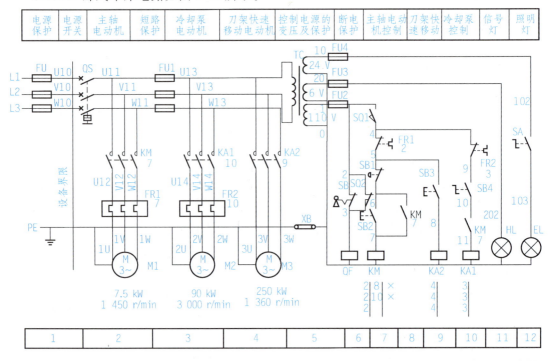

图 7-55　CA6140 型卧式车床电路

### 1. 绘制和阅读机床电路图的基本知识

机床电路图所包含的电器元件和电气设备的符号较多，要正确绘制和阅读机床电路图，除一般原则之外，还要明确以下几点：

（1）将电路图按功能划分成若干个图区，通常是一条回路或一条支路划为一个图区，并从左向右依次用阿拉伯数字编号，标注在图形下部的图区栏中，如图 7-55 所示。

（2）电路图中每个电路在机床电气操作中的用途，必须用文字标明在电路图上部的用途栏内，如图 7-55 所示。

（3）在电路图中每个接触器线圈的文字符号 KM 的下面画两条竖直线，分成左、中、右三栏，把受其控制而动作的触点所处的图区号按表 7-6 的规定填入相应栏内。对备而未用的触点，在相应的栏中用记号"×"标出或不标出任何符号。接触器线圈符号下的数字标记见表 7-6。

表 7-6 接触器线圈符号下的数字标记

| 栏目 | 左栏 | 中栏 | 右栏 |
|---|---|---|---|
| 触点类型 | 主触点所处的图区号 | 辅助常开触点所处的图区号 | 辅助常闭触点所处的图区号 |
| 举例 KM | 表示三对主触点都在图区 2 | 表示一对辅助常开触点在图区 8，另一对辅助常开触点在图区 10 | 表示两对辅助常闭触点未用 |
| 2 8 2 10 2 | × × | | |

（4）在电路图中每个继电器线圈符号下面画一条竖直线，分成左、右两栏，把受其控制而动作的触点所处的图区号，按表 7-7 的规定填入相应栏内。同样，对备而未用的触点在相应的栏中用记号"×"标出或不标出任何符号。继电器线圈符号下的数字标记见表 7-7。

表 7-7 继电器线圈符号下的数字标记

| 栏目 | 左栏 | 右栏 |
|---|---|---|
| 触点类型 | 常开触点所处图区号 | 常闭触点所处图区号 |
| 举例 KA2 | 表示三对常开触点均在图区 4 | 表示常闭触点未用 |
| 4 4 4 | | |

（5）电路图中触点文字符号下面的数字表示该电器线圈所处的图区号，如图 7-55 所示，在图区 4 标有 KA2，表示中间继电器 KA2 的线圈在图区 9。

### 2. 主电路分析

主电路共有三台电动机：M1 为主轴电动机，带动主轴旋转和刀架做进给运动；M2 为冷却泵电动机，用以输送切削液；M3 为刀架快速移动电动机。

将钥匙开关 SB 向右旋转，再扳动断路器 QF 将对三相电源引入。主轴电动机 M1 由接触器 KM 控制，热继电器 FR1 作过载保护，熔断器 FU 作短路保护，接触器 KM 作失压和欠压保护。冷却泵电动机 M2 由中间继电器 KA1 控制，热继电器 FR2 作为它的过载保护。刀架快速移动电动机 M3 由中间继电器 KA2 控制，由于是点动控制，故未设过载保护。FU1 作为冷却泵电动机 M2、快速移动电动机 M3、控制变压器 TC 的短路保护。

### 3. 控制电路分析

控制电路的电源由控制变压器 TC 二次侧输出 110 V 电压提供。在正常工作时，位置开关 SQ1 的常开触点闭合。打开床头皮带罩后，SQ1 断开，切断控制电路电源，以确保人身安全。钥匙开关 SB 和位置开关 SQ2 在正常工作时是断开的，QF 线圈不通电，断路器 QF 能合闸。打开配电盘门时，SQ2 闭合，QF 线圈获电，断路器 QF 自动断开。

(1)主轴电动机 M1 的控制。

主轴的正/反转是采用多片摩擦离合器实现的。

(2)冷却泵电动机 M2 的控制。

由于主轴电动机 M1 和冷却泵电动机 M2 在控制电路采用顺序控制,所以,只有当主轴电动机 M1 启动后,即 KM 常开触点(10区)闭合,合上旋钮开关 SB4,冷却泵电动机 M2 才可能启动。当 M1 停止运行时,M2 自行停止。

(3)刀架快速移动电动机 M3 的控制。

刀架快速移动电动机 M3 的启动是由安装在进给操作手柄顶端的按钮 SB3 控制,它与中间继电器 KA2 组成点动控制线路。刀架移动方向(前、后、左、右)的改变,是由进给操作手柄配合机械装置实现的。如需要快速移动,按下 SB3 即可。

### 4. 照明、信号电路分析

控制变压器 TC 的二次侧分别输出 24 V 和 6 V 电压,作为车床低压照明灯和信号灯的电源。

EL 为车床的低压照明灯,由开关 SA 控制,FU4 作照明电路的短路保护。

HL 为电源信号灯,它直接经变压器抽头输出得电,FU3 作信号指示灯电路的短路保护。

## 三、机床故障检修方法

机床故障一般有机械故障和电气故障两大部分,所以在检修机床故障时,应对故障发生情况作尽可能详细的调查,做到问、听、看、摸、闻。

问:仔细询问机床操作人员故障发生前后电路和设备的运行状况,发生故障时的现象,如有无异味、冒烟、火花、异常振动等,故障发生前有无频繁启动、制动、正/反转、过载等。

听:在不损坏电路和机械设备的条件下,也可以通电试车,倾听有无异响,尽快判断出发出异响的部位后立即停车。

看:触点是否烧蚀、熔焊、熔毁,线头是否松动、松脱,绕组是否高热烧焦,**熔体是否熔断**,脱扣器是否脱扣等。

摸:切断电源后尽快触摸绕组、触点等易发热部分,看温升是否正常。

闻:闻有无电器元件发高热、烧焦的异味。

根据经验判断是机械故障还是电气故障。若是电气故障,则用万用表进行故障检修,找到故障点后采取相应的故障排除措施进行排除。若是机械故障,则应与机修师傅一起合作,共同排除故障。

## 四、车床常见电气故障现象及排除

### 1. 主轴电动机 M1 不能启动

主轴电动机 M1 不能启动,可按下列步骤检修:

(1)检查接触器 KM 是否吸合,如果接触器 KM 吸合,则故障必然发生在电源电路和主电路上。可按下列步骤检修:

①合上断路器 QF,用万用表测接触器受电端 U11、V11、W11 点之间的电压,如果电压是 380 V,则电源电路正常。当测量 U11 与 W11 之间无电压时,再测量 U11 与 W10 之间有无电压,如果无电压,则 FU(L3)熔断或连线断路;否则,故障是断路器 QF(L3 相)接触不良或连线断路。

修复措施:查明损坏原因,更换相同规格和型号的熔体、断路器及连接导线。

②断开断路器 QF,用万用表电阻 $R \times 1\Omega$ 挡测量接触器输出端 U12、V12、W12 之间的电阻值,如果阻值较小且相等,说明所测电路正常;否则,依次检查 FR1、电动机 M1 以及它们之间的连线。

修复措施:查明损坏原因,修复或更换同规格、同型号的热继电器 FR1、电动机 M1 及其之间的连接导线。

③检查接触器 KM 主触点是否良好,如果接触不良或烧毛,则更换动、静触点或相同规格的接触器。

④检查电动机机械部分是否良好,如果电动机内部轴承等损坏,应更换轴承;如果外部机械有问题,可配合机修钳工进行维修。

(2)若接触器 KM 不吸合,可按下列步骤检修:

首先检查 KA2 是否吸合,若吸合说明 KM 和 KA2 的公共控制电路部分(0-1-2-4-5)正常,故障范围在 KM 的线圈部分支路(5-6-7-0);若 KA2 也不吸合,就要检查照明灯和信号灯是否亮,若照明灯和信号灯亮,说明故障范围在控制电路上,若灯 HL、EL 都不亮,说明电源部分有故障,但不能排除控制电路有故障。下面用电压分段测量法检修图 7-56 所示控制电路的故障。根据各段电压值来检查故障的方法见表 7-8。

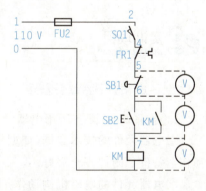

图 7-56 电压分段测量法

表 7-8 用电压分段测量法检测故障点并排除的方法

| 故障现象 | 测量状态 | 5-6 | 6-7 | 7-0 | 故障点 | 排除 |
| --- | --- | --- | --- | --- | --- | --- |
| 按下 SB2 时 KM 不吸合,按下 SB2 时 KA2 吸合 | 按下 SB2 不放 | 110 V | 0 | 0 | SB1 接触不良或接线脱落 | 更换按钮 SB1 或将脱落线接好 |
| | | 0 | 110 V | 0 | SB2 接触不良或接线脱落 | 更换按钮 SB2 或将脱落线接好 |
| | | 0 | 0 | 110 V | KM 线圈开路或接线脱落 | 更换同型号线圈或将脱落线接好 |

## 单 元 七  常用电器

### 2. 主轴电动机 M1 启动后不能自锁

当按下启动按钮 SB2 时，主轴电动机能启动运转，但松开 SB2 后，M1 也随之停止。造成这种故障的原因是接触器 KM 的自锁触点接触不良或连接导线松脱。

### 3. 主轴电动机 M1 不能停车

造成这种故障的原因多是接触器 KM 的主触点熔焊；停止按钮 SB1 击穿或线路中 5、6 两点连接导线短路；接触器铁芯表面粘牢污垢。

可采用下列方法判明是哪种原因造成电动机 M1 不能停车：若断开 QF，接触器 KM 释放，则说明故障为 SB1 击穿或导线短接；若接触器过一段时间释放，则故障为铁芯表面粘牢污垢；若断开 QF，接触器 KM 不释放，则故障为主触点熔焊。根据具体故障采取相应措施修复。

### 4. 主轴电动机在运行中突然停车

这种故障的主要原因是由于热继电器 FR1 动作。发生这种故障后，一定要找出热继电器 FR1 动作的原因，排除后才能使其复位。引起热继电器 FR1 动作的原因可能是：三相电源电压不平衡；电源电压较长时间过低；负载过重以及 M1 的连接导线接触不良等。

### 5. 刀架快速移动电动机不能启动

首先检查 FU1 熔丝是否熔断；其次检查中间继电器 KA2 触点的接触是否良好；若无异常或按下 SB3 时继电器 KA2 不吸合，则故障必定在控制电路中。这时依次检查 FR1 的常闭触点、点动按钮 SB3 及继电器 KA2 的线圈是否有断路现象即可。

## 实训项目

### 一、正转控制线路安装

（1）按图 7-57 配齐所用电器元件并进行检验。

①电器元件的技术数据（如型号、规格、额定电压、额定电流等）应符合要求，外观无损伤，备件、附件齐全完好。

②电器元件的电磁机构动作是否灵活，有无衔铁卡阻等不正常现象；用万用表检查电磁线圈的通断情况以及各触点的分合情况。

③接触器线圈额定电压与电源电压是否一致。

④对电动机的质量进行常规检查。

（2）在控制板上按布置图（图 7-57(a)）安装电器元件，并贴上醒目的文字符号。

工艺要求如下：

①组合开关、熔断器的受电端子应安装在控制板的外侧，并使熔断器的受电端为底座的中心端。

②各元件的安装位置应整齐、匀称，间距合理，便于元件的更换。

③紧固各元件时要用力均匀，紧固程度适当。在紧固熔断器、接触器等易碎裂元件

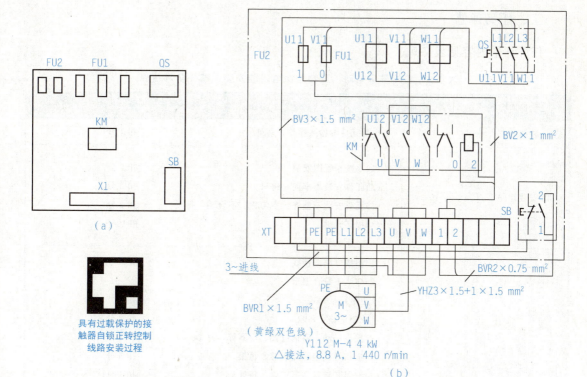

图 7-57　具有过载保护接触器自锁正转控制电路的接线图及布置图

时，应用手按住元件一边轻轻摇动，一边用旋具轮换旋紧对角线上的螺钉，直到手摇不动后再适当旋紧些即可。

(3)按接线图(图 7-57(b))的走线方法进行板前明线布线和套编码套管。

(4)根据电路图检查控制板布线的正确性。

(5)安装电动机。

(6)连接电动机和按钮金属外壳的保护接地线。

(7)连接电源、电动机等控制板外部的导线。

(8)自检。安装完毕的控制线路板，必须经过认真检查后才允许通电试车，以防止错接、漏接造成不能正常运转或短路事故。

(9)校验。

(10)通电试车。为保证人身安全，在通电试车时，要认真执行安全操作规程的有关规定，一人监护，一人操作。试车前应检查与通电试车有关的电气设备是否有不安全的因素存在，若查出应立即整改，然后方能试车。

(11)教师可根据实际情况人为地设置两个故障，演示故障检查、分析的方法，再指导学生分析，要求标出故障最小范围，为后面的机床控制电路排除故障打下基础。

## 二、任务评估

任务评估内容见表 7-9。

表 7-9　三相异步电动机正转控制电路的安装训练任务评估表

| 项目内容 | 配分 | 评分标准 | | 扣分 |
|---|---|---|---|---|
| 装前检查 | 5 | 电器元件漏检或错检，每处 | 扣 1 分 | |
| 安装元件 | 10 | (1) 不按布置图安装<br>(2) 元件安装不牢固，每只<br>(3) 元件安装不整齐、不匀称、不合理，每只<br>(4) 损坏元件 | 扣 5 分<br>扣 2 分<br>扣 2 分<br>扣 10 分 | |
| 布线 | 35 | (1) 不按电路图接线<br>(2) 布线不符合要求：<br>　主电路，每根<br>　控制电路，每根<br>(3) 接点松动、露铜过长、反圈等，每个<br>(4) 损伤导线绝缘或线芯，每根<br>(5) 编码套管套装不正确，每处<br>(6) 漏接接地线 | 扣 25 分<br><br>扣 4 分<br>扣 2 分<br>扣 1 分<br>扣 5 分<br>扣 1 分<br>扣 10 分 | |
| 通电试车 | 40 | (1) 热继电器未整定或整定错误<br>(2) 熔体规格选用不当<br>(3) 第一次试车不成功<br>　第二次试车不成功<br>　第三次试车不成功 | 扣 15 分<br>扣 10 分<br>扣 20 分<br>扣 30 分<br>扣 40 分 | |
| 故障分析 | 10 | (1) 标错故障电路，每个<br>(2) 不能标出最小故障范围，每个<br>(3) 在实际排故中无思路，每个<br>(4) 回答问题不正确，每个 | 扣 10 分<br>扣 5 分<br>扣 5 分<br>扣 5 分 | |
| 安全文明生产 | | 违反安全文明生产规程，每次 | 扣 5 分 | |
| 定额时间 2 h | | 每超时 5 min 以内扣 5 分计算 | | |
| 备注 | | 除定额时间外，各项目的最高扣分不应超过配分数 | 成绩 | |
| 开始时间 | | 结束时间 | 实际时间 | |

## 单元小结

**1. 变压器**

(1) 变压器的用途。变压器是一种能够改变交流电压的设备,除了用于变换电压外,还可以用来变换交流电流、变换阻抗和改变相位等。

(2) 变压器的基本结构。变压器由铁芯、绕组、油箱及附件等三大部分组成。

(3) 变压器的额定值。额定电压、额定电流、额定容量、额定频率、阻抗电压。

**2. 三相异步电动机**

(1) 三相异步电动机的基本结构。由固定的定子和旋转的转子两个基本部分组成。

(2) 异步电动机的分类。

①按定子相数可分为三相、单相和两相异步电动机三类。

②按照转子形式,异步电动机可分为笼型转子和绕线型转子两大类。

③根据机壳不同的保护方式,异步电动机可分为开启式、防护式、封闭式和防爆式等。

(3) 异步电动机的额定值:额定功率 $P_N$、定子额定电压 $U_N$、定子额定电流 $I_N$、额定转速 $n_N$、额定频率 $f_N$、温升、定额。

**3. 常用低压电器**

(1) 熔断器。熔断器是低压电路及电动机控制电路中用作短路保护的电器。

(2) 熔断器的结构。熔断器主要由熔体、安装熔体的熔管和熔座三部分组成。

(3) 熔体额定电流的选择。

①照明电路。熔体额定电流≥被保护电路上所有照明电器工作电流之和。

②电动机。

对单台直接启动电动机,有:熔体额定电流=(1.5～2.5)×电动机额定电流。

对多台直接启动电动机,有:总的保护熔体额定电流=(1.5～2.5)×各台电动机额定电流之和。

③熔断器额定电压和额定电流的选择。

熔断器的额定电压必须等于或大于电路的额定电压。

熔断器的额定电流必须等于或大于所装熔体的额定电流。

熔断器的分段能力应大于电路中可能出现的最大短路电流。

(4) 低压电源开关。低压电源开关主要作隔离、转换及接通和分断电路用。

(5) 组合开关的选用。组合开关的选用应根据电源种类、电压等级、所需触点数、接线方式和负载容量进行选用。

(6) 交流接触器。交流接触器是通过电磁机构动作,频繁地接通和分断主电路的远距离操纵电器。

(7) 交流接触器的结构。交流接触器主要由电磁系统、触点系统、灭弧装置及辅助部件等组成。

(8)交流接触器的选用。按选择接触器主触头的额定电压、主触头的额定电流、吸引线圈的电压、触头数量及类型进行选用。

(9)主令电器。主令电器是指在电气自动控制系统中用来发出信号指令的电器。

(10)按钮。按钮是用来短时间接通或断开小电流控制电路的手动电器。

(11)按钮的组成。按钮一般由按钮帽、复位弹簧、桥式动触点、静触点、支柱连杆及外壳等部分组成。

(12)位置开关。这是操作机构在机器的运动部件到达一个预定位置时操作的一种指示开关。

(13)行程开关。这是用以反应工作机械的行程,发出命令以控制其运动方向和行程大小的开关。

(14)接近开关。其又称为无触点位置开关,是一种与运动部件无机械接触而能操作的位置开关。

(15)万能转换开关。这是由多组相同结构的触点组件叠装而成的多回路控制电器。

(16)万能转换开关的结构。其主要由接触系统、操作机构、转轴、手柄、定位机构等部件组成,用螺栓组装成整体。

(17)继电器。这是一种根据输入信号(电量或非电量)的变化,接通或断开小电流电路,实现自动控制和保护电力拖动装置的电器。

(18)热继电器。这是利用流过继电器的电流所产生的热效应而反时限动作的继电器。

(19)热继电器的结构。它主要由热元件、动作机构、触点系统、电流整定装置、复位机构和温度补偿元件等部分组成。

(20)热继电器的选用。选择热继电器主要根据所保护电动机的额定电流来确定热继电器的规格和热元件的电流等级。

(21)时间继电器。这是在电路中起着控制动作时间的继电器,它是一种利用电磁原理或机械动作原理来延迟触点闭合或断开的自动控制电路。

### 4. 三相异步电动机的基本控制

(1)电路图。这是根据生产机械运动形式对电气控制系统的要求,采用国家统一规定的电气图形符号和文字符号,按照电气设备和电器的工作顺序,详细表示电路、设备或成套装置的全部基本组成和连接关系,而不考虑其实际位置的一种简图。

(2)接线图。这是根据电气设备和电器元件的实际位置和安装情况绘制的,只用来表示电气设备和电器元件的位置、配线方式和接线方式,而不明显表示电气动作原理。

(3)布置图。这是根据电器元件在控制板上的实际安装位置,采用简化的外形符号(如正方形、矩形、圆形等)而绘制的一种简图。

(4)点动控制。点动正转控制电路是用按钮、接触器来控制电动机运转的最简单的正转控制电路,是指按下按钮电动机就得电运转,松开按钮电动机就失电停转。

(5)点动正转控制线路的工作原理。

先合上电源开关 QS。

启动:按下SB ⟶ KM线圈得电 ⟶ KM主触点闭合 ⟶ 电动机M启动运转

停止:松开SB ⟶ KM线圈失电 ⟶ KM主触点分断 ⟶ 电动机M失电停转

停止使用时，断开电源开关 QS。

(6) 接触器自锁控制线路的工作原理。

先合上电源开关 QS。

(7) 过载保护。它是指当电动机出现过载时能自动切断电动机电源，使电动机停转的一种保护。

(8) 改变电动机转动方向的方法：要实现电动机的正/反转，只需把接入电动机三相电源进线中的任意两根对调接线即可。

(9) 联锁。控制电路中分别串接了对方接触器的一对常闭辅助触点，这样，当一个接触器得电动作，通过其常闭辅助触点使另一个接触器不能得电动作，接触器间这种相互制约的作用叫接触器联锁（或互锁）。

(10) 接触器联锁正/反转控制线路的工作原理。

先合上电源开关 QS。

① 正转控制。

② 反转控制。

③ 停止时，按下停止按钮 SB3→控制电路失电→KM1（或 KM2）主触点分断→电动机 M 失电停转。

## 自 测 题

1. 将变压器的副边参数折算到原边时哪些量要改变？如何改变？哪些量不变？
2. 什么是电气原理图？什么是电气安装图和电气互联图？它们起的作用是什么？

3. 如何改变三相异步电动机的旋转方向？

4. 笼型异步电动机降压启动的目的是什么？重载时宜采用降压启动吗？

5. 试用时间继电器、接触器等设计一个电动机自动循环正/反转的控制电路。

6. 分别写出电动机正/反转控制运行的主要区别。

7. 利用断电延时型时间继电器设计三相交流异步电动机 Y—△启动控制电路。

8. 什么是低压元器件？常用低压元器件有哪些？

9. 热继电器主要有哪几部分电气符号？其用途与熔断器是否相同？直流电机的保护电路能否使用热继电器？

10. 两个 110 V 的交流接触器同时动作时，能否将其两个线圈串联接到 220 V 电路上？为什么？

11. 机床设备控制电路常用哪些保护措施？

12. 低压电气常用的灭弧方法有哪些？

13. 试叙"自锁""互锁"的含义，并举例说明各自的作用。

14. 何谓电气原理图？何谓电气接线图？各有何功能？

15. 机床中上常用的调速方法有哪些？各有何特点？

# 单元八

# 现代控制技术

## 课题一 可编程序控制器简介

**知识目标**

(1) 了解 PLC 的产生和发展历程。
(2) 了解 PLC 的基本原理与用途。

**主要内容**

本课题简单介绍了 PLC 的产生过程和发展历程，对 PLC 的基本工作原理和适用范围也作了一定的讲解，对设计 PLC 控制系统的步骤及注意事项作了一定的阐述，同时还介绍了国际上几种常用的 PLC 品牌及其各自的特点。

【相关知识点一】 PLC 的产生和发展

可编程序控制器(Programmable Controller)是在传统的顺序控制器的基础上引入了微电子技术、计算机技术、自动控制技术和通信技术而形成的一代新型工业控制装置，目的是用来取代继电器、执行逻辑、定时、计数等顺序控制功能，建立柔性的计算机程序控制系统。

国际电工委员会(IEC)1987 年 2 月对 PLC 颁布的定义为：可编程序控制器是一种数字运算操作的电子系统，专为在工业环境下应用而设计。它采用可编程序的存储器，用来在其内部存储执行逻辑运算、顺序控制、定时、计数和算术运算等操作的指令，并通过数字的、模拟的输入和输出，控制各种类型的机械或生产过程。可编程序控制器及其有关设备，都应按易于与工业控制系统形成一个整体、易于扩充其功能的原则设计。

近年来，可编程序控制器发展很快，每年都会推出很多新系列产品，其功能远远超过上述定义的范围。总之，可编程序控制器是一台计算机，它是专为工业环境应用而设计制造的计算机。它具有丰富的输入、输出接口，并且具有较强的驱动能力。但可编程序控制器产品并不针对某一具体工业应用，在实际应用时，其硬件需根据实际需要进行配置，其软件需根据控制要求进行设计编制。

21 世纪首个十年，PLC 取得了长足的发展。从技术上看，计算机技术的新成果不断地应用到可编程序控制器的设计和制造上，运算速度更快、存储容量更大、智能更强的品种出现；从产品规模上看，会进一步向超小型及超大型方向发展；从产品的配套性上看，产品的品种会更丰富、规格更齐全、各种功能模块越来越多，更加和谐的人机界面、开放完备的通信设备能更好地适应各种工业控制场合的需求；从市场上看，PLC 控制的机电一体化设备或自动化生产线已经占领了绝大多数市场，并且各种继电器控制的设备正大批量地使用 PLC 改造；从网络的发展情况来看，可编程序控制器和其他工业控制计算机组网构成大型的控制系统是可编程序控制器技术的发展方向。目前的计算机集散控制系统 DCS（Distributed Control System）中已有大量的可编程序控制器应用。

2003—2008 年间，我国 PLC 市场发展平均值为 17％。目前 PLC 市场上，小型机仍然占领主导地位，其占据约 80％以上的市场份额，但 PLC 市场发展的驱动力却来自于大中型机的发展，如 2004 年全球 PLC 大型机增长了 55％，中型机在 46％左右，而小型机的增长率只有 17％。从应用的行业上看，应用大中型 PLC 的电力、冶金、汽车等行业增长率都超过 35％的平均水平，而小型机占主导的行业增长则为 20％，低于平均水平；从生产商销售量上来看，西门子 S7-400 几乎增长了一倍，三菱主推的大型机 Q 系列也有大幅度增长，施耐德和罗克韦尔的大型机增长率也在 40％以上。

在 PLC 未来的发展路线上，提高软件的可操作性，增强人机界面的友好性，不断加强网络通信的能力，继续坚持开放性和各不同生产商之间产品的互操作性将成为 PLC 发展的主要方向。

【相关知识点二】 PLC 的工作原理

PLC 虽然有许多微机的特点，但它的工作方式却和微机有很大不同。微机一般用等待命令的工作方式。如常见的键盘扫描方式或 I/O 扫描方式，有键按下或 I/O 动作则转入相应的子程序，无键按下则继续等待。PLC 则采用循环扫描工作方式，在 PLC 中，用户程序按先后顺序存放，CPU 从第一条指令开始执行程序，直到遇到结束符后又返回到第一条。整个过程可分为五个部分，即自诊断、公共处理（通信处理）、输入采样、执行用户程序、输出刷新，如图 8-1 所示。

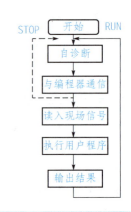

图 8-1 PLC 的工作过程

在自诊断阶段，可以检测出 CPU、电池、输入/输出接口、通信等是否出现异常，异常时采取相应的措施，以防止故障扩大；在输入采样阶段，按顺序将所有输入继电器状态读入到输入映像寄存器中存储，在本工作周期内，此采样结果的内容不会改变，采样结果将在 PLC 执行程序时使用；在程序执行阶段，PLC 按从上到下和从左到右的顺序对程序进行扫描，并分别从输入映像寄存器和输出映像寄存器中获取所需的数据，进行运算和处理，再将程序执行结果写入寄存执行结果的输出映像寄存器中保存，在整个程序未执行完毕之前，程序执行结果不会送到输出端口上；在执行完所有用户程序后，PLC 将映像寄存器中的内容送入到寄存输出状态的输出锁存器中，再去驱动用户设备，这就是输出刷新。

PLC 经过的五个工作过程称为一个扫描周期。完成一个周期后又重新执行上述过程，扫描周而复始地进行。

PLC 与继电器接触器控制的重要区别之一就是工作方式不同。继电器接触器是按"并行"方式工作，也就是说按同时执行的方式工作的，只要形成电流通路，就可能有继电器同时动作。而 PLC 是以反复扫描的工作方式工作的，它是循环地连续逐条执行程序，可以认为 PLC 是以"串行"方式工作的。这种串行工作方式可以避免继电器接触器控制的触点竞争和时序失配问题。

### 【相关知识点三】 PLC 的应用领域

PLC 的快速发展使其在各行各业均有出色的表现，从行业上看，PLC 广泛应用于钢铁、石油、化工、电力、电梯、建材、水处理、机械制造、冶金、汽车、纺织、物流、环保及文化娱乐等。使用情况大致可归纳为以下几类：

#### 1. 开关量的逻辑控制

这是 PLC 最基本、最广泛的应用领域，它取代传统的继电器电路，实现逻辑控制、顺序控制，既可用于单台设备的控制，也可用于多机群控及自动化流水线，如注塑机、印刷机、订书机械、组合机床、磨床、包装生产线、电镀流水线等。

#### 2. 模拟量控制

在工业生产过程中，有许多连续变化的量，如温度、压力、流量、液位和速度等都是模拟量。为了使可编程序控制器处理模拟量，必须实现模拟量（Analog）和数字量（Digital）之间的 A/D 转换及 D/A 转换。PLC 厂家都生产配套的 A/D 和 D/A 转换模块，使可编程序控制器用于模拟量控制。

#### 3. 运动控制

PLC 可以用于圆周运动或直线运动的控制。从控制机构配置来说，早期直接用于开关量 I/O 模块连接位置传感器和执行机构，现在一般使用专用的运动控制模块。如可驱动步进电机或伺服电机的单轴或多轴位置控制模块。世界上各主要 PLC 厂家的产品几乎都有运动控制功能，广泛用于各种机械、机床、机器人、电梯等场合。

#### 4. 过程控制

过程控制是指对温度、压力、流量等模拟量的闭环控制。作为工业控制计算机，PLC 能编制各种各样的控制算法程序，完成闭环控制。PID 调节是一般闭环控制系统中用得较多的调节方法。大中型 PLC 都有 PID 模块，目前许多小型 PLC 也具有此功能模块。PID 处理一般是运行专用的 PID 子程序。过程控制在冶金、化工、热处理、锅炉控制等场合有非常广泛的应用。

#### 5. 数据处理

现代 PLC 具有数学运算（含矩阵运算、函数运算、逻辑运算）、数据传送、数据转换、排序、查表、位操作等功能，可以完成数据的采集、分析及处理。这些数据可以与存储在存储器中的参考值比较，完成一定的控制操作，也可以利用通信功能传送到别的智能装置，或将它们打印制表。数据处理一般用于大型控制系统，如无人控制的柔性制造系统；也可用于过程控制系统，如造纸、冶金、食品工业中的一些大型控制系统。

#### 6. 通信及联网

PLC 通信含 PLC 间的通信及 PLC 与其他智能设备间的通信。随着计算机控制的发展，工厂自动化网络发展得很快，各 PLC 厂商都十分重视 PLC 的通信功能，纷纷推出各自的网络系统。新近生产的 PLC 都具有通信接口，通信非常方便。

### 【相关知识点四】 设计 PLC 控制系统的步骤及注意事项

在设计 PLC 控制的系统时，应最大限度地满足被控对象的控制要求。在满足控制要求的前提下，力求使控制系统简单、经济、使用和维护方便，保证控制系统安全可靠。考虑到生产的发展和工艺的改进，在选择 PLC 容量时应适当留有余量。

其基本步骤如下：

(1) 确定被控系统必须完成的动作及完成这些动作的顺序。

(2) 分配 I/O 点。

(3) 根据控制要求画出梯形图或顺控图。

(4) 将程序写进 PLC。

(5) 对程序进行调试。

梯形图编程时应注意的常见问题和一般原则如下：

(1) 在程序中输入输出继电器、辅助继电器、定时器、计数器等软元件的接点可多次重复使用，无须用复杂的程序结构来减少接点的使用次数。

(2) 梯形图每一行都是从左母线开始，线圈接在最右边，接点不能放在线圈的右边。在普通梯形图程序中，线圈不能和左母线直接相连。

(3) 同一编号的线圈在一个程序中出现两次，称为双线圈输出。双线圈输出会相互影响，容易引起误操作，在一般的梯形图程序中应尽量避免线圈的重复使用。

(4) 梯形图程序必须符合顺序执行的原则，即从左到右、从上到下。

(5) 在梯形图中没有真实的电流流动，为了便于分析 PLC 的周期扫描原理和逻辑上的因果关系，假定在梯形图中有"电流"流动，这个"电流"只能在梯形图中单方向流动，即从左向右流动，层次的改变只能从上向下。这个电流称为"能流"。

(6) 编程原则的特殊情况。虽然在普通的梯形图程序中不可以出现线圈直接和左母线相连及双线圈现象，但在一些特殊场合却有不同的表现形式。例如，在松下系列中是绝对不允许双线圈的，如果将含双线圈的程序传送到 PLC 中，PLC 将会显示出错，将 PLC 置于 RUN 状态通过监控可知错误代码为 02。但松下系列中在步进程序中却可使线圈和左母线直接相连。在三菱系列中，如果普通的梯形图中出现双线圈，它的处理非常复杂且普通梯形图中不可使线圈和左母线直接相连。但在使用步进程序时可方便、灵活地将同一个线圈多次使用，并在步进图中线圈可直接与左母线相连。

在正常的运行或调试过程中，PLC 可能会出现"死机"的情况，引起 PLC 死机的原因很多，软、硬件的错误都可能引起死机。

硬件方面：

(1) I/O 窜电，PLC 自动侦测到 I/O 错误，进入 STOP 模式。

(2) I/O 损坏，程序运行到需要该 I/O 的反馈信号，不能向下执行指令。

(3) 扩展模块（功能型，如 A/D 转换器）线路干扰或开路等。

(4) 电源部分有干扰或故障。

(5) PLC 的连接模块及地址分配模块出故障。

(6) 电缆引起的故障。

软件方面：

(1) 触发了死循环。

(2) 程序改写了系统参数区的内容，却没有初始化部分。

(3) 保护程序启动：硬件保护、PLC 使用时间被限制。

(4) 数据溢出：步长过大，看门狗定时器（可修改 DOG 时间）动作。

## 【相关知识点五】 常见 PLC 品牌的特点

世界上 PLC 产品可按地域分为三大流派：美国产品、欧洲产品、日本产品。美国和欧洲的 PLC 产品是在相互隔离的情况下独立研究开发的，因此美国和欧洲的 PLC 产品有明显的差异。日本的 PLC 技术是由美国引进的，有一定的继承性，但日本的主推产品定位在小型 PLC 上。据调查，西门子、三菱、欧姆龙、罗克韦尔占领了 60% 以上的市场。小型机方面，除西门子凭其著名产品 S7—200 在市场占有量上名列前茅之外，日系产品在市场占有量上全面占据上风，三菱、欧姆龙、松下、日立是其代表品牌。但近几年中国台湾的品牌台达销售量持续稳定增长，俨然有与日系分庭抗礼之势。在大中型 PLC 的市场上，则完全是欧美产品的天下，西门子的 S7—300/400、罗克韦尔的 Control Logix、施耐德的 Premium/Quamtum 占领了市场的大部分份额。

### 1. 美国的 PLC 产品

美国是 PLC 生产大国，有 100 多家 PLC 生产商，著名的有罗克韦尔公司、GE-FANUC 公司（已拆分）、莫迪康（MODICON）公司、德州仪器（TI）公司、西屋公司等。其中 AB 公司是美国最大的 PLC 制造商，其产品占美国市场的 50% 左右。

罗克韦尔公司产品规格齐全、种类丰富，现在市场上主推的大中型 PLC 产品是 Control Logix 系列，该系列为模块化结构。以前的 PLC—5 及小型机 SLC—5 已退出市场。

GE-FANUC 公司是 GE 和 FANUC 公司于 1986 年共同投资建立的，2009 年 8 月 17 日 GE 和 FANUC 宣布两家公司已同意解除合资企业 GE-FANUC 自动化公司。解体之后，GE-FANUC 的 PLC 市场由 GE 公司继续投资开发。

### 2. 欧洲的 PLC 产品

德国的西门子（SIEMENS）公司、AEG 公司和法国的 TE 公司是欧洲主要的 PLC 制造商。德国西门子的电子产品以性能优良而久负盛名，在大中型 PLC 产品领域与美国的 AB 公司齐名。

西门子的主要产品是 STEP 系列。其中 S7 系列的产品性价比高，产品功能强大，运行稳定，具有很强的通信联网能力。其中 S7—200 系列是微型 PLC，S7—300 为中小型

PLC，S7—400 为中高性能的大型 PLC。

### 3. 日本的 PLC 产品

日本的小型 PLC 最具特色，在小型机领域独树一帜，某些用欧美国家的中型机或大型机才能实现的控制，日本的小型机就能解决。在开发较复杂的控制系统方面明显优于欧美的小型机，所以格外受用户的欢迎。日本有很多的 PLC 制造商，如三菱、欧姆龙、松下、富士、日立、东芝等，在小型机市场，日系产品约占 70% 的份额。

三菱（MITSUBISHI）公司是较早进入我国市场的 PLC 制造商，从一开始的 F 系列到 F1、F2 之后，三菱在 20 世纪 80 年代推出 FX 系列，在容量、速度、特殊功能、通信网络等方面都有了全面的加强。FX2 系列是 20 世纪 90 年代开发的整体式高功能小型机，它配有各种通信适配器和特殊功能单元。FX2N 系列是新世纪推出的整体式高功能小型机，它是 FX2 的换代产品，各种功能都有全面的提高。21 世纪以来还不断推出满足不同要求的微型 PLC，如 FX0S、FX1S、FX0N、FX1N 等产品，FX0S 及 FX0N 现已停产。

近年来又推出 FX 第三代的产品，不断加强各种功能，更注重通信网络功能。FX3U 系列 PLC 是三菱第三代微型可编程序控制器，在速度、容量、性能、功能方面都达到了新水准，FX3U 内置 64 000 步程序存储器，除本系列的各种扩展设备外还兼容 FX2N 的扩展设备，若包括 CC-link 在内的远程 I/O，最多可配置点数 384 点，标准模式时基本指令处理速度可达 0.065 ms，加之大幅扩充的软元件数量，即 7 680 点内部辅助继电器、512 点定时器、235 点计数器、8 000 点数据寄存器。FX3U 本体自带两路高速通信接口（RS—422 和 USB），可同步使用，通信配置选择更加灵活，FX3UC 更是内置 CC-link 主站功能。晶体管输出型基本单元内置最高是三轴 100 kHz 独立脉冲输出，可使用软件编辑指令简便进行定位设置。基本指令 27 个，步进指令 2 个，应用指令 209 个。整体性能更高的 FX3G 也在 2008 年登陆中国市场。

三菱公司的大中型机有 A 系列、QnA 系列、Q 系列，具有强大丰富的网络功能，I/O 点数可达 8 192 点。其中，Q 系列具有超小的体积、丰富的机型、灵活的安装方式、双 CPU 协同处理、多存储器、远程口令等，是三菱公司现有 PLC 中性能最高的 PLC。

欧姆龙（OMRON）公司的 PLC 产品，大、中、小、微型齐全。微型机以 SP 系列为代表，其体积小、速度极快。小型机有 P 型、H 型、CPM1A 系列、CPM2A 系列、CPM2C 系列、CQM1 等，P 型机现已被性价比更高的 CPM1A 系列替代。CPM2A、CPM2、CQM1 系列内置 RS-232C 接口和实时时钟，并具有软 PID 功能，CQM1H 是 CQM1 的升级产品。而欧姆龙推出的 CP1E 系列则有更全面的配置和更强大的功能。

中型机方面 C200HX/HG/HE 是 C200HS 的升级产品，有 1 148 个 I/O 点和品种齐全的通信模块，是适应信息化的 PLC 产品。新机型 CS1 则具有中型机的规模、大型机的功能。

大型机有 C1000H、C2000H、CV（500/1000/2000/M1）等。C1000H、C2000H 可单机或双机热备运行，安全带电插拔模块，C2000H 在线可更换 I/O 模块；CV 系列除 CVM1 外，均可采用结构化编程，易读、易调试，并具有更强大的通信功能。

松下公司的 PLC 产品中，FP0 为微型机，FP1、FP-X 为整体式小型机，FP3 为中型机，FP5/FP10、FP10S、FP20 为大型机。松下公司近几年推出的 PLC 产品的特点是：指令系统功能强；有的机型还提供可用 FP-BASIC 语言编程的 CPU 及多种智能模块，为复杂系统的开发提供了软件手段；FP 系列各种 PLC 都配有通信机制。由于他们使用的应用层通信协议具有一致性，这给构成多级 PLC 网络和开发 PLC 网络应用程序带来了方便。

## 课题二　变频器简介

**知识目标**

（1）了解交流电机的机械特性。
（2）了解变频器的基本原理和用途。

**主要内容**

本课题主要讲解了交流电机的机械特性、交流调速系统几种基本的调速方式、变频器的基本原理和主要用途以及变频器变频调速适用的范围，对变频器调速的模式也作了简单介绍。

【相关知识点一】　交流电机的机械特性

三相异步电动机的机械特性是指电机的电磁转矩 $M$ 与转子转速 $n$ 之间的关系，即 $n=f(M)$。用曲线表示时，一般纵坐标表示转速 $n$（或转差率 $s$），以横坐标表示电磁转矩。三相异步电动机的机械特性如图 8-2 所示，曲线分为两段：$HP$ 段近似为直线，称为直线部分；$PA$ 段为曲线，称为曲线部分。$P$ 点为最大转矩点，其对应的转矩为 $M_m$，此时对应的转差率为临界转差率 $s_m$。异步电机也有变电压、串电阻等人为特性，这里不作过多介绍。

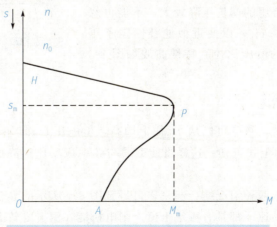

图 8-2　三相交流异步电机的机械特性

【相关知识点二】 交流调速系统

交流调速发展到现在已有多种形式，如调压调速、串级调速、变频调速等，这里主要介绍变频调速的工作原理。

## 一、变频调速的基本控制方式

在电动机调速时，一个重要因素是希望能保持每极的磁通量 $\Phi$ 为额定值不变。磁通太弱没有充分利用电机的铁芯，是一种浪费；若要增大磁通，又会使铁芯饱和，从而导致过大的励磁电流，严重时会因绕组过热而损坏电机。对于直流电机，励磁是单独的，只要对电枢反应的补偿合适，保持 $\Phi_m$ 不变是很容易做到的。在交流异步电机中，磁通是定子和转子的磁势合成产生的，怎样来保持磁通恒定，可先看电机电动势的公式，即

$$E_g = 4.44 f_1 N_1 k n_1 \Phi_m$$

式中　$E_g$——气隙磁通在定子每相中的感应电动势有效值，V；
　　　$f_1$——定子频率，Hz；
　　　$N_1$——定子每相绕组匝数；
　　　$kn_1$——基波绕组系数；
　　　$\Phi_m$——每极气隙磁通量，Wb。

由上式可知，只要控制好 $E_g$ 和 $f_1$，便可达到控制磁通 $\Phi_m$ 的目的。对此，还需考虑基频以下和以上两种情况。

### 1. 基频以下调速

由上式可知，要保持 $\Phi_m$ 不变，当频率从额定值往下调时，必须同时降低电动势 $E_g$，使得 $f_1/E_g$ 为常数，即采用恒电动势频率比的控制方式。然而，绕组中的感应电动势是难以直接控制的，当电动势较高时，可忽略定子绕组的漏抗压降，认为定子相电压 $U_1 = E_g$，则得到 $U_1/f_1 =$ 常数，这是恒压比的控制方式。低频时，定子绕组的漏抗压降较大，不能再忽略。这时可人为地抬高 $U_1$，以便近似地补偿定子压降。带定子压降补偿的恒压比控制特性曲线如图 8-3 中的 B 线所示。

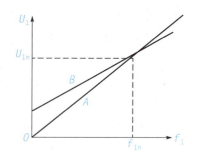

图 8-3　恒压频比控制特性

### 2. 基频以上调速

在基频以上调速时，频率可以从 $f_{1n}$ 往上增高，但电压 $U_1$ 却不能增加至超过 $U_{1n}$，最多只能使 $U_1 = U_{1n}$。由上式可知，这样将使磁通与频率成反比地降低，相当于直流电机的弱磁升速。

把基频以下和以上两种情况结合起来，可得到图 8-4 所示的异步电机变频调速控制特性。如果电机在不同转速下都具有额定电流，则电机能在温升允许条件下长期运行，这时转矩基本上随磁通变化。按电力拖动原理，在基频以下，属于"恒转矩调速"；而在基频以

上，基本上是"恒功率调速"。

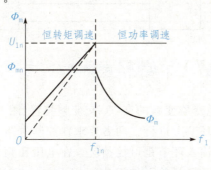

图 8-4  变频调速控制特性

## 二、变频装置

交流变频调速的核心部件是变频装置。大家知道，现有的交流供电电源都是恒压恒频率的，必须经过变频装置，以获得变压变频的电源，去满足变频调速的要求。这种装置通称为变压变频装置（VVVF）。

变频装置从结构上分，可分为间接变频和直接变频两类。间接变频装置先将工频电源通过整流器变为直流，再经逆变器将直流转换成可控频率的交流；直接变频装置是将工频电源直接转换成可控频率的交流，没有中间直流环节。目前大多变频器是使用间接变频方式。

### 1. 间接变频装置（交-直-交变频装置）

间接变频装置的结构如图 8-5 所示。按照不同的控制方式，又可分为图 8-6、图 8-7 和图 8-8 三种形式。

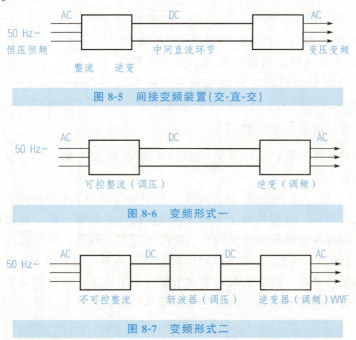

图 8-5  间接变频装置（交-直-交）

图 8-6  变频形式一

图 8-7  变频形式二

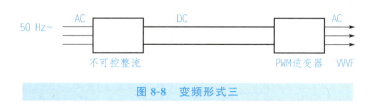

图 8-8　变频形式三

(1) 用可控整流变压、逆变器变频的交-直-交变频装置(图 8-6)。

调压和调频分别在两个环节上进行，两者要求在控制电路上协调配合。这种变频器结构简单，控制方便，但由于输入环节是可控整流，在电压和频率调得较低时，电网功率因数较小；输出环节多用 IGBT 等开关元件组成三相六拍的逆变器，造成输出的谐波较大。这就是这类变频器的主要缺点。

(2) 用不可控整流器整流、斩波器变压、逆变器变频的交-直-交变频装置(图 8-7)。

整流环节采用二极管不可控整流器，再增设斩波器调压。这样虽然多了一个环节，但输入功率因数高，克服了前一种变频装置的功率因数低的缺点。输出逆变环节不变，仍有上述谐波较大的问题。

(3) 用不可控整流器整流、PWM(脉宽调制)逆变器同时变压变频的交-直-交变频装置(图 8-8)。

用不可控整流，则功率因数高；用脉宽调制型逆变器，可减小谐波。这样前述的两个缺点都解决了。谐波能减小的程度取决于开关频率，而开关频率则受开关元件的开关时间的限制。因此，一般采用开关频率高、开关损耗小的 IGBT 作为开关元件，使输出波形几乎可得到非常近似的正弦波，因此又称正弦波脉宽调制(SPWM)逆变器。关于 SPWM 的相关知识稍后再介绍。

### 2. 直接变频装置(交-交变频装置)

交-交变频结构如图 8-9 所示，它只用一个变换环节就可把恒压恒频电源(CVCF)转换成 VVVF 电源，因此又称其为交-交变频器或周波变换器。鉴于其特定的工作方式，其输出频率最高也只能达到电网频率的 1/3，因此通常不使用该形式，这里也不再多作介绍。

图 8-9　交-交变频结构

### 3. 电压型和电流型变频器

从变频电源的性质来看，无论是交-交变频还是交-直-交变频，又可分为电压型变频器和电流型变频器两大类。

(1) 电压型变频器。对于交-直-交变频器，当中间直流环节主要采用大电容滤波时，直流电压的波形比较平直，在理想情况下是一种内阻抗为零的恒压源，输出的交流电压是矩形波或阶梯波，因此叫它电压源型变频器，又叫电压型变频器，如图 8-10(a)所示。

(2) 电流型变频器。当交-直-交变频器的中间直流环节主要采用大电感滤波时，直流回路中的电流波形比较平直，对负载来说基本上是一个恒流源，输出的交流电流是矩形波或阶梯波，因此叫它电流源型变频器，又叫电流型变频器，如图 8-10(b)所示。

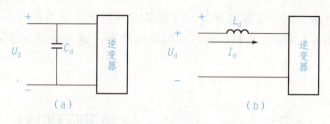

图 8-10　电压型和电流型交-直-交变频器

对于变频调速系统来说，由于异步电机属感性负载，不论它处在电动还是发电状态，功率因数都不会等于 1，故在中间直流环节与电动机之间总存在无功功率的交换。由于变频器中的开关元件无法储能，所以无功能量只能靠直流环节中的储能元件电压型变频器中的电容器和电流型变频器中的电抗器来缓冲。因此可以说，电压型变频器和电流型变频器的主要区别在于用什么储能元件来缓冲无功能量。

## 三、正弦波脉宽调制(SPWM)逆变

图 8-11 表示了 PWM 变频器的原理。由图可知，这仍是一个交-直-交变频器，它的整流部分是不可控的，输出电压经电容滤波(附加小电感限流)后形成恒定幅值的直流电压，加在逆变器上，控制逆变器中的 IGBT 的导通或断开，其输出端即可获得一系列宽度不等的矩形脉冲波，而决定 IGBT 动作顺序和时间分配规律的控制方式即称为脉宽调制方法。在这里，通过改变矩形脉冲的宽度可以控制逆变器输出交流电压的幅值；通过改变调制周期可控制其输出频率，从而在逆变器上可同时进行输出电压幅值和频率的控制，满足变频调速对电压与频率协调控制的要求。

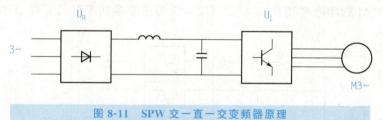

图 8-11　SPW 交-直-交变频器原理

### 1. SPWM 逆变器的工作原理

名为 SPWM 逆变器，就是希望其输出电压是纯粹的正弦波形，那么，可以把一个正弦半波分成 $N$ 等份，如图 8-12(a)所示，然后把每一等份的正弦曲线与横轴所包围的面积都用一个等效面积的等高矩形脉冲来代替，矩形脉冲的中点与正弦波的每一等份的中点重合。这样，由 $N$ 个等幅而不等宽的矩形脉冲所组成的波形就与正弦的半周等效。同样，正弦的负半周也可用相同的方法来等效。

图 8-12(b)中的一系列脉冲波形就是所希望的逆变器输出 SPWM 波形。可以看到，由于各脉冲的幅值相等，所以逆变器可由恒定的直流电源来供电，也就是说，这种交-直-交序列波变频器中的整流器采用不可控整流器就可以了(图 8-11)。逆变器输出脉冲的幅值就

是整流器的输出电压。当逆变器各开关元件都是在理想状态下工作时，驱动相应开关元件的信号也应是与图 8-12(b)形状相似的一系列脉冲波形，这一点应很容易理解。

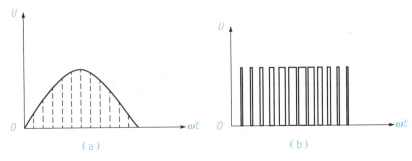

图 8-12　与正弦波等效的等幅矩形脉冲
(a)正弦波形；(b)等效的 SPWM 波形

从理论上讲，这一系列脉冲波的宽度可以严格地用积分的形式计算出来，作为控制逆变器各开关元件(IGBT)的依据。但较为实用的方法是引入"调制"这一概念，以所期望的波形(在这里是正弦波)作为调制波，而受它调制的信号称为载波信号。在 SPWM 中，常用等腰三角波作为载波，因为等腰三角波是上下等宽、线性对称变化的波形，当它与任何一平滑曲线相交时，在交点的时刻控制开关元件的通断，即可得到一组等幅而宽度正比于该曲线函数值的矩形脉冲，这正是 SPWM 所需要的结果。

图 8-13 所示为 SPWM 逆变器控制电路框图，一组三相对称的正弦参考电压信号(调制波)$U_{ra}$、$U_{rb}$、$U_{rc}$ 由调制波发生器提供，其频率决定逆变器输出的基波频率，应在所要求的输出频率范围内可调。调制波的幅值也可在一定范围内变化，以决定输出电压的大小。三角载波信号 $U_t$ 是共用的，分别与每相参考电压比较后，给出"正"或"零"的饱和输出，产生 SPWM 脉冲序列波 $U_{da}$、$U_{db}$、$U_{dc}$，作为逆变器功率开关元件 IGBT 的驱动控制信号。

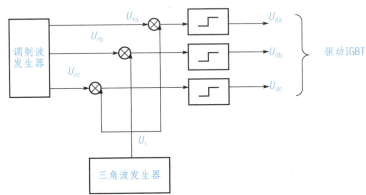

图 8-13　SPWM 逆变器控制电路框图

## 2. SPWM 的同步调制和异步调制

定义载波的频率 $f_t$ 和调制波的频率 $f_r$ 之比为载波比 $N$，即 $N=f_t/f_r$。根据 $N$ 的变化与否，有同步调制和异步调制之分。

（1）同步调制。在同步调制方式下，$N$ 为常数，变频时三角载波的频率与正弦调制波的频率同步变化，因而逆变器输出电压半波内的矩形脉冲数是固定不变的。如果取 $N$ 等于 3 的倍数，则同步调制能保证逆变器输出波形的正、负半波始终保持对称，并能严格保证三相输出波形间具有互差 120°的对称关系。但是，当输出频率很低时，由于相邻两脉冲间的间隔加大，谐波会显著增加，使负载电机产生较大的脉动转矩和较强的噪声，这是同步调制的主要缺点。

（2）异步调制。为了消除上述同步调制的缺点，可采用异步调制的方法，即在逆变器的整个变频范围内，载波比 $N$ 不为常数。一般是在改变参考信号频率 $f_r$ 时保持三角载波频率 $f_t$ 不变，因而提高了低频时的载波比。这样逆变器输出电压半波内的矩形脉冲数可随输出频率的降低而增加，相应地可减少负载电机的转矩脉动和噪声，改善了低频工作时的特性。

异步调制在改善低频工作的同时，又会失去同步调制的优点。当载波比随着输出频率的降低而连续变化时，势必使逆变器输出电压的波形及其相位都发生变化，很难保持三相输出间的对称关系，因而引起电动机工作的不平稳。为扬长避短，可将同步和异步两种调制方式结合起来，这就有了分段同步的调制方式。

（3）分段同步调制。在一定的频率范围内，采用同步调制，保持输出波形对称的优点。当频率降低较多时，使载波比分段有级地增加，又采纳了异步调制的长处，这就是分段同步调制方式。具体地说，把逆变器整个频率范围划分为若干个频段，在每个频段内都维持载波比 $N$ 恒定，对不同频段取不同的 $N$ 值，频率低时取 $N$ 值大些，一般按等比级数安排。

### 3. SPWM 控制模式的实现

如前所述，SPWM 控制方式的难点是怎样去触发逆变器的 IGBT，如用模拟电路提供触发信号，则控制电路会相当复杂，且容易出错。目前随着大规模集成电路和计算机技术的发展，很容易就能得到 SPWM 波形。

### 【相关知识点三】 矢量控制

众所周知，为什么直流电动机具有良好的调节特性，是因为它可用两个独立的控制量即励磁电流和电枢电流分别控制气隙磁通和电磁转矩。在磁通不变的情况下，采用转速、电流双比环系统就能获得四象限的加减速特性。对于交流异步电动机来说，因其电压、电流、磁通和电磁转矩各量处在一种相当复杂的耦合状态，要想得到如直流电动机一样好的调速特性，近些年在自动控制领域里发展出了两种矢量控制理念，即磁场定向型矢量变换控制和转差频率控制型矢量变换控制。

磁场定向型矢量变换控制是把异步电动机定子电流 $I_1$ 分解为两个分量：一个是以转子磁场定向的定子磁场电流分量 $I_{M1}$，另一个是垂直于定向磁场且产生转矩的定子转矩电流分量 $I_{r1}$。这样，$I_{M1}$ 相当于直流电动机的励磁电流 $I_f$，$I_{r1}$ 相当于直流电动机的电枢电流 $I_a$，可以分别对它们进行调节，从而把异步电动机模拟成直流电动机来加以控制，获得优良的调速性能。

转差频率控制型矢量变换控制，是不采用复杂的磁通检测而采用通过测速机测量电动

机转子角速度 $\omega_r$，又通过模拟运算电路，求得电动机滑差角速度 $\omega_s$，从而得到电动机旋转磁场角速度 $\omega_0$，即 $\omega_0 = \omega_r + \omega_s$。这样，可求出给定定子电流 $I_1^*$ 所需要的瞬时相位角 $\theta_1^*$，用 $I_1^*$ 和 $\theta_1^*$ 去控制变频装置。变频装置为异步电动机提供基波幅值为 $I_1^*$、瞬时相位角为 $\theta_1^*$ 的定子电流，满足电动机负载所需的转矩及磁通，从而实现矢量变频控制。

SPWM 变频调速采用矢量控制后，可获得等同于甚至超过直流调速的调速性能，至于复杂的矢量变换及运算，通过微处理器可方便地完成。YASKAWA 交流变频系统大部分就是采用这种形式。关于 YASKAWA 变频器，在 YASKAWA 系统介绍中会详细描述。

## 课题三　传感器简介

**知识目标**

(1) 了解传感器的基本概念。
(2) 了解传感器的基本原理与用途。

**主要内容**

本课题主要介绍了传感器的基本概念、传感器的组成、分类、特点以及常用的几种传感器的特点和使用范围。

【相关知识点一】　传感器的基本概念

在工程技术领域中，通常将把被测量（物理量、化学量、生物量等）的信息转换成与之有确定关系的电量输出的装置，称为传感器。也有些国家和科学领域称之为变换器、检测器或探测器。

国家标准给传感器的定义：能感受规定的被测量并按一定的规律转换成可用信号的器件或装置，通常由敏感元件和转换元件组成，如图 8-14 所示。

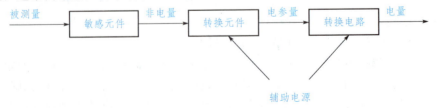

图 8-14　传感器组成框图

传感技术：传感技术以传感器为核心，涉及传感器原理、传感器件设计、传感器件开关与应用等综合知识。

传感器技术：传感器技术的含义更为广泛，包括：敏感材料学传感技术及系统微机电加工技术；微型计算机及通信技术等多门学科相互交叉、相互渗透而形成的一门新的工程技术。

传感器及其检测技术的发展：随着科学技术的发展，特别是自动化技术的广泛应用，传感器及其检测技术越来越向集成化、微型化、数字化、智能化、仿生化方向发展。

### 【相关知识点二】 传感器的组成

(1)敏感元件。能直接感受被测量并能输出与被测量成确定关系的其他物理量的元件。

(2)转换元件。也称传感元件，能将敏感元件的输出量转换成电量后输出。并不是所有的传感器都有转换元件，如热电偶传感器，就是直接将温度转换成电压输出，两种元件合二为一，还有很多光电式传感器也是如此。

(3)转换电路。将转换元件输出的电参量转换成电压、电流或频率量的电路。如果转换元件输出的已经是上述电参量，就不需要转换电路。

(4)辅助电源。用于提供传感器正常工作能源的电源。主要指那些需要电源才能工作的转换电路和转换元件。

### 【相关知识点三】 传感器的分类

在实际应用中，用于信号测量控制的传感器种类繁多，同一种被测量可以用不同原理的传感器来测量，而同一种原理的传感器又可以测量不同的被测量。因此现在还没有一个完整统一的对传感器的分类(表8-1)。

表8-1 传感器的分类

| 分类标准 | 传感器 |
| --- | --- |
| 被测量 | 位移传感器、压力传感器、速度传感器、温度传感器、流量传感器、气体传感器 |
| 工作原理 | 电阻式传感器、电容式传感器、压电式传感器、霍尔式传感器、光电式传感器、光栅式传感器、热电偶传感器 |
| 输出信号的性质 | 开关型输出、模拟量输出、数字量输出 |

### 【相关知识点四】 传感器的测量电路

## 一、传感器输出信号的特点

(1)输出信号的类型有电压、电流、电阻、电感、频率等，通常是动态的。

(2)输出电信号一般比较弱，如电压信号一般为 $\mu V$ 至 $mV$ 级、电流信号为 $nA$ 至 $MA$ 级。

(3)传感器都有噪声，输出信号会和噪声信号混在一起。

(4)有一些传感器的输出是非线性的。
(5)传感器的输出信号易受外界环境(如温度、电场或磁场)的干扰。

## 二、传感器测量电路的作用

由传感器输出信号特点可知,直接输出的信号不能直接被使用,而是需要通过专门的电子电路对其输出信号进行必要的加工、处理后才能满足要求。

例如,需要将电参数的变化转化为电量的变化,将弱信号放大,滤除信号中无用的杂波和干扰噪声,校正传感器的非线性,消除环境因素对传感器的影响,将传感器输出的模拟信号转换成可以输入计算机的数字信号或是将传感器的输出信号转换成数字编码信号等。

## 三、测量电路的形式

传感器测量电路可由各种单元组成。常见的单元电路有电桥电路、谐振电路、脉冲调宽电路、调频电路、取样保持电路、模/数和数/模转换电路、调制解调电路、温度补偿电路、具有非线性特性的线性化电路、细分电路、辨向电路、当量变换和编码变换电路等。

## 四、开关型传感器的测量电路

传感器的输出信号为开关信号时的测量电路,称为开关型测量电路。

这种测量电路实际上是一个功放电路,放大信号的产生和消失正是在有关器件触点的闭合及断开过程中完成的。这种开关型只能提供"吸合"与"断开"两种状态,是目前传感器开关型测量电路的常见形式。

【相关知识点五】 常见的传感器

## 一、电容式传感器

### 1. 基本概念

电容式传感器以不同类型的电容器作为传感元件,并通过电容传感元件把被测物理量的变化转换成电容量的变化,然后再经过转换电路转换成电压、电流或频率等信号的输出测量装置。

### 2. 主要特点

(1)结构简单。
(2)功率小,阻抗高,输出信号强。

(3)动态特性良好。
(4)受本身发热影响小。
(5)可获得较大的相对变化量。
(6)能在比较恶劣的环境中工作。
(7)可进行非接触式测量。
(8)寄生电容影响大,输出阻抗高,负载能力相对较大,输出为非线性。

### 3. 工作原理及形式

由两平行板组成的电容器,如果不去考虑边缘效应,其电容量为

$$C=\varepsilon \cdot A/\delta$$

式中　$A$——两平行板相互遮盖的面积;
　　　$\delta$——两极板间的距离;
　　　$\varepsilon$——两极板间介质的介电常数。

## 二、电感式传感器

### 1. 变间隙式电感传感器

工作时可动衔铁与被测物体连接,被测物体的位移通过可动衔铁的上下(或左右)移动,将引起空气气隙的长度发生变化,即气隙磁阻发生相应变化,从而导致线圈电感量发生变化,以此来判定被测物体的位移量及运动方向。其灵敏度较高,但非线性误差较大且制作装配较困难。

### 2. 变面积型电感传感器

传感器工作时,当气隙长度保持不变,而铁芯与衔铁之间相对覆盖面积(即磁通截面)因被测量的变化而改变时,将导致电感量发生变化。因为线圈电感量与截面积成正比,所以它的输出是线性的。灵敏度较前者小,但线性较好、量程较大,使用比较广泛。

### 3. 螺管型电感传感器

当传感器的衔铁随被测对象移动时,将引起线圈磁力线路径上磁阻发生变化,从而导致线圈电感量随之变化。线圈电感量的大小与衔铁插入线圈的深度有关。这种传感器灵敏度较低,但量程大,常用于测量精度不高的场合。

## 三、霍尔式传感器

### 1. 霍尔式传感器简介

霍尔式传感器是利用半导体材料的霍尔效应进行测量的一种传感器。根据霍尔效应制成的霍尔元件是其核心,因而霍尔式传感器是由霍尔元件及相关测量电路构成的一种测量装置。它可以直接测量磁场及微量位移,也可以间接测量液位高低、压力大小等工业生产过程参数。

### 2. 霍尔式传感器的工作原理

霍尔式传感器的工作原理基于半导体材料的霍尔效应原理。霍尔效应是指将某载流体置于磁场中，当有电流 $I$ 流过，在载流体上平行于 $I$、$B$ 方向的两侧面之间产生一个与电流 $I$ 和磁通 $B$ 成正比的电动势。这种电动势就是由霍尔效应产生的霍尔电动势。

### 3. 霍尔元件的温度补偿

霍尔电动势正比于控制电流和磁感应强度。在实际应用中总是希望获得较大的电动势。增大控制电流虽能提高霍尔电动势输出，但控制电流大元件的功耗也增加，从而导致元件的温度升高，甚至可能烧坏元件。

常见的温度补偿有三种。
(1) 电流源供电，输入端并联电阻；或电压源供电，输入端串联电阻。
(2) 合理选择负载电阻。
(3) 采用热敏元件。

### 4. 霍尔集成传感器的构成、特点及分类

霍尔集成传感器是将霍尔元件、放大器、施密特触发器以及输出电路集成在一块芯片上，为用户提供一种简化和完整的磁敏传感器。

这种传感器输出信号响应快，传递过程无抖动现象，功耗低，对温度的变化稳定，灵敏度与磁场移动速度无关。

而霍尔集成传感器根据输出性质可分为线性型和开关型。

## 四、光电式传感器

### 1. 光电式传感器的基本概念、主要特点和工作原理

光电式传感器的工作原理都是基于不同形式的光电效应。
光电效应就是光电材料在吸收了光能后而发生电的物理现象。
光电效应通常分为三类。
(1) 在光线作用下能使电子逸出物体表面的现象，称为外光电效应。基于外光电效应的光电元件有光电管、光电倍增管。
(2) 在光线作用下能使物体的电阻率改变的现象，称为内光电效应。基于内光电效应的光电元件有光敏电阻、光敏二极管、光敏三极管、光敏晶闸管等。
(3) 在光线作用下，物体产生一定方向电动势的现象，称为光生伏特效应。基于光生伏特效应的光电元件有光电池等。

### 2. 电式传感器的检测对象

电式传感器的检测对象有可见光、不可见光，其中不可见光有紫外线、近红外线等。

### 3. 光电式传感器的优点

光电式传感器具有结构简单、精度高、响应速度快、非接触等优点。

### 4. 常用光源

（1）自然光源：如太阳光、月光等。典型的例子有高温比色温度仪、路光灯光电控制开关、光照度表等。

（2）热辐射光源：其基于热物体都会向空间发出一定光辐射的原理。

（3）电致发光器件：如发光二极管、半导体激光器等。

（4）气体放电光源：电流通过某类气体会产生发光现象的原理，如日光灯。

（5）激光器：即光受激辐射放大器，其能量集中度高、方向性好、频率单纯、相干性好。

### 5. 常用光电式传感器的种类（按光电元件分）

有光电管、光电倍增管、光敏电阻、光敏二极管、光敏三极管、光敏晶闸管、集成光电传感器、光电池、图像传感器等。

### 6. 光电式传感器的应用

光电式传感器属于非接触式测量，它通常有光源、光学通路和光电元件三部分，按被测物、光源、光电元件三者间的关系可分为以下四种类型：

（1）光源本身是被测物，被测物发出的光投射到光电元件上，如图 8-15 所示，光电元件的输出反映某些参数，如光电高温比色计、照相机照度测量装置、光照度表等。

图 8-15　光电式传感器测量类型一

（2）恒定光源发出的光通量穿过被测物，其中一部分被吸收，另一部分投射到光电元件上，如图 8-16 所示，吸收量取决于被测物的某些参数，如对透明度、浑浊度的测量。

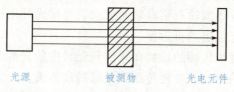

图 8-16　光电式传感器测量类型二

（3）恒定光源发出的光通量投射到被测物，然后从被测物反射到光电元件上，如图 8-17所示，反射光的强弱取决于被测物表面的性质和形状，此原理可用于测量纸张的粗糙度、纸张的白度等。

（4）被测物处于恒定光源与光电元件的中间，被测物阻挡住一部分光通量，从而使光电元件的输出反映被测物的尺寸或位置，如图 8-18 所示，可用于检测工件尺寸大小、工作位置或振动等。

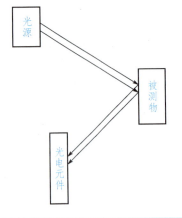

图 8-17 光电式传感器测量类型三

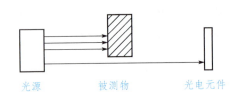

图 8-18 光电式传感器测量类型四

## 五、光纤式传感器

### 1. 光纤式传感器简介

光纤式传感器具有一系列传统传感器无法比拟的优点，如灵敏度高、响应速度快、抗电磁干扰、耐腐蚀、电绝缘性好、防燃防爆、适于远距离传输、便于与计算机连接以及与光纤传输系统组成遥测网等。

目前已研制出测量位移、速度、压力、液位、流量及温度等各种物理量的传感器。

光纤式传感器按照光纤的使用方式可分为功能型传感器和非功能型传感器两种。功能型传感器就是利用光纤本身的特性随被测量发生变化，是将光纤作为敏感元件使用，所以又称为传感型光纤传感器。非功能型传感器是利用其他敏感元件来感受被测量的变化，光纤仅作为传输介质，因此也称为传光型光纤传感器或称混合型光纤传感器。

### 2. 光纤的材料

光导纤维是用比头发丝还细的石英玻璃制成的，每根光纤由一个圆柱形的纤芯和包层组成。纤芯的折射率略大于包层的折射率。

众所周知，空中光是直线传播的，然而入射到光纤中的光线却能限制在光纤中，而且随着光纤的弯曲而走弯曲的路线，并能传送到很远的地方去。

### 3. 光纤的类型

光导纤维按折射率变化可分为阶跃型和渐变型光纤。阶跃型光纤的纤芯与包层的折射率是突变的；渐变型光纤在横截面中心处折射率最大，其值逐步由中心向外变小，到纤芯边缘时变为外层折射率。通常折射率变化为抛物线形式，即在中心轴附近有更陡的折射率梯度，而在边缘部分折射率变化较小，保证传递的光束集中在光纤轴附近前进，因为这类光纤有聚焦作用，所以也称其为自聚焦光纤。

光纤按其传输模式多少分为单模光纤与多模光纤。单模光纤通常是指阶跃光纤中纤芯尺寸很小，传输的模式很少，原则上只能传递一种模式的光纤。这类光纤传输性能好，频带很宽，制成的传感器有很好的线性、灵敏度及动态范围。但由于纤芯直径太小，给制造带来困难。多模光导纤维通常是指阶跃光纤中纤芯尺寸较大，传输模式很多的光纤。这类光纤性能较差，频带较窄，但制造工艺容易。

#### 4. 光纤传感器的实现和应用

在很多工业控制和监控系统中人们发现，有时很难或根本不能用以电为基础的传统传感器。例如，在易燃易爆场合，是不可能使用任何可能产生电火花的仪器仪表设备的，在强磁电干扰环境中，也很难以传统的电传感器精确测量弱电磁信号。

光纤传感器避开了电信号的转换，而是利用被测量对光纤内传输的光进行调制，使传输光的某种特性，如强度、相位、频率或偏振态发生改变，从而被检测出来。光源、光的传输、光电转换和电信号的处理是组成光纤传感器的基本要素。

光纤传感器的种类很多，工作原理也各不相同，但都离不开光的调制和解调两个环节。光的调制就是把某一被测信息加载到传输光波上，这种承载了被测量信息的调制光再经过光探测系统解调，便可获得所需检测的信息。原则上说，只要能找到一种途径，把被测信息叠加到光波上并能解调出来，就可构成一种光纤传感器。

常用的光调制方法有强度调制、相位调制、频率调制及偏振调制。

## 单元小结

**1. 可编程序控制器**

（1）可编程序控制器是在传统的顺序控制器的基础上引入了微电子技术、计算机技术、自动控制技术和通信技术而形成的一代新型工业控制装置，目的是用来取代继电器、执行逻辑、定时、计数等顺序控制功能，建立柔性的计算机程序控制系统。

（2）PLC 工作方式。PLC 采用循环扫描工作方式，在 PLC 中，用户程序按先后顺序存放，CPU 从第一条指令开始执行程序，直到遇到结束符后又返回到第一条。整个过程可分为五个部分：自诊断、公共处理（通信处理）、输入采样、执行用户程序、输出刷新。

（3）PLC 与继电器接触器控制的区别。PLC 与继电器接触器控制的重要区别之一就是工作方式不同。继电器接触器是按"并行"方式工作，也就是说，按同时执行的方式工作的，只要形成电流通路，就可能有继电器同时动作。而 PLC 是以反复扫描的工作方式工作的，它是循环地连续逐条执行程序，可以认为 PLC 是以"串行"方式工作的。这种串行工作方式可以避免继电器接触器控制的触点竞争和时序失配问题。

（4）PLC 的应用领域。PLC 的快速发展使其在各行各业均有出色的表现，从行业上看，PLC 广泛应用于钢铁、石油、化工、电力、电梯、建材、水处理、机械制造、冶金、汽车、纺织、物流、环保及文化娱乐等。

（5）设计 PLC 控制系统的步骤。

①确定被控系统必须完成的动作及完成这些动作的顺序。

②分配 I/O 点。

③根据控制要求画出梯形图或顺控图。

④将程序写进 PLC。

⑤对程序进行调试。

(6)梯形图编程时应注意的常见问题和一般原则。

①在程序中输入输出继电器、辅助继电器、定时器、计数器等软元件的接点可多次重复使用，无须用复杂的程序结构来减少接点的使用次数。

②梯形图每一行都是从左母线开始，线圈接在最右边。接点不能放在线圈的右边。在普通梯形图程序中，线圈不能和左母线直接相连。

③同一编号的线圈在一个程序中出现两次，称为双线圈输出。双线圈输出会相互影响，容易引起误操作，在一般的梯形图程序中应尽量避免线圈的重复使用。

④梯形图程序必须符合顺序执行的原则，即从左到右、从上到下。

⑤在梯形图中没有真实的电流流动，为了便于分析 PLC 的周期扫描原理和逻辑上的因果关系，假定在梯形图中有"电流"流动，这个"电流"只能在梯形图中单方向流动，即从左向右流动，层次的改变只能从上向下。这个电流称为"能流"。

⑥编程原则的特殊情况。虽然在普通的梯形图程序中不可以出现线圈直接和左母线相连及双线圈现象，但在一些特殊场合却有不同的表现形式。例如，在松下系列中是绝对不允许双线圈出现的，如果将含双线圈的程序传送到 PLC 中，PLC 将会显示出错，将 PLC 置于 RUN 状态通过监控可知错误代码为 02。但松下系列中，在步进程序中却可使线圈和左母线直接相连。在三菱系列中如果普通的梯形图中出现双线圈，它的处理非常复杂且普通梯形图中不可使线圈和左母线直接相连。但在使用步进程序时可方便、灵活地将同一个线圈多次使用，并在步进图中线圈可直接与左母线相连。

**2. 变频器**

(1)三相异步电动机的机械特性是指电机的电磁转矩 $M$ 与转子转速 $n$ 之间的关系 $n=f(M)$，用曲线表示时，一般纵坐标表示转速 $n$(或转差率 $s$)，横坐标表示电磁转矩。

(2)交流调速。有调压调速、串级调速、变频调速等。

(3)交流变频调速的核心部件。交流变频调速的核心部件是变频装置。

(4)变压变频装置。现有的交流供电电源都是恒压恒频的，必须经过变频装置，以获得变压变频的电源，去满足变频调速的要求。这种装置通称为变压变频装置(VVVF)。

(5)变频装置的分类。从结构上可分为间接变频(交-直-交变频装置)和直接变频(交-交变频装置)两类。

(6)间接变频装置。先将工频电源通过整流器变为直流，再经逆变器将直流转换成可控频率的交流。

(7)直接变频装置。它是将工频电源直接转换成可控频率的交流，没有中间直流环节。

**3. 传感器**

(1)传感器。在工程技术领域中，通常将把被测量(物理量、化学量、生物量等)的信息转换成与之有确定关系的电量的输出装置，称为传感器。

(2)传感器的组成。它由敏感元件、转换元件、转换电路、辅助电源组成。

(3)传感器的分类。

①根据被测量可分为位移传感器、压力传感器、速度传感器、温度传感器、流量传感器、气体传感器。

②根据工作原理可分为电阻式传感器、电容式传感器、压电式传感器、霍尔式传感器、光电式传感器、光栅式传感器、热电偶传感器。

③根据输出信号的性质可分为开关型输出、模拟量输出、数字量输出。

(4)传感器输出信号的特点。

①输出信号的类型有电压、电流、电阻、电感、频率等,通常是动态的。

②输出电信号一般比较弱,如电压信号一般为 $\mu V$ 至 $mV$ 级、电流信号为 $nA$ 至 $MA$ 级。

③传感器都有噪声,输出信号会和噪声信号混在一起。

④有一些传感器的输出是非线性的。

⑤传感器的输出信号易受外界环境(如温度、电场或磁场)的干扰。

(5)传感器测量电路的作用。

由传感器输出信号特点可知,直接输出的信号不能直接被使用,而是需要通过专门的电子电路对其输出信号进行必要的加工、处理后才能满足要求。

(6)测量电路的形式。

传感器测量电路可由各种单元组成。

常见的单元电路有电桥电路、谐振电路、脉冲调宽电路、调频电路、取样保持电路、模/数和数/模转换电路、调制解调电路、温度补偿电路、具有非线性特性的线性化电路、细分电路、辨向电路、当量变换和编码变换电路等。

(7)常见的传感器。有电容式传感器、电感式传感器、霍尔式传感器、光电式传感器、光纤式传感器等。

## 自 测 题

一、判断题

(    )1. PLC 输入继电器不仅由外部输入信号驱动,而且也能被程序指令驱动。

(    )2. PLC 可编程序控制器输入部分是收集被控制设备的信息或操作指令。

(    )3. 在程序编制过程中,同一编号的线圈在一个程序中可以使用多次。

(    )4. 变频器中间直流环节的储能元件用于完成对逆变器的开关控制。

(    )5. 变频器的复位键(RESET、RST)用于跳闸后,使变频器恢复为正常状态。

(    )6. 在 PLC 梯形图的每个逻辑行上,并联触点多的电路块应安排在最右边。

(    )7. 交-交变频是把工频交流电整流为直流电,然后再由直流电逆变为所需频率的交流电。

(    )8. 只要变频器不处于工作状态,触摸变频器就不会有触电危险。

(    )9. 传感器的输出信号不易受外界环境的干扰。

(　　)10. 气敏电阻传感器可用于制成烟雾报警器。

## 二、选择题

1. 下列(　　)传感器可以用于水果保鲜。
   A. 热敏电阻传感器　　　　　　B. 湿敏电阻传感器
   C. 电阻应变式传感器　　　　　D. 差动变压式传感器

2. 下列(　　)传感器可用于测温。
   A. 热敏电阻传感器　　　　　　B. 湿敏电阻传感器
   C. 电阻应变式传感器　　　　　D. 差动变压式传感器

3. 变频器调速系统的主电路中只接一台电动机时，下列说法正确的是(　　)。
   A. 变频器进线侧不必接熔断器；电动机侧必须接热继电器
   B. 变频器进线侧必须接熔断器；电动机侧不必接热继电器
   C. 变频器进线侧不必接熔断器；电动机侧不必接热继电器
   D. 变频器进线侧必须接熔断器；电动机侧必须接热继电器

4. 变频器调速系统的调试应遵循(　　)的一般规律。
   A. 先轻载、后重载、再空载
   B. 先重载、后轻载、再空载
   C. 先空载、后轻载、再重载

5. 在进行变频器的安装时，变频器输出侧不允许接(　　)，也不允许接电容式单相电动机。
   A. 电感线圈　　B. 电阻　　C. 电容器　　D. 三相异步电动机

6. PLC是在(　　)基础上发展起来的。
   A. 继电控制系统　　B. 单片机　　C. 工业电脑　　D. 机器人

7. 目前最常用的PLC编程方式是(　　)。
   A. 梯形图　　　　　　　　　　B. 继电接线图
   C. 步进流程图(SFC)　　　　　　D. 指令表

8. 可编程序控制器是一种专门在工业环境下应用而设计的(　　)操作的电子装置。
   A. 逻辑运算　　　　　　　　　B. 数字运算
   C. 统计运算　　　　　　　　　D. 算术运算

9. 酒精测量仪的敏感元件是(　　)。
   A. 电阻应变片　　　　　　　　B. 电感线圈
   C. 湿敏电阻　　　　　　　　　D. 气敏电阻

10. 变频器调速使用电位器调节，参数设定为(　　)。
    A. P77设定为4，P1设定上限值，P2设定下限值
    B. P79设定为4，P1设定上限值，P2设定下限值
    C. P77设定为1，P1设定上限值，P2设定下限值
    D. P79设定为1，P1设定上限值，P2设定下限值

单元九

# 二极管及其在整流电路中的应用

## 课题一　半导体的基础知识

**知识目标**

(1) 认识半导体元件。
(2) 能识读半导体元件的型号。

**主要内容**

本课题主要介绍了半导体元件的基础知识、型号命名方法、半导体元件的构成原理和 PN 结的单向导电性能等。

【相关知识点一】　半导体基本知识

物体根据导电能力的强弱可分为导体、半导体和绝缘体三大类。凡容易导电的物质（如金、银、铜、铝、铁等金属物质）称为导体；不容易导电的物质（如玻璃、橡胶、塑料、陶瓷等）称为绝缘体；导电能力介于导体和绝缘体之间的物质（如硅、锗、硒等）称为半导体。半导体之所以得到广泛的应用，是因为它具有热敏性、光敏性、掺杂性等特殊性能。

目前，制造晶体管的半导体材料多数是锗、硅。因为这些物质呈晶体结构，所以称之为半导体晶体管，简称晶体管或半导体管。

利用半导体独特的导电特性制造的各类半导体器件得到了广泛的应用。其中，半导体二极管、半导体三极管等统称为半导体分立器件（半导体分立器件常见的还有场效应晶体管、晶闸管等）。

【相关知识点二】　半导体器件型号

晶体管型号定义如图 9-1 所示。

# 单元 九  二极管及其在整流电路中的应用

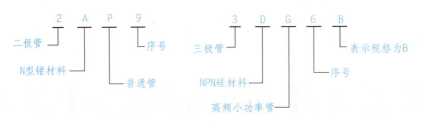

图 9-1  晶体管型号定义

半导体管型号主要由下面五部分组成。
第一部分：电极数，用数字表示。
第二部分：材料和极性，用字母表示。
第三部分：类型，用字母表示。
第四部分：序号，用数字表示。
第五部分：规格，用字母表示。
场效应管、半导体特殊器件、复合管、PIN 型管、激光器件的型号只有第三、四、五部分而没有第一、二部分。

## 【相关知识点三】 N 型和 P 型半导体

### 一、N 型半导体(也称为电子型半导体)

N 型半导体即自由电子浓度远大于空穴浓度的杂质半导体。

在纯净的硅晶体中掺入五价元素(如磷)，使之取代晶格中硅原子的位置，就形成了 N 型半导体。在 N 型半导体中，自由电子为多子，空穴为少子，主要靠自由电子导电。自由电子主要由杂质原子提供，空穴由热激发形成。掺入的杂质越多，多子(自由电子)的浓度就越高，导电性能就越强。

要增加纯硅导电带的电子数目，可加入五价的杂质原子。具有五个价电子的原子有砷(As)、磷(P)、铋(Bi)和锑(Sb)。

如图 9-2 所示，每一个五价原子(图中所示为锑)都会与邻近的四个硅原子形成共价键。锑原子有四个价电子要与硅原子形成共价键，就会多出一个价电子。这个多余的价电子就成为传导电子，因为它不属于任何原子。由于五价原子会放弃一个电子，所以又被称为施主原子(Donor atom)。凭借加入硅晶体的杂质原子的数目，就能控制传导电子的数目。这种掺杂过程所产

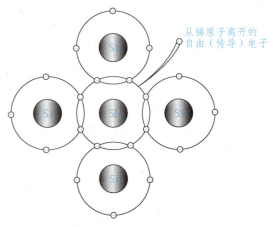

图 9-2  N 型半导体构成原理

218

生的传导电子,并不会在价带上留下空穴,因为这些传导电子都是多出来的电子。

既然大多数的载流子都是电子,硅(或锗)掺杂入五价原子就成为N型半导体(N代表电子所带的负电荷)。电子就称为N型半导体中的多数载流子(Majority carriers)。虽然N型半导体材料的多数载流子是电子,但是仍会有少数的空穴产生,这是因为热扰动会产生电子—空穴对。这些空穴并不是因为加入五价杂质原子而产生的。空穴在N型半导体材料中称为少数载流子。

## 二、P型半导体(也称为空穴型半导体)

P型半导体即空穴浓度远大于自由电子浓度的杂质半导体。

在纯净的硅晶体中掺入三价元素(如硼),使之取代晶格中硅原子的位子,就形成P型半导体。在P型半导体中,空穴为多子,自由电子为少子,主要靠空穴导电。空穴主要由杂质原子提供,自由电子由热激发形成。掺入的杂质越多,多子(空穴)的浓度就越高,导电性能就越强。

要在纯硅晶体中增加空穴的数目,可以加入三价的杂质原子。具有三个价电子的原子有硼(B)、铟(In)和镓(Ga)等。

如图9-3所示,每一个三价原子(此图中所示为硼)会与邻近的四个硅原子形成共价键。硼原子的全部三个价电子都用于形成共价键,但是因为需要四个电子,因此每加入一个三价原子就会产生一个空穴。因为三价原子可以接收电子,因此被视为受主原子。凭借加入硅晶体的三价杂质原子的数目,就可以控制空穴的数目。由掺杂过程所产生的空穴,并不会伴随产生传导(自由)电子。

硅(或锗)晶体掺杂三价原子后,因为大多数的载流子是空穴,就称为P型半导体。空穴可视为正电荷,因为缺乏一个电子,相对地就会形成原子多一个正电荷。P型材料中的多数

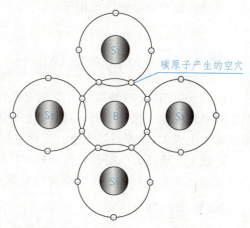

图9-3 P型半导体构成原理

载流子是空穴。虽然P型半导体材料的多数载流子是空穴,但是仍会有少数的自由电子产生,这是因为热扰动产生电子—空穴对。这些自由电子并不是因为加入三价杂质原子而产生的。电子在P型半导体材料中称为少数载流子。

【相关知识点四】 PN结和它的单向导电性

## 一、PN结的形成

在一块完整的硅片上,用不同的掺杂工艺使其一边形成N型半导体,另一边形成P

型半导体，那么在两种半导体的交界面附近就形成了 PN 结。PN 结是构成各种半导体器件的基础。

在 P 型半导体和 N 型半导体结合后，由于 N 型区内电子很多而空穴很少，而 P 型区内空穴很多电子很少，在它们的交界处就出现了电子和空穴的浓度差别。这样，电子和空穴都要从浓度高的地方向浓度低的地方扩散。于是，有一些电子要从 N 型区向 P 型区扩散，也有一些空穴要从 P 型区向 N 型区扩散。它们扩散的结果就使 P 区一边失去空穴，留下了带负电的杂质离子，N 区一边失去电子，留下了带正电的杂质离子。半导体中的离子不能任意移动，因此不参与导电。这些不能移动的带电粒子在 P 区和 N 区交界面附近，形成了一个很薄的空间电荷区，就是 PN 结。空间电荷区有时又称为耗尽区。扩散越强，空间电荷区越宽。

在出现了空间电荷区以后，由于正、负电荷之间的相互作用，在空间电荷区就形成了一个内电场，其方向是从带正电的 N 区指向带负电的 P 区。显然，这个电场的方向与载流子扩散运动的方向相反，它是阻止扩散的。

另外，这个电场将使 N 区的少数载流子空穴向 P 区漂移，使 P 区的少数载流子电子向 N 区漂移，漂移运动的方向正好与扩散运动的方向相反。从 N 区漂移到 P 区的空穴补充了原来交界面上 P 区所失去的空穴，从 P 区漂移到 N 区的电子补充了原来交界面上 N 区所失去的电子，这就使空间电荷减少，因此，漂移运动的结果是使空间电荷区变窄。

当漂移运动和扩散运动相等时，PN 结便处于动态平衡状态。

## 二、PN 结的单向导电性

PN 结的正向导电性很好，反向导电性很差，这就是 PN 结的单向导电性。即 PN 结的正向电流随电压很快上升(指数函数式增大)，并且电流很大；而反向电流很小，并且与电压基本上无关(在理想情况下，反向电流是饱和电流)。

造成 PN 结具有单向导电性的根本原因，就在于其中势垒区的高度和厚度随着不同方向外加电压的作用而发生不同变化的结果。

### 1. 正向导电

在正向电压下，PN 结的势垒高度降低(势垒厚度也减薄)，即发生载流子注入现象(N 区电子往 P 区注入，P 区空穴往 N 区注入)；注入的少数载流子首先在势垒区边缘积累，并一边复合、一边向内部扩散，则在扩散区中形成一定的浓度分布。然后借助这种少数载流子分布的浓度梯度而产生扩散电流——输出正向电流。总的输出电流就等于两边的少数载流子各自的扩散电流之和。可见，PN 结的正向电流是少数载流子的扩散电流，并且与 PN 结两边扩散区中少数载流子的浓度梯度成正比。

由于扩散区中少数载流子的浓度梯度与注入势垒边缘处的少数载流子浓度成正比，但该边缘处注入(增加)的少数载流子浓度则与势垒降低的高度有指数函数关系，而势垒高度的降低又与正向电压成正比，所以 PN 结的正向电流随着正向电压的增大而呈指数函数式增加。

### 2. 反向导电

在反向电压下，PN 结的势垒高度增大(势垒厚度也增宽)，即发生载流子抽出现象(从 P 区中抽出电子，从 N 区中抽出空穴)。因为从势垒边缘处能够抽出的少数载流子数量很少；而且在抽出的同时，扩散区内部的少数载流子还不断地补充到边缘来，维持一定的浓度梯度，从而产生反向扩散电流——反向电流。因此，PN结的反向电流一定很小，并且也是少数载流子的扩散电流。

同时，由于这时反向电压只是影响到势垒区中的电场，而并不影响抽出少数载流子的数量和浓度梯度，所以反向电流与电压无关——电流饱和。总之，PN结的反向电流，在性质上同正向电流一样，也是少数载流子的电流，并且也是扩散电流。但是反向电流与外加电压无关，即是所谓反向饱和电流。

### 3. 其他电流成分

通过PN结的正向电流和反向电流，虽然主要都是少数载流子电流，并且都是扩散电流。但实际上也往往包含有一些其他性质的次要电流成分。这里值得重视的一种电流就是PN结势垒区中复合中心的复合——产生电流。

在PN结势垒区中总是或多或少地存在一些复合中心（由有害的杂质、缺陷所造成）。在正向电压下，即有大量载流子通过势垒区，则这些复合中心就将要复合载流子而产生额外的复合电流；于是，在总的正向电流中就需要加上这部分复合电流。不过，对于PN结，复合电流一般所占的比例较小，只有在小电流时复合电流才显得突出而重要（在小电流时的电流放大系数较低，其主要原因就是发射结复合电流的影响）。

在反向电压下，PN结势垒区中更加缺乏载流子，则势垒区中的复合中心将要产生出额外的载流子和相应的反向电流。因此，总的反向电流就包含有扩散电流和产生电流两个成分。

对于PN结，由于其反向扩散电流通常都很小，所以复合中心的产生电流往往是其反向电流的主要成分。也正因为如此，PN结的反向电流实际上并不饱和——随电压而线性地增大（因为势垒厚度随电压升高而增大的缘故）。

# 课题二 晶体二极管

### 知识目标

(1) 了解晶体二极管的种类、符号及其含义。
(2) 能识别二极管的极性并能正确连接电路。
(3) 理解二极管单向导电性，并利用其分析具体实际问题。

### 主要内容

本课题主要介绍了二极管的基本特征与分类、二极管的主要参数、二极管的伏安特性以及几种常用二极管的特点和二极管的识别与检测方法。

# 单元九 二极管及其在整流电路中的应用

## 【相关知识点一】 二极管的基本特征与分类

### 一、二极管的基本特征

#### 1. 普通型二极管

二极管是由一个 PN 结构成的半导体器件,即将一个 PN 结加上两条电极引线做成管芯,并用管壳封装而成。P 型区的引出线称为正极或阳极,N 型区的引出线称为负极或阴极,如图 9-4 所示。

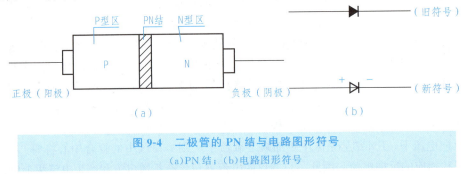

图 9-4　二极管的 PN 结与电路图形符号
(a)PN 结;(b)电路图形符号

普通二极管有硅管和锗管两种,它们的正向导通电压(PN 结电压)差别较大,锗管为 0.2~0.3 V,硅管为 0.6~0.7 V。

#### 2. 点接触型二极管

点接触型二极管是由一根根细的金属丝热压在半导体薄片上制成的。在热压处理过程中,半导体薄片与金属丝在接触面上形成了一个 PN 结,金属丝为正极,半导体薄片为负极。

点接触型二极管的金属丝和半导体的金属面很小,虽然难以通过较大的电流,但因其结电容较小,可以在较高的频率下工作。点接触型二极管可用于检波、变频、开关等电路及小电流的整流电路中。

#### 3. 面接触型二极管

面接触型二极管是利用扩散、多用合金及外延等掺杂方法,实现 P 型半导体和 N 型半导体直接接触而形成 PN 结的。

面接触型二极管 PN 结的接触面积大,可以通过较大的电流,适用于大电流整流电路或在脉冲数字电路中作开关管。因其结电容相对较大,故只能在较低的频率下工作。

### 二、二极管的分类

图 9-5 是部分常见二极管外形及有关的图形符号。

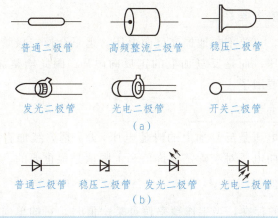

图 9-5 常见二极管外形及有关的图形符号
(a)外形；(b)图形符号

### 1. 按材料划分

二极管以材料可分为硅二极管和锗二极管。

### 2. 按 PN 结面积大小划分

二极管以 PN 结面积大小可分为点接触型和面接触型。

### 3. 按用途划分

二极管的用途广泛，按用途有众多分类，可分为整流二极管、稳压二极管、发光二极管、光电二极管、变容二极管等。

【相关知识点二】 二极管的主要参数、特点及伏安特性

## 一、二极管的主要参数

### 1. 反向饱和漏电流 $I_R$

它指在二极管两端加入反向电压时流过二极管的电流，该电流与半导体材料和温度有关。在常温下，硅管的 $I_R$ 为 $nA(10^{-9} A)$ 级，锗管的 $I_R$ 为 $\mu A(10^{-6} A)$ 级。

### 2. 额定整流电流 $I_F$

它指二极管长期运行时，根据允许温升折算出来的平均电流值。目前大功率整流二极管的 $I_F$ 值可达 1 000 A。

### 3. 最大平均整流电流 $I_O$

它指在半波整流电路中，流过负载电阻的平均整流电流的最大值。这是设计时非常重要的值。

### 4. 最大浪涌电流 $I_{FSM}$

允许流过的过量的正向电流。它不是正常电流，而是瞬间电流，这个值相当大。

### 5. 最大反向峰值电压 $U_{RM}$

即使没有反向电流，只要不断地提高反向电压，迟早会使二极管损坏。这种能加上的反向电压，不是瞬时电压，而是反复加上的正反向电压。因此给整流器加的是交流电压，它的最大值是规定的重要因子。

### 6. 最大直流反向电压 $U_R$

上述最大反向峰值电压是反复加上的峰值电压，$U_R$ 是连续加直流电压时的值。用于直流电路，最大直流反向电压对于确定允许值和上限值是很重要的。

### 7. 最高工作频率 $f_M$

由于 PN 结结电容的存在，当工作频率超过某一值时，它的单向导电性将变差。点接触式二极管的 $f_M$ 值较高，在 100 MHz 以上；整流二极管的 $f_M$ 较低，一般不高于几千赫。

### 8. 反向恢复时间 $T_{rr}$

当工作电压从正向电压变成反向电压时，二极管工作的理想情况是电流能瞬时截止。实际上，一般要延迟一点点时间。决定电流截止延时的量，就是反向恢复时间。也即当二极管由导通突然反向时，反向电流由很大衰减到接近 $I_R$ 时所需要的时间。虽然它直接影响二极管的开关速度，但不一定说这个值小就好。大功率开关管工作在高频开关状态时，此项指标极为重要。

### 9. 最大功率 $P$

二极管中有电流流过就会吸热，而使自身温度升高。最大功率 $P$ 为功率的最大值。具体讲就是加在二极管两端的电压乘以流过的电流。这个极限参数对稳压二极管、可变电阻二极管显得特别重要。

## 二、几种常用二极管的特点

### 1. 整流二极管

整流二极管结构主要是平面接触型，其特点是允许通过的电流比较大，反向击穿电压比较高，但 PN 结电容比较大，一般广泛应用于处理频率不高的电路中，如整流电路、嵌位电路、保护电路等。整流二极管在使用中主要考虑的问题是最大整流电流和最高反向工作电压应大于实际工作中的值。

### 2. 快速二极管

快速二极管的工作原理与普通二极管是相同的，但由于普通二极管工作在开关状态下的反向恢复时间较长，为 4~5 μs，不能适应高频开关电路的要求。快速二极管主要应用于高频整流电路、高频开关电源、高频阻容吸收电路、逆变电路等，其反向恢复时间可达 10 ns。快速二极管主要包括快恢复二极管和肖特基二极管。

### 3. 稳压二极管

稳压二极管是利用 PN 结反向击穿特性所表现出的稳压性能制成的器件。稳压二极管也称为齐纳二极管或反向击穿二极管，在电路中起稳定电压的作用。

它是利用二极管被反向击穿后，在一定反向电流范围内反向电压不随反向电流变化这一特点进行稳压的。稳压二极管通常由硅半导体材料采用合金法或扩散法制成。它既具有普通二极管的单向导电特性，又可工作于反向击穿状态。在反向电压较低时，稳压二极管截止；当反向电压达到一定数值时，反向电流突然增大，稳压二极管进入击穿区，此时即使反向电流在很大范围内变化时，稳压二极管两端的反向电压也能保持基本不变。但若反向电流增大到一定数值后，稳压二极管则会被彻底击穿而损坏。

稳压二极管根据其封装形式、电流容量、内部结构的不同可以分为多种类型。

稳压二极管根据其封装形式可分为金属外壳封装稳压二极管、玻璃封装（简称玻封）稳压二极管和塑料封装（简称塑封）稳压二极管。

塑封稳压二极管又分为有引线型和表面封装两种类型。

稳压管的主要参数有稳压值 $U_Z$、电压温度系数、动态电阻 $r_Z$、允许功耗 $P_Z$、稳定电流 $I_Z$。

稳压管的最主要用途是稳定电压。在要求精度不高、电流变化范围不大的情况下，可选与需要的稳压值最为接近的稳压管直接同负载并联。在稳压、稳流电源系统中一般作基准电源，也有在集成运放中作为直流电平平移。其存在的缺点是噪声系数较高、稳定性较差。

## 三、二极管的伏安特性曲线

以二极管的电压降为横坐标，二极管的电流为纵坐标，经过绘制出来的图像就是所求的二极管的伏安特性曲线，如图 9-6 所示。

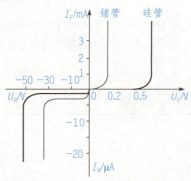

**图 9-6　二极管的伏安特性曲线**

从二极管的伏安特性曲线上可以具体而直观地看出各种二极管的性能。

这条曲线按照其特点可分为死区、正向导通区、反向截止区和反向击穿区四部分，下面分别进行分析（表 9-1）。

表 9-1 二极管的伏安特性曲线分析表

| 伏安特性曲线 | | | |
|---|---|---|---|
| 正向特性 | 死区 | | 外加正向电压很小时，正向电流几乎为零，处于截止状态。对应的电压为死区电压(阈值电压)，硅管为 0.5 V，锗管为 0.2 V |
| | 正向导通区 | | 正向电压大于死区电压后，正向电流随电压的上升而急剧增大，处于导通状态。导通后的管压降，硅管为 0.7 V，锗管为 0.3 V |
| 反向特性 | 反向截止区 | | 反向电压较小时，反向电流很小且不随反向电压变化，为反向饱和电流 |
| | 反向击穿区 | | 当反向电压增大到反向击穿电压时，反向电流突然急剧增大，这种现象称为反向击穿(电击穿)。当继续增大反向电压时，过高的电流、电压会使二极管过热而烧毁，此时二极管处于热击穿状态，这种情况在使用中应尽量避免 |

### 【相关知识点三】 二极管的极性识别、选用与检测

## 一、二极管的引出线极性识别

二极管的引出线极性识别很简单，如图 9-7 所示。

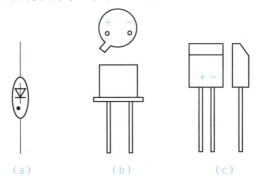

图 9-7 半导体二极管的引脚示意图
(a)轴向引线型；(b)带定位标志型；(c)塑料环装型

## 二、二极管的选用与检测

### 1. 二极管的选用

(1)按用途选择二极管类型。

用作检波可选择点接触式普通二极管；用作整流则可选择面接触型普通二极管或整流二极管；若用于高频整流电路中，需采用高频整流二极管。另外，如要实现光电转换，需选用光电二极管；用在开关电路中的则应用开关二极管等。

(2)类型确定后，按参数选择元件。

用在电源电路中的整流二极管，通常主要考虑两个参数，即 $I_{FM}$、$U_{RM}$。在选择时需视电路情况留有适当余量，如工作在容性负载电路中的二极管，其 $I_{FM}$ 值应降低 20% 使

用。二极管在电路中承受反向电压峰值需小于 $U_{RM}$，若是工作在三相电路中，其所加交流电压比单相电路还应降低 15%。

(3) 选用硅管和锗管区别。

可按照以下原则决定：要求正向压降小的选锗管(锗管为 0.2～0.3 V，硅管为 0.6～0.7 V)；要求反向电流小的选硅管(硅管小于 1 μA，锗管为几百 mA)；要求反压高、耐高温的选硅管(硅管结温约 1 500 ℃，锗管结温约 80 ℃)。

### 2. 二极管的检测

(1) 用指针式万用表测量普通二极管的正、负极性，如图 9-8 所示。根据二极管正向电阻小、反向电阻大的特点，将万用表旋钮置于"$R×100$"或"$R×1K$"挡(不要用"$R×1$"挡和"$R×10K$"挡以上，以免电流过大或电压太高损坏管子)。两表棒接触二极管的两端，如电阻表指出是几百欧姆的小阻值，则接黑表棒的那个电极为二极管的正极，反之若电阻表指示是几百千欧的大阻值，则接红表棒的引出脚是二极管的正极。在图 9-8 中，图 9-8(a) 为电路示意图，图 9-8(b) 为原理图。

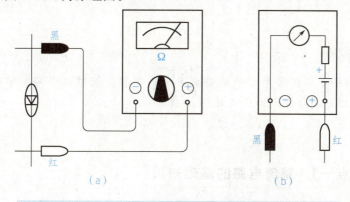

图 9-8 二极管引脚极性的判别
(a)电路示意图；(b)原理图

(2) 用指针式万用表鉴别二极管的性能。将万用表的黑表笔接二极管正极，红表笔接二极管负极，测得二极管的正向电阻。一般在几千欧以下为好，要求正向电阻越小越好。将红表笔接二极管的正极，黑表笔接二极管负极，可测出其反向电阻一般应在 200 kΩ 以上。

若反向电阻太小，则表明二极管失去单向导电作用。如果正、反向电阻都为无穷大，表明二极管已断路；反之，二者都为零表明二极管已短路。正常情况下，锗二极管的正向电阻约为 1.6 kΩ。

(3) 用数字式万用表检测二极管。如果用电阻挡位，红表笔接二极管的正极，黑表笔接二极管的负极，此时测出的是二极管的正向电阻，这与指针式万用表的表笔接法刚好相反。

若用万用表的二极管挡检测，只要将数字式万用表置于二极管挡，然后将二极管的负极与黑表笔相接，二极管的正极与红表笔相接，此时显示屏上即显示出二极管的正向导通电压，硅二极管为 0.550～0.700 V，锗二极管为 0.150 0～0.300 V，若显示屏显示

"0000",说明二极管已短路;若显示"OL"说明二极管内部开路或处于反向状态,此时可对调表笔再测量。

## 课题三  二极管整流电路

**知识目标**

(1)能正确搭接桥式整流电路,并简述其工作原理。
(2)会用万用表测量相关电量参数,用示波器观察波形。
(3)通过查阅资料等方式,能列举出桥式整流电路在电子电器或设备中的应用。

**主要内容**

本课题主要介绍了二极管单相半波整流电路、单相全波整流电路、单相桥式整流电路以及晶闸管单相可控整流电路的电路图。

【相关知识点一】 整流电路的基础知识

### 一、整流电路的定义

"整流电路"是把交流电能转换为直流电能的电路。大多数整流电路由变压器、整流主电路和滤波器等组成。

### 二、整流电路的作用

整流电路的作用是将交流降压电路输出的电压较低的交流电转换成单相脉动性直流电,这就是交流电的整流过程,整流电路主要由整流二极管组成。经过整流电路之后的电压已经不是交流电压,而是一种含有直流电压和交流电压的混合电压。习惯上称为单相脉动性直流电压。

### 三、整流电路的分类

(1)按组成器件划分:可分为不可控电路、半控电路、全控电路三种。

(2) 按电路结构划分：可分为零式电路和桥式电路。

(3) 按电网交流输入相数划分：可分为单相电路、三相电路和多相电路。

(4) 按电流方向划分：可分为单向或双向，又分为单拍电路和双拍电路。

(5) 按控制方式划分：可分为相控式电路和斩波式电路(斩波器)。

(6) 按引出方式划分：分中点引出整流电路、桥式整流电路、带平衡电抗器整流电路、环形整流电路及十二相整流电路。

【相关知识点二】 整流电路的工作原理

电力网供给用户的是交流电，而各种无线电装置需要用直流电。整流就是把交流电变为直流电的过程。利用具有单向导电特性的器件，可以把方向和大小改变的交流电变换为直流电。

## 一、单相半波整流电路

半波整流电路是一种除去半周、留下半周的整流方法。不难看出，半波整波可以说是以"牺牲"一半交流为代价而换取整流效果的，电流利用率很低(计算表明，整流得出的半波电压在整个周期内的平均值，即负载上的直流电压 $U_{sc}=0.45E_2$)，因此常用在高电压、小电流的场合，而在一般无线电装置中很少采用。

### 1. 单相半波整流电路的组成

单相半波整流电路由电源变压器 T 的副边绕组、整流二极管 VD 和负载电阻 $R_L$ 串联组成。图 9-9(a)所示为单相半波整流电路。

### 2. 单相半波整流电路的工作原理

变压器次级电压 $u_2$ 是一个方向和大小都随时间变化的正弦波电压，它的波形如图 9-9 所示。在 $0\sim\pi$ 时间内，$u_2$ 为正半周即变压器上端为正、下端为负，此时二极管承受正向电压而导通，$u_2$ 通过它加在负载电阻 $R_L$ 上。在 $\pi\sim2\pi$ 时间内，$u_2$ 为负半周，变压器次级下端为正、上端为负。这时 VD 承受反向电压不导通，$R_L$ 上无电压。在 $2\pi\sim3\pi$ 时间内，重复 $0\sim\pi$ 时间的过程；而在 $3\pi\sim4\pi$ 时间内，又重复 $\pi\sim2\pi$ 时间的过程……这样反复下去，交流电的负半周就被"削"掉了，只有正半周通过 $R_L$ 而在 $R_L$ 上获得了一个单一右向(上正下负)的电压，如图 9-9(b)所示，达到了整流的目的。但是，

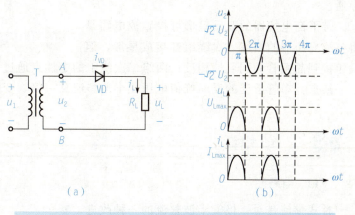

图 9-9 单相半波整流电路和波形
(a)电路；(b)波形

负载电压 $U_{Lmax}$ 以及负载电流的大小还随时间而变化，因此，通常称它为脉动直流。

电路缺点：电源利用率低，纹波成分大。

## 二、变压器中心抽头式单相全波整流电路

### 1. 电路图

如果把整流电路的结构做一些调整，可以得到一种能充分利用电能的全波整流电路。变压器中心抽头式单相全波整流电路如图 9-10 所示。

全波整流电路可以看作是由两个半波整流电路组合而成的。变压器次级线圈中间需要引出一个抽头，把次级线圈分成两个对称的绕组，从而引出大小相等但极性相反的两个电压 $E_{2a}$、$E_{2b}$，构成 $E_{2a}$、$VD_1$、$R_{fz}$ 与 $E_{2b}$、$VD_2$、$R_{fz}$ 两个通电回路。

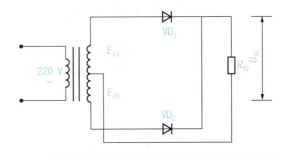

图 9-10 变压器中心抽头式单相全波整流电路

### 2. 全波整流电路的工作原理

全波整流电路的工作原理，可用图 9-11 所示的波形图说明。在 $0\sim\pi$ 间内，$E_{2a}$ 对 $VD_1$ 为正向电压，$VD_1$ 导通，在 $R_{fz}$ 上得到上正下负的电压；$E_{2b}$ 对 $VD_2$ 为反向电压，$VD_2$ 不导通。在 $\pi\sim 2\pi$ 时间内，$E_{2b}$ 对 $VD_2$ 为正向电压，$VD_2$ 导通，在 $R_{fz}$ 上得到的仍然是上正下负的电压；$E_{2a}$ 对 $VD_1$ 为反向电压，$VD_1$ 不导通。

带平衡电抗器的双反星形可控整流电路是将整流变压器的两组二次绕组都接成星形，但

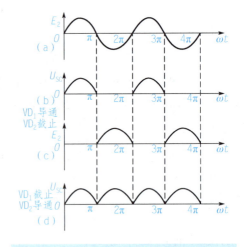

图 9-11 单相全波整流电路波形

两组接到晶闸管的同名端相反；两组二次绕组的中性点通过平衡电控器 LB 连接在一起。

缺点：单管承受的反向峰值电压比半波整流高一倍，变压器 T 需中心抽头。

## 三、单相桥式全波整流电路

### 1. 电路图

桥式整流是对二极管半波整流的一种改进。

半波整流利用二极管单向导通特性，在输入为标准正弦波的情况下，输出获得正弦波的正半部分，负半部分则损失掉。

230

桥式整流器利用四个二极管,两两对接。输入正弦波的正半部分时两只管导通,得到正的输出;输入正弦波的负半部分时,另两只管导通,由于这两只管是反接的,所以输出还是得到正弦波的正半部分。桥式整流器对输入正弦波的利用效率比半波整流高一倍。

桥式整流器也叫作整流桥堆。

桥式整流器是由多只整流二极管作桥式连接,外用绝缘塑料封装而成,大功率桥式整流器在绝缘层外添加金属壳包封,以增强散热。桥式整流器品种多,性能优良,整流效率高,稳定性好,最大整流电流从 0.5~50 A,最高反向峰值电压从 50~1 000 V。图 9-12 是桥式整流电路。

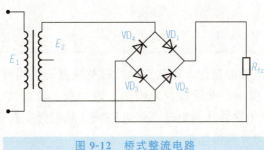

图 9-12 桥式整流电路

## 2. 工作原理

桥式整流电路的工作原理如下:

$E_2$ 为正半周时,对 $VD_1$、$VD_3$ 加正向电压,$VD_1$、$VD_3$ 导通;对 $VD_2$、$VD_4$ 加反向电压,$VD_2$、$VD_4$ 截止。电路中构成 $E_2$、$VD_1$、$R_{fz}$、$VD_3$ 通电回路,在 $R_{fz}$ 上形成上正下负的半波整流电压。$E_2$ 为负半周时,对 $VD_2$、$VD_4$ 加正向电压,$VD_2$、$VD_4$ 导通;对 $VD_1$、$VD_3$ 加反向电压,$VD_1$、$VD_3$ 截止。电路中构成 $E_2$、$VD_2$、$R_{fz}$、$VD_4$ 通电回路,同样在 $R_{fz}$ 上形成上正下负的另外半波的整流电压。如此重复下去,结果在 $R_{fz}$ 上便得到全波整流电压。其波形图和全波整流波形图是一样的。从图 9-11 中还不难看出,桥式电路中每只二极管承受的反向电压等于变压器次级电压的最大值,比全波整流电路小一半。

优点:输出电压高,纹波小,$U_{RM}$ 较低,应用广泛。

# 课题四 特殊用途的二极管

### 知识目标

(1)了解晶闸管的结构、符号、特性和主要参数,能识别引脚,并合理使用。
(2)能用万用表判别晶闸管的极性和好坏。
(3)了解晶闸管单相可控整流电路的原理。

# 单 元 九　二极管及其在整流电路中的应用

> **主要内容**
>
> 本课题主要介绍了晶闸管、稳压二极管、发光二极管、光电二极管的定义、特征、型号、原理及其应用，详细说明了这几种特殊二极管的特点及使用范围。

## 【相关知识点一】　晶闸管

### 一、晶闸管的分类

晶闸管是硅晶体闸流管的简称，原名为可控硅整流器，也叫可控硅（Silicon Controlled Rectifier）。其特点是体积小、重量轻、无噪声、寿命长、容量大（正向平均电流达千安、正向耐压达数千伏），使半导体从弱电进入强电领域。晶闸管主要用于整流、逆变、调压、开关四个方面。晶闸管的分类情况如下。

#### 1. 按关断、导通及控制方式分类

（1）单向晶闸管（也称普通晶闸管，有三个 PN 结，只能单向导通）。

（2）双向晶闸管（有四个 PN 结，能双向导通）。

（3）可关断晶闸管（GTO，有三个 PN 结，但结构和参数与普通晶闸管不同，能用控制极正信号使其导通，又能用控制极负信号使其关断）。

（4）温控晶闸管。

（5）光控晶闸管等多种。

#### 2. 按引脚和极性分类

可分为二级晶闸管、三级晶闸管、四级晶闸管。

#### 3. 按封装形式分类

可分为金属封装晶闸管、塑封装晶闸管和陶瓷封装晶闸管三种。

#### 4. 按电流容量分类

可分为大功率晶闸管、中功率晶闸管、小功率晶闸管三种。通常，大功率晶闸管多采用金属壳封装，而中、小功率晶闸管多采用塑封装或陶瓷封装。

#### 5. 按管段速度分类

可分为普通晶闸管、高频（快速）晶闸管。

### 二、单向晶闸管的结构和符号

单向晶闸管由四层半导体材料组成，有三个 PN 结，对外有三个电极：第一层 P 型半导体引出的电极叫阳极 A（anode），第三层 P 型半导体引出的电极叫控制极 G（gate pole），

第四层 N 型半导体引出的电极叫阴极 K（kathode）。晶闸管有螺旋型和平板型等几种。单向晶闸管和二极管一样，是一种单向导电的器件，关键是多了一个控制极 G，这就使它具有与二极管完全不同的工作特性。

普通晶闸管的外形、结构和符号如图 9-13 所示。

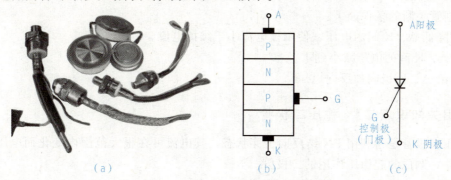

图 9-13　晶闸管的外形、结构和符号

## 三、普通晶闸管的工作特性和导通条件

普通晶闸管有以下几种工作特性（图 9-14）：

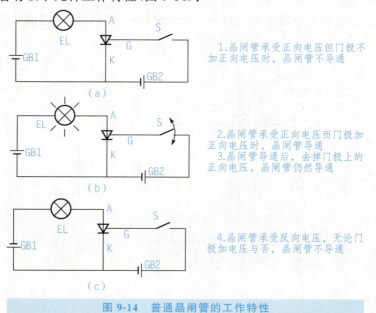

图 9-14　普通晶闸管的工作特性

（1）晶闸管阳、阴极间加正向电压而门极不加正向电压时，晶闸管不导通。
（2）晶闸管阳、阴极间加正向电压而门极也加正向电压时，晶闸管导通。
（3）晶闸管导通后，打开开关 S，去掉门极上的正向电压，晶闸管仍然导通。
（4）晶闸管阳、阴极间加反向电压，无论门极加电压与否，晶闸管均不导通。

可见，晶闸管导通的条件如下：

(1)晶闸管阳极电路加足够的正向电压(要足以在去掉触发电压后仍能产生足够的维持电流)。

(2)晶闸管门极与阴极之间必须加足够的正向电压。

晶闸管导通后和晶体管一样具有单向导电性。晶闸管一旦导通,门极便失去控制作用。

晶闸管关断的条件如下:

(1)降低 A、K 间的电压,使阳极电流小于维持电流。

(2)A、K 间的电压减小到零。

(3)给 A、K 极间加反向电压。

【相关知识点二】 稳压二极管

稳压二极管是指利用 PN 结反向击穿状态,其电流可在很大范围内变化而电压基本不变的现象,制成的起稳压作用的二极管。

## 一、稳压二极管的伏安特性及电路

稳压二极管工作在反向击穿区,由于曲线很陡,反向电流在很大范围内变化时端电压变化很小,因而具有稳压作用。图 9-16 中的 $U_B$ 表示反向击穿电压,当电流的增量 $\Delta I_Z$ 很大时,只引起很小的电压变化 $\Delta U_Z$。只要反向电流不超过其最大稳定电流,就不会形成破坏性的热击穿。因此,在电路中应与稳压二极管串联一个具有适当阻值的限流电阻,如图 9-15 所示。

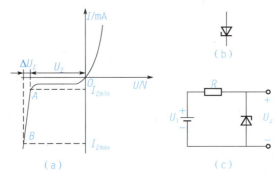

图 9-15 稳压二极管的伏安特性曲线、图形符号及稳压管电路
(a)伏安特性曲线;(b)图形符号;(c)稳压二极管电路

## 二、稳压二极管的主要参数

### 1. $U_Z$——稳定电压

它指稳压二极管通过额定电流时两端产生的稳定电压值。该值随工作电流和温度的不同而略有改变。由于制造工艺的差别,同一型号稳压二极管的稳压值也不完全一致。

### 2. $I_Z$——稳定电流

它指稳压二极管产生稳定电压时通过该管的电流值。低于此值时，稳压二极管虽然并非不能稳压，但稳压效果会变差；高于此值时，只要不超过额定功率损耗也是允许的，而且稳压性能会好一些，但要多消耗电能。

### 3. $R_Z$——动态电阻

它指稳压二极管两端电压变化与电流变化的比值。该比值随工作电流的不同而改变，一般是工作电流越大，动态电阻则越小。

### 4. $P_Z$——额定功耗

由芯片允许温升决定，其数值为稳定电压 $U_Z$ 和允许最大电流 $I_{Zm}$ 的乘积。

### 5. $C_{tv}$——电压温度系数

它是说明稳定电压值受温度影响的参数。

### 6. $I_R$——反向漏电流

它指稳压二极管在规定的反向电压下产生的漏电流。

## 三、稳压二极管故障的特点

稳压二极管的故障主要表现在开路、短路和稳压值不稳定。在这三种故障中，前一种故障表现出电源电压升高；后两种故障表现为电源电压变低到 0 V 或输出不稳定。

## 四、稳压二极管的判别

### 1. 正、负极识别

从外形上看，金属封装稳压二极管管体的正极一端为平面形，负极一端为半圆面形。塑封稳压二极管管体上印有彩色标记的一端为负极，另一端为正极。对标志不清楚的稳压二极管，也可以用万用表判别其极性，测量的方法与普通二极管相同，即用万用表"R×1K"挡，将两表笔分别接稳压二极管的两个电极，测出一个结果后，再对调两表笔进行测量。在两次测量结果中，阻值较小那一次，黑表笔接的是稳压二极管的正极，红表笔接的是稳压二极管的负极。这里的万用表指的是指针式万用表。

### 2. 色环稳压二极管识别

色环稳压二极管国内产品很少见，大多数来自国外，尤其以日本产品居多。一般色环稳压二极管都标有型号及参数，详细资料可在元件手册上查到。而色环稳压二极管体积小、功率小、稳压值大多在 10 V 以内，极易击穿损坏。色环稳压二极管的外观与色环电阻十分相似，因而很容易弄错。色环稳压二极管上的色环代表两个含义：一是代表数字，二是代表小数点位数（通常色环稳压二极管都是取一位小数，用棕色表示。也可理解为倍率，即 $\times 10^{-1}$，具体颜色对应的数字同色环电阻。

由于小功率稳压二极管体积小，在管子上标注型号较困难，所以一些国外产品采用色环来表示它的标称稳定电压值。如同色环电阻一样，环的颜色有棕、红、橙、黄、绿、蓝、紫、灰、白、黑，它们分别用来表示数值1、2、3、4、5、6、7、8、9、0。

有的稳压二极管上仅有两道色环，而有的却有三道。最靠近负极的为第1环，后面依次为第2环和第3环。

仅有两道色环的，标称稳定电压为两位数，即"××V"（几十几伏）。第1环表示电压十位上的数值，第2环表示个位上的数值。例如，第1、2环颜色依次为红、黄，则为24 V。有三道色环且第2、3两道色环颜色相同的，标称稳定电压为一位整数且带有一位小数，即"×.×V"（几点几伏）。第1环表示电压个位上的数值，第2、3两道色环（颜色相同）共同表示十分位（小数点后第一位）的数值。例如，第1、2、3环颜色依次为灰、红、红，则为8.2 V。

有三道色环且第2、3两道色环颜色不同的，标称稳定电压为两位整数并带有一位小数，即"××.×V"（几十几点几伏）。第1环表示电压十位上的数值，第2环表示个位上的数值，第3环表示十分位（小数点后第一位）的数值。不过这种情况较少见，如棕、黑、黄（10.4 V）和棕、黑、灰（10.8 V）。

#### 3. 与普通整流二极管的区分

首先利用万用表"$R \times 1K$"挡，把被测管的正、负电极判断出来。然后将万用表拨至"$R \times 10K$"挡上，黑表笔接被测管的负极，红表笔接被测管的正极，若此时测得的反向电阻值比用"$R \times 1K$"挡测量的反向电阻小很多，说明被测管为稳压二极管；反之，如果测得的反向电阻值仍很大，说明该管为整流二极管或检波二极管。这种识别方法的道理是，万用表"$R \times 1K$"挡内部使用的电池电压为1.5 V，一般不会将被测管反向击穿，使测得的电阻值比较大。而用"$R \times 1K$"挡测量时，万用表内部电池的电压一般都在9 V以上，当被测管为稳压二极管，且稳压值低于电池电压值时，即被反向击穿，使测得的电阻值大为减小。但如果被测管是一般整流或检波二极管时，则无论用"$R \times 1K$"挡测量还是用"$R \times 1K$"挡测量，所得阻值将不会相差很悬殊。注意：当被测稳压二极管的稳压值高于万用表"$R \times 1K$"挡的电压值时，用这种方法是无法进行区分鉴别的。

### 【相关知识点三】 发光二极管

发光二极管是一种能把电能转换成光能的特殊器件。这种二极管不仅具有普通二极管的正、反向特性，而且当给管子施加正向偏压时，管子还会发出可见光和不可见光（即电致发光）。目前应用的有红、黄、绿、蓝、紫等颜色的发光二极管。此外，还有变色发光二极管，即当通过二极管的电流改变时，发光颜色也随之改变。图9-16(a)所示为发光二极管的图形符号。

发光二极管常用来作为显示器件，除单个使用外，也常做成七段式或矩阵式器件。发光二极管的另一个重要用途是将电信号变为光信号，通过光缆传输，然后再用光电二极管接收，再现电信号。图9-16(b)所示为发光二极管发射电路通过光缆驱动的光电二极管电路。在发射端，一个0～5 V的脉冲信号通过500 Ω的电阻作用于发光二极管(LED)，这个驱动电路可使LED产生一数字光信号，并作用于光缆。由LED发出的光约有20%耦合到光缆。在接收端传送的光中，约有80%耦合到光电二极管，以致在接收电路的输出端复原为0～5 V电压的脉冲信号。

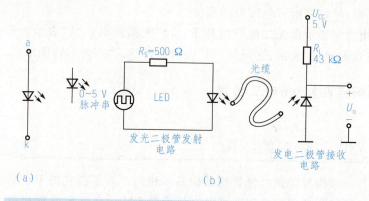

图9-16　发光二极管
(a)图形符号；(b)光电传输系统

## 一、发光二极管的组成

发光二极管主要由管芯、黏合剂、金线、支架和环氧树脂封装等几部分组成。

## 二、发光二极管的型号

发光二极管简称LED，采用砷化镓、镓铝砷和磷化镓等材料制成，其内部结构为一个PN结，具有单向导电性。

发光二极管在制作时，若使用的材料有所不同，那么就可以发出不同颜色的光，发光二极管的发光颜色有红色光、黄色光、绿色光、红外光等。

发光二极管的外形有圆形、长方形、三角形、正方形、组合形、特殊形等。

常用的发光二极管应用电路有四种，即直流驱动电路、交流驱动电路、脉冲驱动电路、变色发光驱动电路。

使用LED作指示电路时，应该串接限流电阻，该电阻的阻值大小应根据不同的使用电压和LED所需工作电流来选择。

发光二极管的压降一般为1.5～2.0 V，其工作电流一般取10～20 mA为宜。

发光二极管的型号有很多种，每一种都有识别的方法，下面了解一下它具体的表示方法。

国产发光二极管的型号表示有部标型号（FG）、厂标型号(BT)及2EF型号等。

下面对部标型号（FG）的表示方法给予说明：

第一部分用字母FG表示发光二极管。

第二部分用数字表示发光二极管材料："1"表示磷化镓（GaP）；"2"表示磷砷化镓（GaAsP）；"3"表示砷铝化镓（GaAlAs）。

第三部分用数字表示发光二极管的发光颜色："1"表示红色；"2"表示橙色；"3"表示

黄色;"4"表示绿色;"5"表示蓝色;"6"表示变色。

第四部分用数字表示发光二极管的封装形式:"1"表示无色透明;"2"表示无色散射;"3"表示有色透明;"4"表示有色散射透明。

第五部分用数字表示发光二极管的外形:"0"表示圆形;"1"表示方形;"2"表示符号形;"3"表示三角形;"4"表示长方形;"5"表示组合形;"6"表示特殊形。

【相关知识点四】 光电二极管

## 一、光电二极管的结构

光电二极管的结构与普通二极管的结构基本相同,只是在它的 PN 结处,通过管壳上的一个玻璃窗口能接收外部的光照。光电二极管的 PN 结在反向偏置状态下运行,其反向电流随光照强度的增加而上升。图 9-17(a)是光电二极管的图形符号,图 9-17(b)是它的等效电路,图 9-17(c)是它的特性曲线。光电二极管的主要特点是其反向电流与光照度成正比。

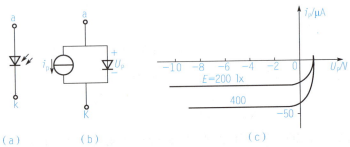

图 9-17 光电二极管
(a)图形符号;(b)等效电路;(c)特性曲线

光电二极管和普通二极管一样,也是由一个 PN 结组成的半导体器件,也具有单向导电特性。但在电路中它不是作整流元件,而是把光信号转换成电信号的光电传感器件。

## 二、光电二极管的检测方法

### 1. 电阻测量法

测量用万用表"$R \times 1K$"挡。光电二极管正向电阻约 10 kΩ。在无光照情况下,反向电阻为∞时,这管子是好的(反向电阻不是∞时说明漏电流大);有光照时,反向电阻随光照强度增加而减小,阻值可达到几 kΩ 或 1 kΩ 以下,则管子是好的;若反向电阻都是∞或为零,则管子是坏的。

### 2. 电压测量法

测量用万用表 1 V 挡。用红表笔接光电二极管"+"极,黑表笔接"−"极,在光照下,

238

其电压与光照强度成比例,一般可达 0.2~0.4 V。

#### 3. 短路电流测量法

测量用万用表 50 μA 挡。用红表笔接光电二极管"＋"极,黑表笔接"－"极,在白炽灯下(不能用日光灯),随着光照增强,其电流增加是好的,短路电流可达数十至数百 μA。

在实际工作中,有时需要区别的是红外发光二极管还是红外光电二极管(或者是光电三极管)。其方法是:若管子都是透明树脂封装,则可以从管芯安装外观来区别。红外发光二极管管芯下有一个浅盘,而光电二极管和光电三极管则没有;若管子尺寸过小或是用黑色树脂封装的,则可用万用表(置于"R×1K"挡)来测量电阻。用手捏住管子(不让管子受光照),正向电阻为 20~40 kΩ,而反向电阻大于 200 kΩ 的是红外发光二极管;正反向电阻都接近 ∞ 的是光电三极管;正向电阻在 10 kΩ 左右,反向电阻接近 ∞ 的是光电二极管。

## 三、光电二极管的主要技术参数

光电二极管分为 PN 型、PIN 型、发射键型和雪崩型几种类型。

光电二极管的主要技术参数有最高反向工作电压、暗电流(也称无照电流)、光电流、灵敏度、结电容、正向压降、响应时间。

## 实训项目  晶闸管调光灯电路的装调训练

### 一、实训器材

实训器材见表 9-2。

表 9-2  晶闸管调光灯电路元件明细表

| 序号 | 名称 | 型号与规格 | 位号 | 数量 | 备注 |
|---|---|---|---|---|---|
| 1 | 整流二极管 | 2CZ53E 反向击穿电压大于 300 V,额定平均电流大于 1 A | $VD_1 \sim VD_4$ | 4 | 或桥式整流块 RS307 等(桥堆) |
| 2 | 晶闸管 | KP1-5  1 A  500 V | VT | 1 | |
| 3 | 电阻 | RJ  1W  51 kΩ | $R_1$ | 1 | |
| 4 | 电阻 | RJ 1/4 W 100 Ω、300 Ω、6.8 kΩ | $R_2$、$R_3$、$R_4$ | 各1 | |
| 5 | 电位器 | WTH  470 kΩ | $R_P$ | 1 | 合成碳膜电位器 |
| 6 | 电容器 | CJ10－300 V 以上,0.022 μF | C | 1 | 金属膜纸介电容器 |
| 7 | 二极管 | BT31/BT32/BT33 | V | 1 | 双基极 |

续表

| 序号 | 名 称 | 型号与规格 | 位号 | 数量 | 备注 |
|---|---|---|---|---|---|
| 8 | 照明灯 | 60 W/100 W、220 V 白炽灯 | EL | 1 | |
| 9 | 开 关 | | | 1 | |
| 10 | 印制板 | | | 1 | 或铆钉板 |
| 11 | 导 线 | | | 1 | |
| 12 | 焊 锡 | | | 1 | |
| 13 | 烙 铁 | | | 1 | |
| 14 | 万用表 | | | 1 | |
| 15 | 示波器 | | | 1 | |

## 二、调光台灯电路及原理

晶闸管调光台灯的电路如图 9-18 所示，它是一个由可控整流电路和触发电路组成的可控硅调压装置。图中，二极管 $VD_1 \sim VD_4$ 组成桥式整流电路，双基极二极管 V 构成的张弛振荡器（自激振荡器）作为晶闸管的同步触发电路。

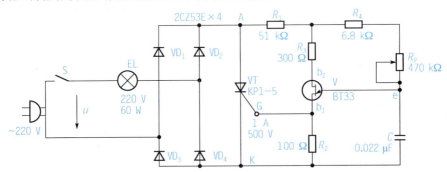

图 9-18 晶闸管调光台灯电路

当台灯合上开关 S 接通市电后，220 V 交流电（图 9-19（a））通过白炽灯经二极管 $VD_1 \sim VD_4$ 整流。在晶闸管 VT 的 A、K 两端形成一个脉动直流电压，该电压由电阻 $R_1$ 降压后作为触发电路的直流电源。在交流电的正半周时，整流电压通过 $R_4$、$R_P$ 对电容 $C$ 充电，当充电电压 $U_C$ 达到 V 管的峰点电压 $U_P$ 时，V 管由截止变为导通，于是电容 $C$ 两端的电压通过 V 管的 e、$b_1$ 结和 $R_2$ 迅速放电，结果在 $R_2$ 上获得一个尖脉冲，这个尖脉冲作为控制信号送到晶闸管 VT 的控制极 G，使晶闸管导通。晶闸管导通后的管压降很低，一般小于 1 V，所以张弛振荡器停止工作，当交流电通过零点时，晶闸管自动关断。当交流电处于负半周时，电容 $C$ 又重新充电，如此周而复始，便使白炽灯泡两端电压形成图 9-19(d) 所示的波形。调节电位器 $R_P$ 可以改变电容 $C$ 的充电速度，即可改变晶闸管导通时间的长短，从而控制了可控整流器的输出电压。当 $R_P$ 调到阻值较大时，电容 $C$ 充 $U_P$ 电压的时间较长。因此晶闸管的导通角 $\phi$ 比较小，可控整流器输出的电压较低，灯泡较暗；反之，当 $R_P$ 调到阻值较小时，晶闸管的导通角 $\phi$ 比较大，输出电压较高，灯泡就较亮。正常情况下，调节 $R_P$ 能使灯泡两端的电压在 0～200 V 范围内变化，从而有效地控制了台灯的亮暗。

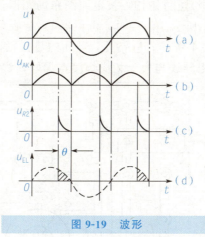

图 9-19　波形

## 三、实训内容及步骤

### 1. 读图分析、检测各器件

读图分析理解工作原理，用指针式万用表对晶闸管的好坏作简易判断。首先将万用表置于"$R \times 1K$"挡，测量其阳极 A 与阴极 K 之间的正反向电阻，正常情况下均应不通，如果测得的电阻很小或短路，说明晶闸管已损坏。然后将万用表置于"$R \times 10$"挡，测量控制极 G 与阴极 K 之间的正反向电阻，一般都在数十欧到数千欧的范围内，如果发现正反向两个方向都不通，说明晶闸管控制极已开始损坏。晶闸管的正、反向特性和控制特性可按图 9-20 所示的方法进行测试。测试前，要准备一个 6.3 V 的小电珠 HL、一个 10 Ω 左右的电阻 R 和两组 6 V 电池。当晶闸管阳极 A 接反向电压或接正向电压，其控制极 G 不加电压时(图 9-20(a))，小电珠不应发亮，若此时小电珠亮了，说明晶闸管器件已反向击穿或正向击穿了。当晶闸管阳极和控制极都接正向电压(图 9-20(b))，小电珠便发亮，而且在晶闸管导通后，不接控制电压或将控制电压反接(图 9-20(c))，小电珠能继续发亮，说明晶闸管是好的；否则说明晶闸管控制极已损坏。选双基极二极管 VT 时，可用万用表测量双基极二极管 $b_1$、$b_2$ 极之间的直流电阻，一般应为 3～10 kΩ；否则说明管子有问题。对于电路中其他各元器件均应进行检测。

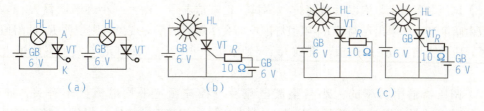

图 9-20　晶闸管检测

### 2. 安装焊接制作

用实验板(印制板或铆钉板)进行制作，按电路图布局元器件并正确安装焊接，或者制作专用印制线路板，如图 9-21 所示。焊接时，电位器 $R_P$ 应在印制电路面插入实验板，然后焊牢。晶闸管的阳极 A 是一个螺栓，应钻孔，并用螺母拧紧，以保证它与电路板良好接触；阴极 K 与控制极 G 用两根导线与板上相应焊接点焊好，焊接无误后方可通电调试。

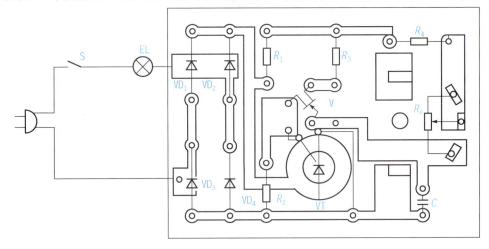

图 9-21　晶闸管调光台灯印制板

### 3. 通电调试

焊接组装好后可通电调试，调节 $R_P$ 阻值的大小，可观察到白炽灯亮暗变化。组装调试好后可将该装置放在台灯底座中，如在灯泡的位置接上一只电源插座，就可制成一个输出功率为 100 W 的晶闸管调压器，可用来作为家用电器的调压装置，如进行照明灯调光、电风扇调速、电熨斗调温等。

注意：调压器要装在绝缘性能良好的机壳里，以防止漏电伤人。

调试时要注意以下几点：

(1) 由于晶闸管调压装置直接与交流电网相连，因此整个调压装置的电路部分都带有较高的电压，调试时必须注意安全，防止触电。

(2) 调压装置是通过灯泡等负载与交流电网构成电路的，所以如果不接负载(如不接灯泡)，调压装置就没有工作电压，就无法进行电路的调试工作。

(3) 调压装置接上灯泡以后就能进行调试。正常情况下，由大到小逐渐调整 $R_P$ 的阻值，灯泡应由暗渐亮。如果出现调小 $R_P$ 阻值灯泡反而突然熄灭的反常现象，则说明 $R_4$ 的阻值选得太小了，应适当增大 $R_4$ 的阻值，直到 $R_P$ 调到阻值最小的位置而灯泡不发生突然熄灭现象为止。

(4) 调压器输出功率的大小与整流电流及可控硅额定平均电流大小有关，如果将 $VD_1 \sim VD_4$ 改成最大整流电流为 1 A 的 2CZ220B 或 2CZ85E 硅整流二极管，VT 改用额定平均电流为 3 A 的 KP3 整流器件，则调压器的输出功率可增大到 300 W。

## 四、任务评估

任务评估内容见表9-3。

表9-3　晶闸管调光台灯电路的装调训练任务评估表

| 项目内容 | 配分 | 评分标准 | | 扣分 | 得分 |
|---|---|---|---|---|---|
| 装配前的知识准备 | 30 | (1) 理解晶闸管控制电路的原理<br>(2) 熟记晶闸管导通和截止的知识点 | 扣15分<br>扣15分 | | |
| 晶闸管调光电路的装配 | 50 | (1) 晶闸管好坏的判定<br>(2) 装配时元件的焊接质量<br>(3) 是否成功调光 | 扣15分<br>扣15分<br>扣20分 | | |
| 安全生产 | 10 | 违反安全生产规程 | 扣10分 | | |
| 文明生产 | 10 | 违反文明生产规程 | 扣10分 | | |

# 单元小结

(1) 物体根据导电能力的强弱可分为导体、半导体和绝缘体三大类。

(2) 导体。凡容易导电的物质(如金、银、铜、铝、铁等金属物质)称为导体。

(3) 绝缘体。不容易导电的物质(如玻璃、橡胶、塑料、陶瓷等)称为绝缘体。

(4) 半导体。导电能力介于导体和绝缘体之间的物质(如硅、锗、硒等)称为半导体。

(5) 常用的半导体材料。常用的半导体材料有硅、锗、硒、砷化镓以及金属氧化物等。

(6) N型半导体。即自由电子浓度远大于空穴浓度的杂质半导体。

(7) P型半导体。即空穴浓度远大于自由电子浓度的杂质半导体。

(8) PN结的形成。在一块完整的硅片上,用不同的掺杂工艺使其一边形成N型半导体,另一边形成P型半导体,那么在两种半导体的交界面附近就形成了PN结。PN结是构成各种半导体器件的基础。

(9) PN结的单向导电性。PN结的正向导电性很好,反向导电性很差,这就是PN结的单向导电性。即PN结的正向电流随电压很快上升(指数函数式增大),并且电流很大;而反向电流很小,并且与电压基本上无关(在理想情况下,反向电流是饱和电流)。

(10) 普通型二极管的特征。二极管是由一个PN结构成的半导体器件,即将一个PN结加上两条电极引线做成管芯,并用管壳封装而成。P型区的引出线称为正极或阳极,N型区的引出线称为负极或阴极。

(11) 二极管的分类。

① 以材料分。二极管以材料分可分为硅二极管和锗二极管。

② 以PN结面积大小分。二极管以PN结面积大小分可分为点接触型和面接触型。

## 单 元 九　二极管及其在整流电路中的应用

③以用途分类。其可分为整流二极管、稳压二极管、发光二极管、光电二极管、变容二极管等。

(12) 二极管的主要参数。反向饱和漏电流 $I_R$、额定整流电流 $I_F$、最大平均整流电流 $I_O$、最大浪涌电流 $I_{FSM}$、最大反向峰值电压 $U_{RM}$、最大直流反向电压 $U_R$、最高工作频率 $f_m$、反向恢复时间 $T_{rr}$、最大功率 $P$。

(13) 二极管的选用。按用途选择二极管类型，类型确定后，按参数选择元件，选用硅管还是锗管。

(14) 二极管的检测。

①用指针式万用表测量普通二极管的正、负极性。

②用指针式万用表鉴别二极管的性能。

③用数字万用表测二极管。

(15) 整流电路的定义。"整流电路"是把交流电能转换为直流电能的电路。大多数整流电路由变压器、整流主电路和滤波器等组成。

(16) 整流。整流就是把交流电变为直流电的过程。利用具有单向导电特性的器件，可以把方向和大小改变的交流电变换为直流电。

(17) 几种整流电路。其包括单相半波整流电路、变压器中心抽头式单相全波整流电路、单相桥式全波整流电路。

(18) 晶闸管导通的条件。

①晶闸管阳极电路加足够的正向电压(要足以在去掉触发电压后仍能产生足够的维持电流)。

②晶闸管门极与阴极之间必须加足够的正向电压。

(19) 稳压二极管。它是指利用 PN 结反向击穿状态，其电流可在很大范围内变化而电压基本不变的现象，制成的起稳压作用的二极管。

(20) 发光二极管。它是一种能把电能转换成光能的特殊器件。这种二极管不仅具有普通二极管的正、反向特性，而且当给管子施加正向偏压时，管子还会发出可见光和不可见光(即电致发光)。

(21) 发光二极管的核心部分。它是由 P 型半导体和 N 型半导体组成的晶片，在 P 型半导体和 N 型半导体之间有一个过渡层，称为 PN 结。

(22) 光电二极管。光电二极管的结构与普通二极管的结构基本相同，只是在它的 PN 结处，通过管壳上的一个玻璃窗口能接收外部的光照。光电二极管的 PN 结在反向偏置状态下运行，其反向电流随光照强度的增加而上升。

(23) 光电二极管的检测方法。包括电阻测量法、电压测量法、短路电流测量法。

## 自 测 题

一、填空题

1. 如图9-29所示，这是_____材料的二极管的_____曲线，在正向电压超过_____V后，二极管开始导通，这个电压称为_____电压。正常导通后，此管的正向压降约为_____V。当反向电压增大到_____V时，即称为_____电压。

2. 二极管的伏安特性指_____和_____的关系，当正向电压超过_____后，二极管导通。正常导通后，二极管的正向压降很小，硅管约为_____V，锗管约为_____V。

3. 二极管的重要特性是_____，具体指：给二极管加_____电压，二极管导通；给二极管加_____电压，二极管截止。

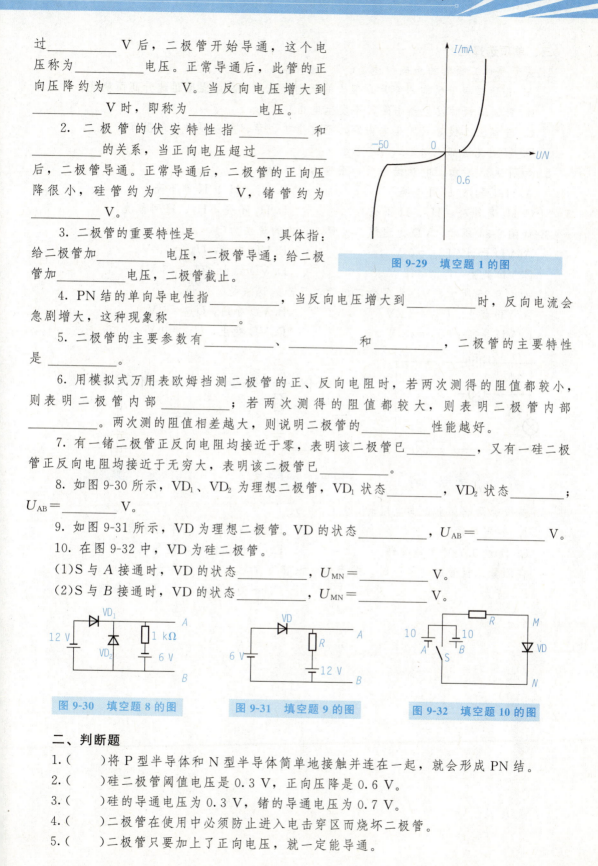

图 9-29　填空题 1 的图

4. PN 结的单向导电性指_____，当反向电压增大到_____时，反向电流会急剧增大，这种现象称_____。

5. 二极管的主要参数有_____、_____和_____，二极管的主要特性是_____。

6. 用模拟式万用表欧姆挡测二极管的正、反向电阻时，若两次测得的阻值都较小，则表明二极管内部_____；若两次测得的阻值都较大，则表明二极管内部_____。两次测的阻值相差越大，则说明二极管的_____性能越好。

7. 有一锗二极管正反向电阻均接近于零，表明该二极管已_____，又有一硅二极管正反向电阻均接近于无穷大，表明该二极管已_____。

8. 如图 9-30 所示，$VD_1$、$VD_2$ 为理想二极管，$VD_1$ 状态_____，$VD_2$ 状态_____；$U_{AB}$ = _____ V。

9. 如图 9-31 所示，VD 为理想二极管。VD 的状态_____，$U_{AB}$ = _____ V。

10. 在图 9-32 中，VD 为硅二极管。

(1) S 与 A 接通时，VD 的状态_____，$U_{MN}$ = _____ V。

(2) S 与 B 接通时，VD 的状态_____，$U_{MN}$ = _____ V。

图 9-30　填空题 8 的图　　图 9-31　填空题 9 的图　　图 9-32　填空题 10 的图

## 二、判断题

1. (　　) 将 P 型半导体和 N 型半导体简单地接触并连在一起，就会形成 PN 结。
2. (　　) 硅二极管阈值电压是 0.3 V，正向压降是 0.6 V。
3. (　　) 硅的导通电压为 0.3 V，锗的导通电压为 0.7 V。
4. (　　) 二极管在使用中必须防止进入电击穿区而烧坏二极管。
5. (　　) 二极管只要加上了正向电压，就一定能导通。

### 三、单项选择题

1. 关于晶体二极管的正确叙述是（　　）。
   A. 普通二极管反向击穿后，很大的反向电流使 PN 结温度迅速升高而烧坏
   B. 普通二极管发生热击穿，不发生电击穿
   C. 硅稳压二极管只发生电击穿，不发生热击穿，所以要串接电阻降压
   D. 以上说法都不对

2. 如图 9-33 所示，电源接通后，正确的说法为（　　）。
   A. $H_1$、$H_2$、H 可能亮
   B. $H_1$、$H_2$、H 都不亮
   C. $H_1$ 可能亮，$H_2$、H 不亮
   D. $H_1$ 不亮，$H_2$、H 可能亮

3. 如图 9-34 所示，VD 为理想二极管，正确的说法为（　　）。
   A. VD 导通，$U_{AB}=0$ V
   B. VD 导通，$U_{AB}=15$ V
   C. VD 截止，$U_{AB}=12$ V
   D. VD 截止，$U_{AB}=3$ V

4. 如图 9-35 所示，VD 为理想二极管，正确的说法是（　　）。
   A. VD 截止，$U_{AB}=12$ V
   B. VD 导通，$U_{AB}=6$ V
   C. VD 导通，$U_{AB}=18$ V
   D. VD 截止，$U_{AB}=0$ V

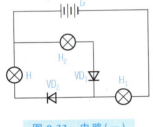

图 9-33　电路（一）

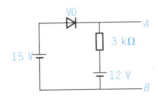

图 9-34　电路（二）

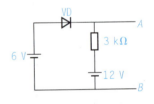

图 9-35　电路（三）

5. 二极管两端加上正向电压时，则（　　）。
   A. 一定导通
   B. 超过死区电压才能导通
   C. 超过 0.7 V 才能导通
   D. 超过 0.3 V 才能导通

6. 在测量二极管反向电阻时，若用两手把管脚捏紧，电阻值将会（　　）。
   A. 变大　　　　B. 变小　　　　C. 不变化　　　　D. 不能确定

单元十

# 半导体三极管及其基本放大电路

## 课题一　晶体三极管

**知识目标**

(1) 了解三极管的结构、符号、特性和主要参数。
(2) 学习用万用表判别三极管的类型、引脚及三极管的好坏。

**主要内容**

了解三极管的结构、符号、特性和主要参数，能识别各引脚，并合理使用；如何用万用表判别三极管的类型、引脚及三极管的好坏。

【相关知识点一】　三极管的结构与分类

晶体三极管也称半导体三极管、双极型三极管，简称 BJT，在不会发生混淆的情况下，常将其简称为晶体管或三极管，它是放大电路的基本元件之一。常见三极管的外形如图 10-1 所示。

图 10-1　常见三极管

### 1. 晶体三极管的结构

三极管内部由两个相距很近的 PN 结组成,有三个区(发射区、基区和集电区)和三个电极(发射极、基极和集电极),如图 10-2 所示。三极管的文字符号常用 V 或 VT 表示。三极管中用 E(或 e)表示发射极,用 B(或 b)表示基极,用 C(或 c)表示集电极。

### 2. 晶体三极管的符号

三极管的图形符号如图 10-3 所示,其中箭头表示发射结加正向电压时的电流方向。

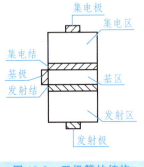

图 10-2 三极管的结构

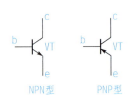

图 10-3 三极管的电路符号

### 3. 晶体三极管的分类

(1)按照内部三个区的半导体类型分为 NPN 型和 PNP 型。
(2)按照工作频率分为低频管和高频管。
(3)按照功率分为小功率管和大功率管。
(4)按照半导体材料分为锗管和硅管等。

## 【相关知识点二】 三极管的电流放大作用

三极管的电流放大作用主要指的是在一定条件下,流过集电极的电流是流过基极电流的若干倍,即 $i_c = \beta i_b$,也就是说,当基极电路中输入一个小的信号电流 $i_b$,就可以在集电极电路中得到一个与输入信号规律相同的放大的电流信号 $i_c$。由此可见,三极管是一个电流控制元件。

要使三极管工作在放大状态下,必须满足发射结正偏(P 接正、N 接负)、集电结反偏(P 接负、N 接正)的条件。

## 【相关知识点三】 三极管的主要参数

### 1. 电流放大系数 $\beta$ 或 $\bar{\beta}$

分交流和直流放大系数两种,且有 $\beta \approx \bar{\beta}$。通常取值在 60~100 之间。

### 2. 穿透电流 $I_{CEO}$

(1)定义。基极开路 $I_B = 0$ 时,集电极和发射极之间的反向电流 $I_{CEO}$,称为穿透电流。
(2)特点。$I_{CEO}$ 随温度升高而增大;硅管的 $I_{CEO}$ 小于锗管,故硅管的稳定性能较好。
(3)应用特性。$I_{CEO}$ 越小,管子的性能越好。

### 3. 集电极最大允许电流 $I_{CM}$

(1)定义。晶体三极管正常工作时集电极所允许的最大电流,称为集电极最大允许电流 $I_{CM}$。

(2)特点。$I_C$ 增大,$\beta$ 开始下降,直到 $I_C$ 超过了 $I_{CM}$,$\beta$ 就下降到不允许的程度了。

(3)应用特性。$I_C < I_{CM}$。

### 4. 反向击穿电压 $U_{CEO}$

(1)定义。基极开路时,加在集电极和发射极之间的最大允许电压。

(2)应用特性。$U_{CE} < U_{CEO}$;否则三极管被击穿。

### 5. 集电极最大耗散功率 $P_{CM}$

(1)定义。晶体三极管正常工作时,集电结允许的最大耗散功率为集电极最大耗散功率 $P_{CM}$。对小功率管,$P_{CM} \leqslant 1\ W$;对大功率管,$P_{CM} > 1\ W$。

(2)特点。当实际功率超过 $P_{CM}$,晶体三极管会因工作温度过高而损坏。大功率管 $P_{CM}$ 的值是在常温下并带有散热器的数值。

## 实训项目

# 三极管的识别和检测

利用万用表来测试晶体三极管的各个管脚。

### 1. 判定晶体三极管的基极和管型

(1)测试原则。依据 PN 结正向电阻小、反向电阻大的特点,可利用万用表的电阻挡来判断基极和管型。

(2)测试方法如图 10-4 所示。

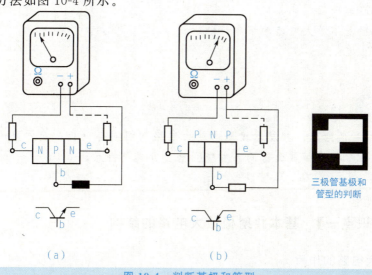

三极管基极和管型的判断

(a)        (b)

图 10-4 判断基极和管型

① 万用表转换开关,选择"$R\times100$"或"$R\times1K$"挡。

② 黑表笔(内接电池正极)接晶体三极管假想的基极,用红表笔接其余两只管脚,若两次测量阻值都很小,则黑表笔接的是基极,且管型为 NPN 型;红表笔重复上述步骤,若有相同结果,则管型为 PNP 型。

### 2. 判定集电极和发射极

测试方法如图 10-5 所示。

以 NPN 型管为例。

①测定基极后,假设其余两只管脚中的一只为集电极 c,在 b、c 之间接入一个电阻 $R_b$(10~100 kΩ,或用手捏两极以代替)。

②用手指捏住基极 b 和假定的集电极 c(两极不能接触),用黑表笔接触 c 极,红表笔接触 e 极,测出一个数值。

③将假定两极对调,以同样方法再次测出一个数值。

④比较两次读数大小,读数较小的即电流较大的一次假设为正确。

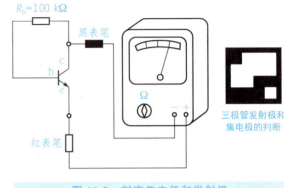

图 10-5 判定集电极和发射极

## 课题二　基本放大电路

### 知识目标

(1)放大电路的一般组成。
(2)共发射极基本放大电路的组成与分析。

### 主要内容

放大电路的一般组成;共发射极基本放大电路的组成与分析;使用万用表调试三极管静态工作点;了解多级放大器的三种级间耦合方式及特点。

【相关知识点一】　基本共射极放大电路的结构

#### 1. 放大电路的作用

放大电路的作用是将小的或微弱的电信号(电压、电流、电功率)转换成较大的信号。

图 10-6 所示为扩音系统。

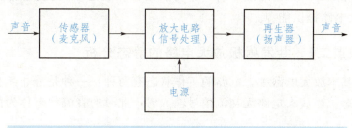

图 10-6　扩音系统框图

(1) 传感器(麦克风)，将声音转换成相应的电压信号。
(2) 放大电路，将麦克风输出的微弱电压信号放大到所需要的值。
(3) 再生器(扬声器)，将放大后的电信号还原成声音。
(4) 电源，提供放大器工作所需要的直流电压。

放大电路需同时满足以下两个条件：
① 输出信号的功率大于输入信号的功率。
② 输出信号波形与输入信号波形相同(不失真)。

### 2. 共发射极基本放大电路

电路组成如图 10-7 所示。

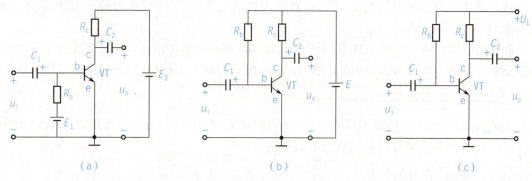

图 10-7　电路组成
(a)双电源供电；(b)单电源供电；(c)是(b)图的习惯画法(不画出集电极电源)

各元器件的作用如下：
(1) 晶体管 VT。工作在放大状态，起电流、电压放大作用。
(2) 基极偏置电阻 $R_b$。它使电源 $U_E$ 给晶体管提供一个合适的基极电流 $I_b$(又称偏流)，保证晶体管工作在合适的状态。取值范围在几十千欧到几百千欧。
(3) 集电极负载电阻 $R_c$。作用是把晶体管的电流放大转换为电压放大。它的取值范围一般在几千到几十千欧。
(4) 耦合电容 $C_1$ 和 $C_2$。起隔直流通交流的作用。交流信号从 $C_1$ 输入经过放大从 $C_2$ 输出，同时 $C_1$ 把晶体管的输入端与信号源之间，$C_2$ 把输出端和负载之间的直流通路隔断。一般选用电解电容，使用时注意极性的区分。

（5）集电极电源 $U_E$。一是给晶体管一个合适的工作状态（保证发射结正偏、集电结反偏），二是为放大电路提供能源。

### 【相关知识点二】 共发射极放大电路的静态分析

在共发射极基本放大电路中，电路的工作状态有两种：一种是静止工作状态，简称静态；另一种是动态。当放大电路无交流信号输入时，此时的直流状态称为静态，如图 10-8 所示。

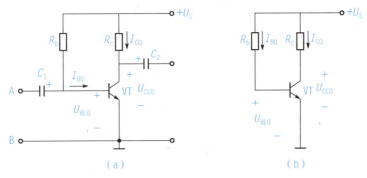

图 10-8 静态分析

这时晶体管的直流电压 $U_{BE}$、$U_{CE}$ 和对应的直流电流 $I_B$、$I_C$ 统称为静态工作点 $Q$，通常写成 $U_{BEQ}$、$U_{CEQ}$、$I_{BQ}$、$I_{CQ}$。

静态时，对三极管各级直流电压、电流而言，耦合电容 $C_1$、$C_2$ 阻抗为无穷大，可视为开路去掉，剩下的即为直流通路，图 10-8(b) 所示是放大电路的直流通路。

#### 1. 放大工作条件

晶体管工作在放大状态的条件：发射结加正偏电压（$U_{BE}>0$），集电结加反向电压（$U_{BC}<0$），并且各极都有合适的直流电流和直流电压。

#### 2. 静态工作点的计算

由于耦合电容对于直流相当于开路，可依据图 10-8(b) 所示计算。

(1) 求 $I_{BQ}$，有

$$I_{BQ}=\frac{U_E-U_{BEQ}}{R_b}\approx\frac{U_E}{R_b}$$

式中，$U_{BEQ}=\begin{cases}0.7\text{ V 硅管；}\\ 0.3\text{ V 锗管。}\end{cases}$

若 $U_{BEQ}\ll U_E$，则 $U_E-U_{BEQ}\approx U_E$。

(2) 求 $U_{CEQ}$。

由晶体管的放大原理有

$$I_{CQ}=\beta I_{BQ}$$

再根据直流通路可得

$$U_{CEQ}=U_E-R_c I_{CQ}$$

## 3. 静态工作点 $Q$ 设置的意义和调整方法

（1）意义。$Q$ 点设置合适与否关系到信号被放大后是否会出现波形失真。$Q$ 点设置过低，$I_{BQ}$ 太小，晶体管进入截止区，造成截止失真。$Q$ 点设置过高，$I_{BQ}$ 太大，晶体管易进入饱和区，造成饱和失真。

（2）调整方法。将放大器的输入端短路，使电路无信号输入，保持电源电压 $U_E$ 不变，调整偏置电阻 $R_b$ 的阻值，用万用表测量集电极电流 $I_C$，使其达到技术要求。

### 【相关知识点三】 共发射极放大电路的动态分析

动态时，放大电路输入端加入交流信号 $u_i$，如图 10-9 所示，电路中既有直流成分，也有交流成分，各极的电流和电压是在静态值的基础上再叠加交流分量。

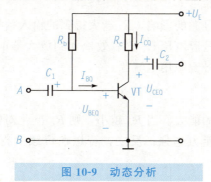

图 10-9 动态分析

（1）输入交流信号 $u_i$ 经过耦合电容 $C_1$ 加到三极管基极 b 和发射极 e 之间，与静态基极直流电压 $U_{BEQ}$ 叠加得

$$u_{BE} = U_{BEQ} + u_i$$

式中，$U_{BEQ}$ 为直流分量；$u_i$ 为交流分量。

调整静态工作点适当，使叠加后的总电压为正且大于晶体管的导通电压，使晶体管工作在放大状态。

（2）$u_{BE}$ 使晶体管出现对应的基极电流 $i_B$，$i_B$ 是 $I_{BQ}$ 和 $i_b$ 叠加形成的，即

$$i_B = I_{BQ} + i_b$$

（3）集电极电流受基极电流控制，所以集电极总电流为

$$i_C = \beta i_B = \beta(I_{BQ} + i_b) = \beta I_{BQ} + \beta i_b = I_{CQ} + i_c$$

可以看出，集电极电流也是由静态电流 $I_{CQ}$ 和信号电流 $i_c$ 叠加形成的。

（4）$i_C$ 的变化引起晶体管集电极和发射极之间总电压 $u_{CE}$ 的变化，$u_{CE}$ 也是由静态电压 $U_{CEQ}$ 和信号电压 $u_{ce}$ 叠加而成的，即

$$u_{CE} = U_{CEQ} + u_{ce}$$

（5）在集电极回路中，电压关系为 $U_E = R_c i_C + u_{CE}$，其中 $R_c i_C$ 是集电极总电流在 $R_c$ 的电压降，所以

$$u_{CE} = U_E - R_c i_C = U_E - R_c(I_{CQ} + i_c)$$
$$= U_E - R_c I_{CQ} - R_c i_c = U_{CEQ} - R_c i_c$$

由以上 $u_{CE}$ 的两个式子比较，可得

$$u_{ce} = -R_c i_c$$

(6)由于电容 $C_2$ 的隔直流、通交流的作用,只有交流信号电压 $u_{ce}$ 才能通过 $C_2$,并从输出端输出,所以输出电压为

$$u_o = u_{ce} = -R_c i_c$$

输出电压 $u_o$ 与 $u_i$ 反相,这种特性称为共发射极放大电路的反相作用。

## 【相关知识点四】 放大电路的主要性能指标

### 1. 放大倍数或增益

其定义为放大器输出量和输入量之比值。

### 2. 输入电阻 $R_i$

用来衡量放大电路对信号源的影响,$R_i$ 越大得到的输入信号电压越大,信号源采用电压源,即输入电阻越大,信号源电压 $U_s$ 更有效地加到放大器的输入端;反之,$R_i$ 越小得到的输入信号电流越大。信号源采用电流源。

### 3. 输出电阻 $R_o$

它反映放大电路带负载的能力。当 $R_o$ 越小,则 $R_L$ 变化对输出电压的影响越小,即输出电压 $U_o$ 越稳定,带负载能力越强;反之,若想在负载上得到的电流较稳定,则应使 $R_o$ 大。

### 4. 非线性失真系数 $T_{HD}$

放大器非线性失真的大小与工作点位置、信号大小有关,但如果放大器的静态工作点设置在放大区且输入信号足够小,则非线性失真系数将很小,所以一般只有在大信号工作时才考虑非线性失真问题。

### 5. 频率失真(线性失真)

输入信号由许多频率分量组成,由于放大器对不同频率信号的增益产生不同的放大而造成失真。

## 【相关知识点五】 分压式偏置放大电路

放大电路产生信号失真的原因与放大电路静态工作点的位置有关,由于三极管的一些主要参数随温度的变化而变化。为解决由温度变化而导致放大电路静态工作点变动的现象,常采用分压式偏置放大电路,如图 10-10 所示,其中 $R_{B1}$、$R_{B2}$ 构成基极分压式偏置电路,$R_{B1}$ 为基极上偏置电阻,$R_{B2}$ 为基极下偏置电阻,$R_E$ 为发射极偏置电阻。

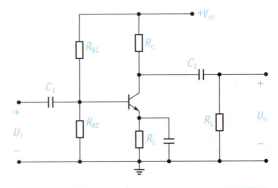

图 10-10 分压式偏置放大电路

稳定过程可以表示为

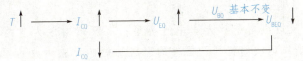

### 【相关知识点六】 多级放大器

在要求有较大的放大倍数时，若单级不能实现，可用几个单级放大器级联起来，多级放大电路的放大倍数等于各级放大倍数的乘积。

#### 1. 多级放大器的组成

多极放大电路的组成如图 10-11 所示。

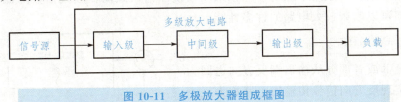

图 10-11 多极放大器组成框图

#### 2. 级间耦合方式

各级之间的连接方式称为级间耦合方式。耦合时要注意确保各级直流工作点不受影响，前级信号尽可能不衰减地输至下级。

常用耦合方式有以下几种：

(1) 直接耦合。优点：交/直流信号均可通过，可放大缓变的信号，便于电路集成化。缺点：静态工作点要根据要求统一考虑，不能独立计算，温度变化会引起各级工作点漂移。

(2) 阻容耦合。优点：容易实现，静态工作点独立。缺点：直流信号难以传输，不利于集成化。

(3) 变压器耦合。优点：静态工作点独立，易实现阻抗匹配，原、副边可以不共地，输出电压的极性可随意改变。缺点：体积大，尤其是低频工作时不便于集成化。

## 课题三　集成运算放大器

### 知识目标

(1) 了解反馈的概念，负反馈应用于放大器中的类型。
(2) 了解负反馈对放大电路性能的影响。

# 单元十 半导体三极管及其基本放大电路

> **主要内容**
>
> 反馈的概念,负反馈应用于放大器中的类型;负反馈对放大电路性能的影响;集成运放的电路结构,集成运放的符号及器件的引脚功能;集成运放的理想特性在实际中的应用,能识读反相放大器、同相放大器电路图。

## 【相关知识点一】 负反馈

放大器的反馈是指把放大器的输出信号(电压或电流)通过一定方式回送到放大器的输入端,并同输入信号一起参与放大器的输入控制作用。如果反馈使净输入加强,放大倍数升高,称为正反馈,一般用于振荡器。如果反馈使净输入减弱,放大倍数降低,则称为负反馈。负反馈可以改善放大电路的许多性能。

### 1. 负反馈的概念

将信号全部或者部分从输出端反方向送回输入端,来实现反方向信号传输的电路称为反馈电路,带有反馈电路的放大电路称为反馈放大电路,如图 10-12 所示。

其中 A 为基本放大电路;F 为反馈电路连接输出端到输入端;⊗为比较环节。

反馈过程:输出信号 $X_o$(部分或全部)→通过 F→与 $X_i$ 进行比较→得 $X'_i$→进入 A。

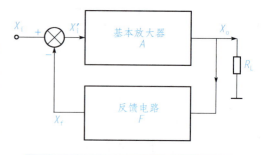

图 10-12 反馈放大电路

比较是指反馈信号 $X_f$ 与输入信号 $X_i$ 进行相加或相减,从而得到比 $X_i$ 加强或削弱的净输入信号 $X'_i$。

### 2. 反馈类型

(1)输入端连接方式。

串联反馈:信号 $X_i$ 与 $X_f$ 相串联。

并联反馈:信号 $X_i$ 与 $X_f$ 相并联。

(2)输出端取样信号。

电流反馈:反馈信号 $X_f$ 与输出电流成正比的为电流反馈。

电压反馈:反馈信号 $X_f$ 与输出电压成正比的为电压反馈。

## 【相关知识点二】 负反馈对放大电路性能的影响

负反馈虽然使放大电路的净输入减少,放大倍数下降,但可换取放大电路的性能改善。

### 1. 提高放大倍数的稳定性

放大倍数 $A_o$ 会因 $\beta$、更换晶体管、负载 $R_L$ 等因素变化而产生变化,引入负反馈可以减小此种变化。例如:

放大器输出信号 $X_o\uparrow$ →加入负反馈 F→反馈信号 $X_f\uparrow$ →净输入信号 $X'_i\downarrow$ →输出信号 $X_o\downarrow$。

### 2. 减小非线性失真

"非线性"是指输出信号的变化与输入信号的变化不是成正比的,晶体管就是一个非线性器件。正常的信号放大后都会产生非线性失真。例如一个正常的正弦波信号经放大后产生了非线性失真,正半周较大,负半周较小,如图 10-13 所示,由于负反馈信号与输出信号相同,二者输入回路相减后,使净输入信号正半周变小,负半周变大,再经过非线性后输出波形就得到一定程度的改善。

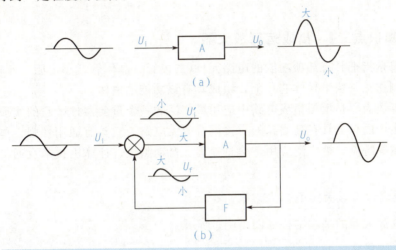

图 10-13 负反馈减小非线性失真

### 3. 展宽通频带

放大电路的频率特性:放大电路中有电容器、电感器这类电抗元件,这类电抗元件的阻抗与信号的频率有关。当信号的频率过低或过高时会使放大倍数降低。

放大电路的通频带如图 10-14 所示,将放大电路的放大倍数由正常值下降到 0.707 倍时对应的较低频率 $f_L$ 与对应的较高频率 $f_H$ 之间的频率范围,用 BW 表示,如图 10-14 所示。

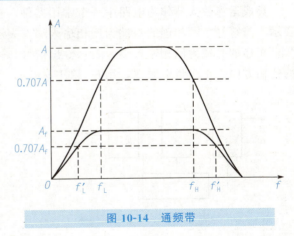

图 10-14 通频带

$$BW = f_H - f_L$$

引入负反馈后,放大电路的放大倍数下降为 $A_f$,它在 0.707 $A_f$ 时对应的低频为 $f'_L < f_L$,对应高频为 $f'_H > f_H$,使通频带得到扩展。

### 4. 改变输入电阻和输出电阻

(1)对输入电阻的影响。

① 当输入端反馈信号与输入信号以电压形式串联相减时，输入电流 $I_i$ 会减小，即输入信号的电压不变而提供的电流减小，说明输入端加入反馈电阻后增大了。

② 当输入端的反馈信号在输入端以并联（对信号源而言）形式接入时，由于输入信号电压不变而提供的总电流增大，说明放大电路的输入电阻减小了。

(2) 对输出电阻的影响。

① 当电压反馈时，负反馈时使输出电压稳定，即输出端负载变化而输出端电压不变，电源内阻减小。

② 当电流反馈时，负反馈时使输出电流稳定，即负载变化而输出端电流不变，所以输出电阻很大。

## 【相关知识点三】 集成运算放大器

集成电路是指把具有某项功能的电路元件（二极管、晶体管、小电阻、小电容等）和连接导线集中制作在一块半导体芯片上，组成具有该功能的整体。

集成运算放大器是模拟集成电路中应用最广泛的一个重要器件，它的实质是用集成电路制造工艺生产的一类具有高增益的直接耦合放大电路。它具有通用性强、体积小、功耗小、性能优越等特点，被广泛应用于信息处理、自动测试、计算机技术及通信工程等电子技术领域。

### 1. 集成运算放大器的基本结构

集成运算放大器的基本结构如图 10-15 所示。

### 2. 图形符号

集成运算放大器作为电路中一个常用器件，在电路中常用图 10-16 所示的图形符号来表示。与符号"－"相连的一端为反相输入端，表示输出信号与输入信号相位相反；与符号"＋"相连的一端为同相输入端，表示输出信号与输入信号相位相同；方框中的 ▷ 表示信号的传输方向；正、负电源端，用 $U_P$ 和 $U_N$ 标示。

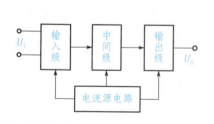

图 10-15 集成运算放大器的基本结构

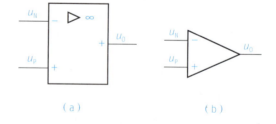

图 10-16 集成运算放大器的图形符号
(a)新标准；(b)旧标准

### 3. 运算放大器的基本特性

运算放大器电路复杂，精确计算十分困难，但只要突出其主要性能，使其理想化，就可大大简化分析与计算。

(1) 开环差分电压增益：$A_o = \infty$。

(2) 开环差分输入电阻：$R_i = \infty$。

（3）输出电阻：$R_o=0$。
（4）频带宽度：$BW\to\infty$。
（5）温度引起的电压漂移：0 V。

综合上述特性可得到理想运放的两个结论：

①"虚短"。运算放大器两输入端电位相等，即$U_P=U_N$。

②"虚断"。理想运算放大器的输入电流等于零，即$I_N=I_P=0$。

这两个结论可以大大简化运算放大电路的分析过程，在实际中运算放大器的特性很接近理想特性，所以用来分析实际电路是可行的。

### 4. 运算放大器的基本运算电路

（1）反相输入放大电路如图10-17所示。

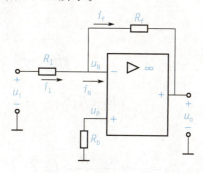

图 10-17　反相输入放大电路

图中，$R_f$为反馈电阻，接在输出端与反相端之间，构成深度负反馈。$R_1$为输入电阻，$R_b$为输入平衡电阻，且$R_b=R_1//R_f$。保证两个输入端的外接电阻平衡，使电路处于平衡对称的工作状态，信号从反相输入端与地之间加入。

$A_{uf}$为电压放大倍数，亦称为闭环放大倍数。

根据理想运放的结论②（虚断），有$U_N=0$，反相输入端可看作是地，称为虚地。$I_N=I_P=0$，两输入端电流为0，即$I_N=0$，可得出$I_f=I_1$和$U_N=0$，根据结论①（虚短），$U_P=U_N$，因为$U_P=0$。

可得关系式为

$$I_1=\frac{U_i}{R_1}\text{（虚地）}$$

$$I_f=-\frac{U_o}{R_f}\text{（虚地）}$$

所以

$$A_{uf}=\frac{U_o}{U_i}=-\left(\frac{R_f\cdot I_f}{R_1\cdot I_1}\right)$$

即

$$A_{uf}=-\frac{R_f}{R_1}\text{（虚断，}I_f=I_1\text{）}$$

所以反相输入放大电路的放大倍数仅由外接电阻$R_f$和$R_1$的比值决定，与运放本身参数无关；输出电压与输入电压相位相反，大小成一定比例关系，即完成了对输入信号的比例运算。

**注意**：对于反相比例运算放大器，根据理想条件 $U_P=U_N=0$，即反相端电位等于 0，称为"虚地"。虚地并非真正接地，不能将反相端看作与地短路，那样信号就无法输入到运放中去了。"虚地"是反相输入运算放大器的重要特点。

（2）同相输入放大电路如图 10-18 所示。

信号从同相端输入，反馈信号加在反相端，$R_b$ 为平衡电阻且 $R_b=R_1/R_f$。

根据理想运放的两个特点有：

$$U_P=U_N=U_i（虚短、虚断）$$

$$I_f=\frac{U_i-U_o}{R_f}$$

$$I_1=-\frac{U_i}{R_1}$$

$$I_1=I_f（虚断）$$

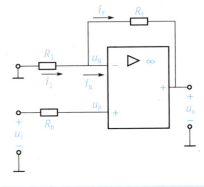

图 10-18　同相输入放大电路

可得

$$U_o=\left(\frac{R_1+R_f}{R_1}\right)U_i$$

或

$$A_{uf}=\frac{U_o}{U_i}=\frac{R_1+R_f}{R_1}=1+\frac{R_f}{R_1}$$

由于输出电压与输入电压成比例且相位相同，所以称其为同相比例运算放大器。同相比例运算放大器电路的闭环电压放大倍数只与外接电阻 $R_f$ 和 $R_1$ 有关，只要保证 $R_f$ 和 $R_1$ 的值精确，就能得到精确和稳定性能都很高的闭环放大倍数。$R_f/R_1$ 比值必为正，所以闭环增益不小于 $1（K_f=0$ 时$）$。

## 课题四　振荡器

【相关知识点一】　*LC* 振荡器

发生连续的、振幅和频率一定的振荡现象的电路称为振荡器，又称为信号发生器。能产生正弦波规律振荡的装置，称为正弦波振荡器。振荡器是一种将直流电源能量转换成振荡能量的装置，它属于自激振荡器的一种，如图 10-19 所示。

图 10-19　振荡器

### 1. LC 振荡器的组成

它由放大器、LC 选频回路和反馈电路组成,如图 10-20 所示。

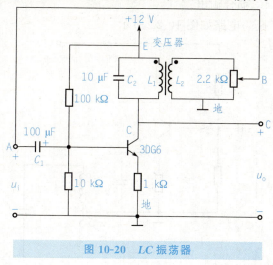

图 10-20　LC 振荡器

### 2. 分类

三点式振荡器的共同点是从 LC 振荡回路中引出三个端点和晶体管的三个电极相连。

(1)变压器耦合式振荡器。

①特点。利用变压器耦合将反馈信号送到输入端。

图 10-21 所示为振荡器的电路和交流通路。

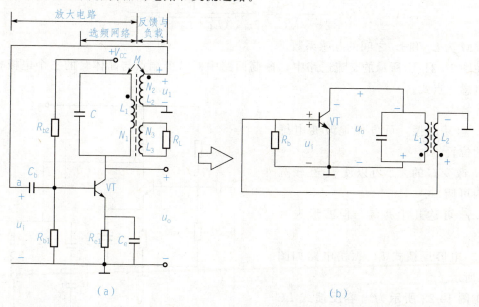

(a)　　　　　　　　　　　　　　(b)

图 10-21　变压器耦合式振荡器电路和交流通路
(a)电路;(b)交流通路

②LC 回路选出频率为 $f_0 = \dfrac{1}{2\pi\sqrt{LC}}$ 的信号。反馈电路的强弱可由 $L_1$、$L_2$ 之间的距离来调整。振荡通过 $L_1$、$L_3$ 耦合输出。

(2)电感反馈式 LC 振荡电路如图 10-22 所示。

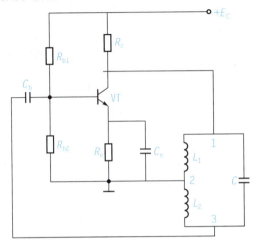

图 10-22　电感反馈式 LC 振荡电路

①分析。LC 保证频率为 $f_0$ 的信号得到足够放大，反馈是由 L 上的一个抽头和 $C_b$ 组成。$L_1$、$L_2$ 的瞬时极性完全一致，可保证正反馈。反馈强度可通过改变中间抽头位置来调节，振荡频率为

$$f_0 = \dfrac{1}{2\pi\sqrt{L'C}} = \dfrac{1}{2\pi\sqrt{(L_1+L_2+2M)C}}$$

式中，M 为 $L_1$ 和 $L_2$ 之间的互感系数。

在图 10-21(b)所示的交流通路中，振荡回路中的三个端点与晶体管的三个电极相连，又名电感三点式。

②特点。

a. 容易起振，可方便地改变电感抽头的位置。

b. 改变 C 的大小可以使 $f_0$ 在较宽范围内可调。

c. $f_0$ 可达几十兆赫，但波形失真较大。

(3)电容反馈式 LC 振荡电路如图 10-23 所示。

①图 10-23 所示为电容反馈式 LC 振荡电路。可通过改变 $C_1$、$C_2$ 之比调节反馈强度。

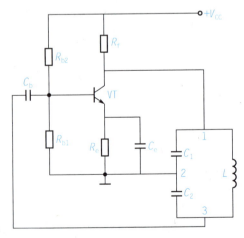

图 10-23　电容反馈式 LC 振荡电路

② 振荡频率为

$$f_0 = \frac{1}{2\pi\sqrt{LC}} = \frac{1}{2\pi\sqrt{L\dfrac{C_1 \cdot C_2}{C_1+C_2}}}$$

式中，$C$ 为回路的总电容，$C = \dfrac{C_1 C_2}{C_1 + C_2}$。

③ 特点。

a. $f_0$ 可以很高，可达 100 MHz 以上。

b. $C_2$ 对高次谐波的阻抗很小，输出波形好。

c. 振荡频率调节困难，在广播发射机和电视机中广泛应用。

## 【相关知识点二】 *RC* 振荡器

选频回路采用 $RC$ 网络，则可构成 $RC$ 振荡器。

图 10-24 所示为 $RC$ 串并联振荡器的反馈电路。

经理论分析可知，在一定频率下，$RC$ 串并联反馈电路产生的相位移（$\phi_f - \phi_0$）为 0°，如图 10-25 所示。

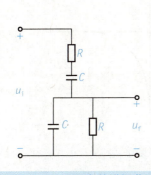

图 10-24　$RC$ 串并联振荡器的反馈电路

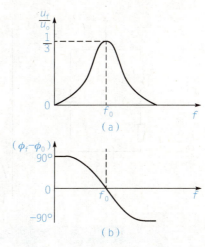

图 10-25　$RC$ 串并联反馈电路产生的相位移

特定频率为

$$f_0 = \frac{1}{2\pi RC}$$

此时正反馈电压 $u_f$ 的幅度最大，其值为

$$u_f = \frac{1}{3} u_o$$

$u_o$ 为振荡器亦即放大器的输出电压，选择放大器 $A_u > 3$，且输出同相或产生 360° 相移，就能满足起振条件。

## 【相关知识点三】 石英晶体振荡器

### 1. 石英晶体的压电特性和等效电路

图 10-26 所示为石英振荡元件。

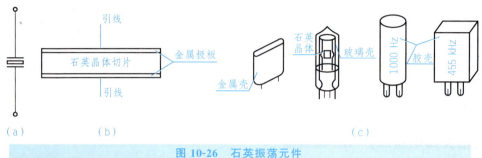

图 10-26 石英振荡元件

若在其表面加上交流电压,晶体就会产生机械振动。

图 10-27(a)所示为石英晶体振荡器的等效电路,有两个谐振频率,如图 10-27(b)所示。

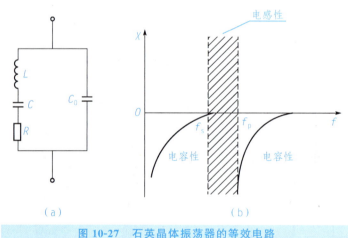

图 10-27 石英晶体振荡器的等效电路

(1)当 $R$、$L$、$C$ 支路发生串联谐振时,等效于纯电阻 $R$,阻抗最小,其串联谐振频率为

$$f_s = \frac{1}{2\pi\sqrt{LC}}$$

(2)当外加信号频率高于 $f_s$ 时,$X_L$ 增大,$X_C$ 减小,$R$、$L$、$C$ 支路呈感性,可与 $C_0$ 所在电容发生并联谐振,其并联谐振频率为

$$f_p = \frac{1}{2\pi\sqrt{L\dfrac{CC_0}{C+C_0}}} \approx f_s$$

### 2. 振荡电路

实际应用中石英晶体分为两大类。

(1)并联型。工作在 $f_s$ 与 $f_p$ 之间,起电感作用,如图 10-28 所示。

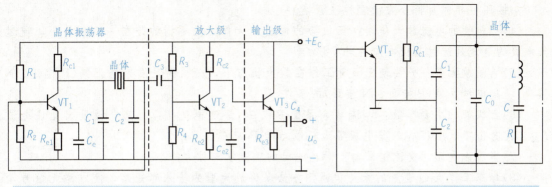

图 10-28　并联型振荡电路

(2)串联型。工作在 $f_s$ 处，阻抗最小，使其组成反馈网络形成选频振荡器，如图 10-29 所示。

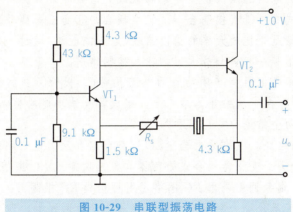

图 10-29　串联型振荡电路

# 单元小结

(1)晶体三极管定义：也称半导体三极管、双极型三极管，简称 BJT，在不会发生混淆的情况下，常简称其为晶体管或三极管，它是放大电路的基本元件之一。

(2)晶体三极管结构：三极管内部由两个相距很近的 PN 结组成，有三个区（发射区、基区和集电区）和三个电极（发射极、基极和集电极），如图 10-2 所示。三极管的文字符号常用 V 或 VT 表示。三极管中用 E（或 e）表示发射极，用 B（或 b）表示基极，用 C（或 c）表示集电极。

(3)晶体三极管的分类。

①按照内部三个区的半导体类型分为 NPN 型和 PNP 型。

②按照工作频率分为低频管和高频管。

③按照功率分为小功率管和大功率管。

265

④按照半导体材料分为锗管和硅管等。

(4)三极管的电流放大作用：三极管的电流放大作用主要指的是在一定条件下，流过集电极的电流是流过基极电流的若干倍。

(5)满足放大条件。要使三极管工作在放大状态下，必须满足发射结正偏(P 接正、N 接负)、集电结反偏(P 接负、N 接正)的条件。

(6)三极管的主要参数：电流放大系数 $\beta$ 或 $\bar{\beta}$、穿透电流 $I_{CEO}$、集电极最大允许电流 $I_{CM}$、反向击穿电压 $U_{CEO}$、集电极最大耗散功率 $P_{CM}$。

(7)当放大电路无交流信号输入时，此时的直流状态称为静态。

(8)静态工作点 $Q$ 设置的意义和调整方法。将放大器的输入端短路，使电路无信号输入，保持电源电压 $U_E$ 不变，调整偏置电阻 $R_b$ 的阻值，用万用表测量集电极电流 $I_C$，使其达到技术要求。

(9)多级放大器：在要求有较大的放大倍数时，若单级不能实现，可用几个单级放大器级联起来，多级放大电路的放大倍数等于各级放大倍数的乘积。

(10)常用耦合方式有：①直接耦合；②阻容耦合；③变压器耦合。

(11)放大器的反馈是指把放大器的输出信号(电压或电流)通过一定方式回送到放大器的输入端，并同输入信号一起参与放大器的输入控制作用。

(12)所谓集成电路是把具有某项功能的电路元件(二极管、晶体管、小电阻、小电容等)和连接导线集中制作在一块半导体芯片上，组成具有该功能的整体。

(13)理想运放的两个结论："虚短"和"虚断"。

(14)LC 振荡器的组成。它由放大器、LC 选频回路和反馈电路组成。

(15)LC 振荡器分类：变压器耦合式振荡器和电感反馈式 LC 振荡电路。

(16)RC 振荡器：选频回路采用 RC 网络，则可构成 RC 振荡器。

(17)石英晶体振荡器分类：实际应用中石英晶体分为两大类，即并联型、串联型。

## 自 测 题

### 一、填空题

1. 三极管按结构分为＿＿＿＿和＿＿＿＿两种类型。

2. 三极管有放大作用的外部条件是发射结＿＿＿＿，集电结＿＿＿＿。

3. 使放大电路净输入信号减小的反馈称为＿＿＿＿；使净输入信号增加的反馈称为＿＿＿＿。

4. 负反馈对放大电路有下列几方面的影响：使放大倍数＿＿＿＿，放大倍数的稳定性＿＿＿＿，输出波形的非线性失真＿＿＿＿，通频带宽度＿＿＿＿，并且＿＿＿＿了输入电阻和输出电阻。

### 二、分析题

1. 电路如图 10-37 所示，已知 $V_{CC}=12$ V，$R_C=2$ kΩ，晶体管的 $\beta=60$，$U_{BE}=0.3$ V，

$I_{CEO}=0.1\text{ mA}$,要求:(1)如果欲将 $I_C$ 调到 $1.5\text{ mA}$,试计算 $R_B$ 应取多大值?(2)如果欲将 $U_{CE}$ 调到 $3\text{ V}$,试问 $R_B$ 应取多大值?

2. 电路如图 10-38 所示,已知晶体管的 $\beta=60$,$r_{be}=1\text{ k}\Omega$,$U_{BE}=0.7\text{ V}$。试求:(1)静态工作点 $I_{BQ}$、$I_{CQ}$、$U_{CEQ}$;(2)电压放大倍数。

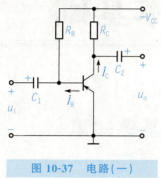

图 10-37 电路(一)

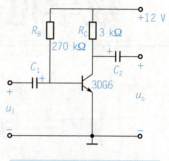

图 10-38 电路(二)

单元十一

# 数字电子技术基础

## 课题一　数字电路基础知识

**知识目标**

(1) 了解数字信号的特点。
(2) 了解二进制的表示方法，了解二进制数与十进制数之间的相互转换。
(3) 了解 8421BCD 码的表示形式。

**主要内容**

数字电路是目前发展较快、应用逐步扩大的电子电路，通过数字电路的基础内容和基本概念的学习，了解数字信号的特点；了解二进制的表示方法，了解二进制数与十进制数之间的相互转换；了解 8421BCD 码的表示形式。

【相关知识点一】　模拟信号与数字信号

随着微型计算机的广泛应用和迅速发展，使数字电子技术的应用进入到了一个新的阶段。数字电子技术不仅广泛应用于现代数字通信、自动控制、测控、数字计算机等各个领域，而且已经进入了千家万户的日常生活。可见，在人类迈向信息社会的进程中，数字电子技术将起到越来越重要的作用。

有线电视传输的信号有两种，即模拟电视信号和数字电视信号。模拟电视信号是随时间连续变化的音/视频信号，而数字电视信号则是将现场的模拟电视信号进行数字化处理后获得的电视信号。随着数字化信息技术的迅猛发展，电视广播产业发生了巨大的变化，数字电视仅是这一巨变中的产物之一。

数字电视是指拍摄、剪辑、制作、播出、传输、接收等全过程都使用数字技术的电视系统，是电视广播发展的方向。数字电视的具体传输过程是：由电视台送出的图像及声音信号，经数字压缩和数字调制后，形成数字电视信号，经过卫星、地面无线广播或有线电缆等方式传送，由数字电视机接收后，通过数字解调和数字/视音频解码处理还原出原来的图像及伴音。

在城市中，通常采用有线电缆方式传送数字电视信号(俗称有线电视)。在农村，常采用卫星广播系统(俗称卫星电视)。图 11-1 所示为卫星直播数字电视接收系统框图。

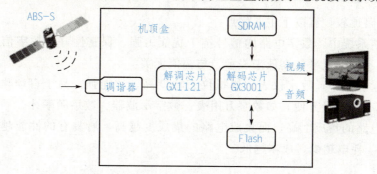

图 11-1　卫星直播数字电视接收系统框图

## 一、电路中的信号

电子电路中的信号是随时间变化的某种物理量，是信息的表现形式与传送载体。

### 1. 模拟信号(幅值连续、时间连续)

模拟电路是指以模拟信号作为研究对象的电路，其主要分析输入、输出信号在频率、幅度、相位等方面的不同，如交、直流放大器(AC-DC Amplifier)、信号发生器(Signal Generator)、滤波器(Filter)等。

### 2. 数字信号(幅值离散、时间连续)

数字信号常用抽象出来的二值信息 1 和 0 表示。反映在电路上就是高电平和低电平两种状态，如图 11-2 所示。

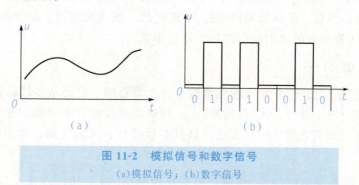

图 11-2　模拟信号和数字信号
(a)模拟信号；(b)数字信号

数字电路是用来处理数字信号的电路。数字电路常用来研究数字信号的产生、变换、传输、储存、控制和运算等。

## 二、数字电路的特点

与模拟电路比较，有以下主要优点：

(1)在通信系统中，数字电路的信号抗干扰能力强、保密性好。数字信号是用脉冲的有无或种类的不同、电平的高低来表示，与幅值无关。

(2)在测量仪表中，数字仪表比模拟仪表精度高，功能强，易于自动化、智能化，可靠性高，体积小，测量方便，如数字万用表、数字示波器、数字频率计。

(3)数字电路的集成度高，而集成电路的集成度越高，所具有的性能越好，可靠性越高，体积越小，耗电越少，成本越低。

## 三、数字电子技术的发展与应用

数字电子技术的发展与应用经历了四个时代，即电子管时代、晶体管时代、集成电路时代、大规模集成电路(LSI)和超大规模集成电路(VLSI)时代。

### 1. 电子管时代

1906年电子管诞生；1946年世界上第一台电子数字计算机ENIAC(Electronic Numerical Integrator And Calculator)诞生于美国宾夕法尼亚大学，共用了18 000多只电子管、1 500多个继电器，质量逾30 t，占用了170 $m^2$ 的房间，耗电达140 kW以上，其运算速度仅为5 000次/s，可实现加、减法运算。而现在具有同样功能的电子计算机，体积只有BP机那么大（而Pentium Ⅲ的运算能力可达上亿次/s）。

### 2. 晶体管时代

1947年12月，美国贝尔实验室的肖克利、巴丁和布拉顿组成的研究小组，研制出一种点接触型的锗晶体管。晶体管的问世是20世纪的一项重大发明，是微电子革命的先声。为此1956年晶体管的发明者们获得诺贝尔物理学奖。

### 3. 集成电路时代

集成电路是20世纪60年代发展起来的一种新型器件，它把众多的晶体管、电阻、电容及连线制作在一块半导体芯片(如硅片)上，做成具有特定功能的独立电子线路。其外形一般用金属圆壳或双列直插结构。集成电路具有性能好、可靠性高、体积小、耗电少、成本低等优点。

### 4. 大规模集成电路(LSI)和超大规模集成电路(VLSI)时代

1971年4位CPU(Central Processing Unit，中央处理器)(4004)出现，含2 300个晶体管。CPU从存储器或高速缓冲存储器中取出指令，放入指令寄存器，并对指令译码。它把指令分解成一系列的微操作，然后发出各种控制命令，执行微操作系列，从而完成一条指令的执行。指令是计算机规定执行操作的类型和操作数的基本命令。指令由一个字节或者多个字节组成，其中包括操作码字段、一个或多个有关操作数地址的字段和一些表征机器状态的状态字和特征码。有的指令中也直接包含操作数本身。

## 四、数字信号的主要参数

一个理想的周期性数字信号,可用以下几个参数来描绘:

$U_m$——信号幅度。

$T$——信号的重复周期。

$t_w$——脉冲宽度。

$q$——占空比。其定义为:

$$q = \frac{t_w}{T} \times 100\%$$

图 11-3 所示为三个周期相同($T=20$ ms),但幅度、脉冲宽度及占空比各不相同的数字信号。

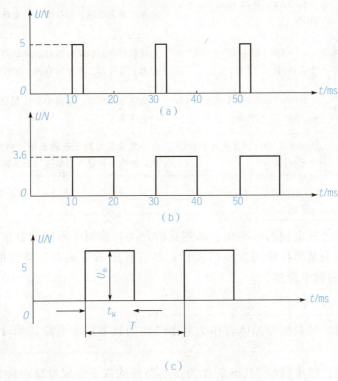

图 11-3 数字信号的主要参数

## 五、数字电路的分类

### 1. 按电路结构划分

(1)分立元件电路,将晶体管、电阻、电容等元器件用导线在线路板上连接起来的电路。

(2)集成电路,将上述元器件和导线通过半导体制造工艺做在一块硅片上而成为一个不可分割的整体电路。数字电路比模拟电路更容易高密度集成。

### 2. 按照集成的密度划分

(1)组合逻辑电路,电路的输出信号只与当时的输入信号有关,而与电路原来的状态无关。

(2)时序逻辑电路,电路的输出信号不仅与当时的输入信号有关,而且还与电路原来的状态有关。

### 3. 按集成电路规模分类

按集成电路规模的分类见表 11-1。

表 11-1　划分集成电路规模的标准

| 类　别 | 集成度 | 电路规模与范围 |
| --- | --- | --- |
| 小规模集成电路(SSI) | 1~10 门/片或 10~100 个元件/片 | 逻辑单元电路,包括逻辑门电路、集成触发器 |
| 中规模集成电路(MSI) | 10~100 门/片或 100~1 000 个元件/片 | 逻辑部件,包括计数器、译码器、编码器、数据选择器、寄存器、算术运算器、比较器、转换电路 |
| 大规模集成电路(LSI) | 100~1 000 门/片或 1 000~100 000 个元件/片 | 数字逻辑系统,包括中央控制器、存储器、各种接口电路等 |
| 超大规模集成电路(VLSI) | 大于 1 000 门/片或大于 10 万个元件/片 | 高集成度的数字逻辑系统,例如各种型号的单片机,即在一片硅片上集成一个完整的微型计算机 |

### 4. 从应用的角度划分

(1)通用型。指已被定型的标准化、系列化的产品,适用于不同的数字设备。

(1)专用型。指为某种特殊用途专门设计,具有特定的复杂而完整功能的功能块型产品,只适用于专用的数字设备。

### 5. 根据所用器件制作工艺的不同划分

(1)双极型电路。以双极型晶体管作为基本器件的数字集成电路,如 TTL、ECL 集成电路等。

(2)单极型电路。以单极型 MOS 管作为基本器件的数字集成电路,称为单极型数字集成电路,如 NMOS、PMOS、CMOS 集成电路等。

## 【相关知识点二】　十进制与二进制

人类在长期的生活实践过程中,为了计数且用尽量少的数码表示比较大的数值,经常采用进位计数的方法来计数,简称计数制、进位制。由于数字电路只涉及两个数码,称为二进制运算,与日常生活中习惯使用的十进制运算有所不同。

## 一、几个基本概念

（1）数码。能表示物理量大小的数字符号，如日常生活中常用的十进制数使用的是0、1、2、3、4、5、6、7、8、9十个不同数码。

（2）数制。计数制的简称，表示多位数码中每一位的构成方法以及从低位到高位的进制规则。常用的计数制有十进制、二进制、八进制、十六进制等。

（3）权。每种数制中，数码处于不同位置（即不同的数位），它所代表的数量的含义是不同的。各数位上数码表示的数量等于该数码与相应数位的权的乘积。权即与相应数位的数码相乘，从而得到该数码实际代表的数量的数。例如，十进制数123中，"1"表示$1\times 10^2$，"2"表示$2\times 10^1$，"3"表示$3\times 10^0$，由此可见，$10^0$、$10^1$、$10^2$分别为十进制数的个位、十位、百位的权。

## 二、十进制、二进制等数制的表示方法

### 1. 十进制（Decimal）

①数字符号（系数）：0～9。

②计数规则：逢十进一。

③基数：10。

④权：10的幂。

例如，将下列十进制数展开。

$(143.75)_{10}=1\times 10^2+4\times 10^1+3\times 10^0+7\times 10^{-1}+5\times 10^{-2}$

十进制数的特点：人们生活中习惯采用的是十进制，若在数字电路中采用十进制，必须要有十个电路状态与十个数码相对应。这样将在技术上带来许多困难，而且很不经济。

### 2. 二进制（Binary）

①数字符号：0、1。

②计数规则：逢二进一。

③基数：2。

④权：2的幂。

例如，将下列二进制数展开。

$(11011.01)_2=1\times 2^4+1\times 2^3+0\times 2^2+1\times 2^1+1\times 2^0+0\times 2^{-1}+1\times 2^{-2}$

二进制的优点：电路中任何具有两个不同稳定状态的元件都可用来表示一位二进制数，数码的存储和传输简单、可靠。

二进制的缺点：位数较多，不便于读数；不符合人们的习惯，输入时要将十进制转换成二进制，运算结果输出时再转换成十进制数。

### 3. 八进制（Octal）

①数字符号：0～7。

②计数规则：逢八进一。

③基数：8。

④权：8 的幂。

例如，将下列八进制数展开。

$(437.25)_8 = 4\times 8^2 + 3\times 8^1 + 7\times 8^0 + 2\times 8^{-1} + 5\times 8^{-2}$

### 4. 十六进制（Hexadecimal）

①数字符号：0～9、A(10)、B(11)、C(12)、D(13)、E(14)、F(15)。

②计数规则：逢十六进一。

③基数：16。

④权：16 的幂。

例如，将下列十六进制数展开。

$(2BC.5E)_{16} = 1\times 16^2 + 11\times 16^1 + 12\times 16^0 + 5\times 16^{-1} + 14\times 16^{-2}$

十六进制的特点：书写程序方便。

## 三、二进制与十进制之间的相互转换

### 1. 二进制转换成十进制

采用表达式展开法。

**例 11-1**　将二进制数 10011.101 转换成十进制数。

**解**　将每一位二进制数乘以位权，然后相加，可得

$(10011.101)_B = 1\times 2^4 + 0\times 2^3 + 0\times 2^2 + 1\times 2^1 + 1\times 2^0 + 1\times 2^{-1} + 0\times 2^{-2} + 1\times 2^{-3}$
$= (19.625)_D$

### 2. 十进制转换成二进制

**方法**　整数部分：除 2 取余，逆序排列；小数部分：乘 2 取整，顺序排列。

**例 11-2**　将 $(11)_{10}$ 转换成二进制数。

**解**

```
2 | 11
2 |  5   余1         低位   权2⁰
2 |  2   余1                权2¹
2 |  1   余0                权2²
    0    余1         高位   权2³
```

所以：$(11)_{10} = (1011)_2$。

**例 11-3**　将 $(0.75)_{10}$ 转化为二进制数。

**解**　用"乘 2 取整"法转换。

$$\begin{array}{r}0.75\\\times\quad 2\\\hline 0.5\quad\cdots\cdots\ 1\\\times\quad 2\\\hline 1.0\quad\cdots\cdots\ 1\end{array}$$

读取次序↓

故：$(0.75)_{10} = (0.11)_2$。

**例 11-4** 将 $(157.375)_{10}$ 化为二进制数。

**解** （1）整数部分：

除 2 取余，逆序排列。

（2）小数部分：

乘 2 取整，顺序排列。

```
2 | 157
2 |  78 …… 余1              0.375
2 |  39 …… 余0           ×     2
2 |  19 …… 余1              0.75 …… 0
2 |   9 …… 余1           ×     2
2 |   4 …… 余1              0.5  …… 1
2 |   2 …… 余0           ×     2
2 |   1 …… 余0              1.0  …… 1
        0 …… 余1
```

所以：$(157.375)_{10} = (10011101.011)_2$。

【**相关知识点三**】 **BCD 码**

在举行长跑比赛时，为便于识别运动员，通常给每位运动员编一个号码。显然，这些号码仅仅表示不同的运动员，已失去了数量大小的含义。

## 一、代码

在数字系统中，数字、符号、文字、字母、汉字等通常都是用二进制数码来表示的，这种数码就称为它们的代码。常用的有 BCD 码和 ASCII 码。

### 1. ASCII 码

ASCII（American Standard Code for Information Interchange，美国标准信息交换代码）是基于拉丁字母的一套计算机编码系统，主要用于显示现代英语和其他西欧语言。它是现今最通用的单字节编码系统，并等同于国际标准 ISO/IEC 646。ASCII 码将某些数字、英文字母、数学符号和某些图形用 7 位二进制码表示。

### 2. BCD 码

BCD（Binary-Coded Decimal）码亦称为二进制码十进制数或二—十进制代码。用 4 位二进制数来表示 1 位十进制数中的 0～9 这 10 个数码，是一种二进制的数字编码形式，用二进制编码的十进制代码。BCD 码这种编码形式利用了四个位元来储存一个十进制的数码，使二进制和十进制之间的转换得以快捷进行。这种编码技巧最常用于会计系统的设计里，因为会计制度经常需要对很长的数字串作准确的计算。相对于一般的浮点式记数法，采用 BCD 码，既可保存数值的精确度，又可免却使计算机作浮点运算时所耗费的时间。此外，对于其他需要高精确度的计算，BCD 编码亦很常用。

二—十进制代码用 4 位二进制码代替一位十进制数码(0~9)，然后按十进制数的次序排列。它具有二进制数的形式，却有十进制数的特点。因为 4 位二进制码有 16 种取值组合，可以选择其中的 10 种表示 0~9 这 10 个数字，选哪 10 种组合，有多种方案，这就形成了不同的 BCD 码。BCD 码可分为有权码和无权码两类：有权 BCD 码有 8421 码、2421 码、5421 码，其中 8421 码是最常用的；无权 BCD 码有余 3 码、格雷码(注意：格雷码并不是 BCD 码)等。

## 二、常用 BCD 码

### 1. 8421 码

8421 BCD 码是最基本和最常用的 BCD 码，它和四位自然二进制码相似，各位的权值为 8、4、2、1，故称为有权 BCD 码。和四位自然二进制码不同的是，它只选用了四位二进制码中前 10 组代码，即用 0000~1001 分别代表它所对应的十进制数，余下的六组代码不用。

从表 11-2 中可看出，8421BCD 码是用四位二进制数的前十位来表示一个等值的对应十进制数。必须注意 8421BCD 码和二进制数所表示的多位十进制的方法不同。

### 2. 5421 和 2421 码

5421 BCD 码和 2421 BCD 码为有权 BCD 码，它们从高位到低位的权值分别为 5、4、2、1 和 2、4、2、1。这两种有权 BCD 码中，有的十进制数码存在两种加权方法。例如，5421 BCD 码中的数码 5，既可以用 1000 表示，也可以用 0101 表示；2421 BCD 码中的数码 6，既可以用 1100 表示，也可以用 0110 表示。这说明 5421 BCD 码和 2421 BCD 码的编码方案都不是唯一的，表 1-2 只列出了一种编码方案。

表 11-2 中 2421 BCD 码的 10 个数码中，0 和 9、1 和 8、2 和 7、3 和 6、4 和 5 的代码对应位恰好一个是 0 时，另一个就是 1。就称 0 和 9、1 和 8 互为反码。

表 11-2 一种编码方案

| 十进制 | 编码种类 8421 码 | 余 3 码 | 2421 码 (A) | 2421 码 (B) | 5421 码 | 余 3 循环码 |
|---|---|---|---|---|---|---|
| 0 | 0000 | 0011 | 0000 | 0000 | 0000 | 0010 |
| 1 | 0001 | 0100 | 0001 | 0001 | 0001 | 0110 |
| 2 | 0010 | 0101 | 0010 | 0010 | 0010 | 0111 |
| 3 | 0011 | 0110 | 0011 | 0011 | 0011 | 0101 |
| 4 | 0100 | 0111 | 0100 | 0100 | 0100 | 0100 |
| 5 | 0101 | 1000 | 0101 | 1011 | 1000 | 1100 |
| 6 | 0110 | 1001 | 0110 | 1100 | 1001 | 1101 |
| 7 | 0111 | 1010 | 0111 | 1101 | 1010 | 1111 |

续表

| 十进制 | 编码种类 | 8421码 | 余3码 | 2421码(A) | 2421码(B) | 5421码 | 余3循环码 |
|---|---|---|---|---|---|---|---|
| 8 | | 1000 | 1011 | 1110 | 1110 | 1011 | 1110 |
| 9 | | 1001 | 1100 | 1111 | 1111 | 1100 | 1010 |
| 权 | | 8421 | | 2421 | 2421 | 5421 | |

### 3. 余3码

余3码是8421BCD码的每个码组加3(0011)形成的。常用于BCD码的运算电路中。

### 4. 格雷码

格雷码也称为循环码，其最基本的特性是任何相邻的两组代码中，仅有一位数码不同，因而又叫单位距离码。

格雷码的编码方案有多种，典型的格雷码如表11-2所示。从表中可看出，这种代码除了具有单位距离码的特点外，还有一个特点就是具有反射特性，即按表中所示的对称轴为界，除最高位互补反射外，其余低位数沿对称轴镜像对称。利用这一反射特性可以方便地构成位数不同的格雷码。

BCD码的主要特点是：8421编码直观，好理解；5421码和2421码中大于5的数字都是高位为1，5以下的高位为0；余3码是8421码加上3，有上溢出和下溢出的空间；格雷码相邻两个数有三位相同，只有一位不同。

**例11-5**  将十进制数93分别用8421BCD码和二进制数来表示。

**解**  十进制数　　9　　3
　　　8421码　　1001　0011
即$(93)_{10} = (10010011)_{8421}$
而$(93)_{10} = (1011101)_2$

## 课题二  逻辑门电路

### 知识目标

(1) 了解与门、或门、非门等基本逻辑门，了解与非门、或非门、与或非门等复合逻辑门的逻辑功能，能识别其电路图符号。

(2) 了解TTL门电路的型号及其使用常识，能识别引脚。

(3) 了解CMOS门电路的型号及其使用常识，能识别引脚，掌握其安全操作的方法。

# 单元十一 数字电子技术基础

> **主要内容**
>
> 通过学习逻辑门电路概述，掌握逻辑门电路的组成、作用及类别；利用数字电路实验箱的门电路功能测试等教学手段，掌握基本逻辑门电路的逻辑功能及逻辑表达方法；了解与门、或门、非门等基本逻辑门，了解与非门、或非门、与或非门等复合逻辑门的逻辑功能，能识别其电路图符号；了解常用 TTL 门电路和 CMOS 门电路的型号及其使用常识，能识别引脚。

## 【相关知识点一】 逻辑门电路概述

逻辑门电路是数字电路中最基本的逻辑元件。门就是一种开关，它能按照一定的条件去控制信号的通过或不通过。数字电路实现的是逻辑关系。"逻辑"是指事物的条件或原因与结果之间的关系。如果把数字电路的输入信号视为"条件"，输出信号视为"结果"，那么数字电路的输入与输出信号之间就存在着一定的因果关系（即逻辑关系），能实现一定逻辑功能的数字电路称为逻辑门电路（简称门电路）。门电路的输入和输出之间存在一定的逻辑关系（因果关系），所以门电路又称为逻辑门电路。

逻辑门电路一般有多个输入端和一个输出端，如图 11-4 所示。

门电路在输入信号满足一定的条件后，电路开始处理信号并产生信号输出；相反，若输入信号不满足条件，门电路关闭则没有信号输出。就好像一扇门的开启需要满足一定的条件一样。门电路的特点是某时刻的输出信号完全取决于即时的输入信号，即没有存储和记忆信息功能。

图 11-4 门电路

在逻辑关系中输入、输出变量电平的高低一般用"0"和"1"两个二进制数码表示，如果用"1"表示高电平，"0"表示低电平，则称为正逻辑；反之则称为负逻辑。若无特殊说明，一般均采用正逻辑。

### 一、组成

逻辑门可以用电阻、电容、二极管、三极管等分立元件构成，成为分立元件门。也可以将门电路的所有器件及连接导线制作在同一块半导体基片上，构成集成逻辑门电路。

简单的逻辑门可由晶体管组成。这些晶体管的组合可以使代表两种信号的高、低电平在通过它们之后产生高电平或者低电平的信号。

### 二、作用

高、低电平可以分别代表逻辑上的"真"与"假"或二进制中的 1 和 0，从而实现逻辑运算。常见的逻辑门包括"与"门、"或"门、"非"门、"异或"门（也称互斥或）等。

逻辑门可以组合使用，实现更为复杂的逻辑运算。

## 三、类别

逻辑门电路是数字电路中最基本的逻辑元件。门就是一种开关，它能按照一定的条件去控制信号的通过或不通过。门电路的输入和输出之间存在一定的逻辑关系（因果关系），所以门电路又称为逻辑门电路。基本逻辑关系为"与""或""非"三种。逻辑门电路按其内部有源器件的不同可以分为三大类。第一类为双极型晶体管逻辑门电路，包括 TTL、ECL 电路和 $I^2L$ 电路等几种类型；第二类为单极型 MOS 逻辑门电路，包括 NMOS、PMOS、LDMOS、VDMOS、VVMOS、IGT 等几种类型；第三类则是二者的组合 BICMOS 门电路。常用的是 CMOS 逻辑门电路。

【相关知识点二】 逻辑运算

## 一、关于逻辑电路的几个规定

### 1. 逻辑状态的表示方法

用数字符号 0 和 1 表示相互对立的逻辑状态，称为逻辑 0 和逻辑 1。

表 11-3　常见的对立逻辑状态示例

| 一种状态 | 高电位 | 有脉冲 | 闭合 | 真 | 上 | 是 | … | 1 |
|---|---|---|---|---|---|---|---|---|
| 另一种状态 | 低电位 | 无脉冲 | 断开 | 假 | 下 | 非 | … | 0 |

### 2. 高、低电平规定

用高电平、低电平来描述电位的高低。

高、低电平不是一个固定值，而是一个电平变化范围，如图 11-5 所示。

单位用"V"表示。在集成逻辑门电路中规定：

标准高电平 $U_{SH}$——高电平的下限值。

标准低电平 $U_{SL}$——低电平的上限值。

应用时，高电平应不小于 $U_{SH}$；低电平应不大于 $U_{SL}$。

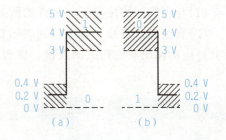

图 11-5　正逻辑和负逻辑
（a）正逻辑；（b）负逻辑

### 3. 正、负逻辑规定

正逻辑：用 1 表示高电平，用 0 表示低电平的逻辑体制。

负逻辑：用 1 表示低电平，用 0 表示高电平的逻辑体制。

## 二、基本的逻辑关系及门电路

基本逻辑关系包括"或"逻辑关系、"与"逻辑关系、"非"逻辑关系，与之对应的逻辑运算为"或"逻辑运算（称逻辑加）、"与"逻辑运算（称逻辑乘）、"非"逻辑运算。

门电路主要由工作在开关状态的二极管或三极管以及相应的外围元件组成，如果用门电路来实现某种因果关系，其"因"一定是门电路的输入信号，而"果"则一定是门电路的输出信号，这就是后面要介绍的逻辑门电路。如图 11-6 所示。

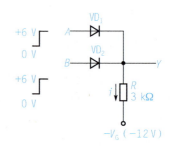

图 11-6 正逻辑和负逻辑

$V_A=0$ V，$V_B=0$ V，$VD_1$、$VD_2$ 均截止，$Y=12$ V。

$V_A=6$ V，$V_B=0$ V，$VD_1$ 导通，$VD_2$ 截止，$Y=6$ V。

$V_A=0$ V，$V_B=6$ V，$VD_1$ 截止，$VD_2$ 导通，$Y=6$ V。

$V_A=6$ V，$V_B=6$ V，$VD_1$、$VD_2$ 均导通，$Y=6$ V。

常用逻辑门电路的内部电路结构存在较大的差异，但同一类型的逻辑门电路的外部功能却是相同的。

研究逻辑门电路时要使用真值表，真值表就是指表明逻辑电路输出端状态和输入端状态的逻辑对应关系的表格。

### （一）与逻辑及与门

#### 1. 与逻辑

（1）与逻辑。当决定某一事件的所有条件都具备时，该事件才会发生。

（2）真值表。符号 0 和 1 分别表示低电平和高电平，将输入变量可能的取值组合状态及其对应的输出状态列成的表格，见表 11-4。

表 11-4 与门真值表

| A | B | Y |
| --- | --- | --- |
| 0 | 0 | 0 |
| 0 | 1 | 0 |
| 1 | 0 | 0 |
| 1 | 1 | 1 |

与门逻辑功能为："有 0 出 0，全 1 出 1"。

（3）逻辑表达式为

$$Y = A \cdot B$$

式中，$Y$ 为逻辑函数；$A$、$B$ 为输入逻辑变量。

### 2. 与门

(1)与门。实现与逻辑运算的电路。

(2)二极管与门电路如图 11-7(b)所示。与门的符号如图 11-7(c)所示。符号图中 $A$、$B$ 表示输入逻辑变量，$Y$ 表示输出逻辑变量。多输入逻辑变量的逻辑符号可依次类推。

(3)图 11-7(d)所示为与门电路对输入不同逻辑变量时对应输出的逻辑函数波形。

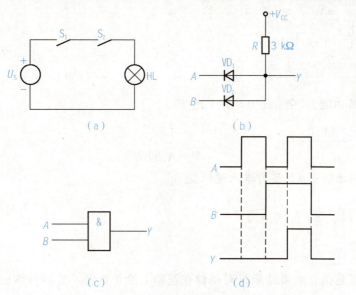

图 11-7　与门电路及符号
(a)与逻辑控制电路；(b)二极管与门电路；(c)与门逻辑符号；(d)波形

## (二)或逻辑及或门

### 1. 或逻辑

决定某一事件的几个条件中，只要有一个或者几个条件具备，该事件就会发生，如图 11-8(a)所示。

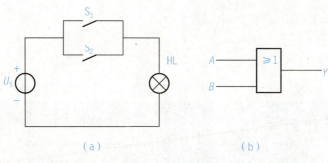

图 11-8　或逻辑关系及符号
(a)或逻辑控制电路；(b)或门逻辑符号

### 2. 或门真值表

或门真值表见表 11-5。

表 11-5 或门真值表

| A | B | Y |
|---|---|---|
| 0 | 0 | 0 |
| 0 | 1 | 1 |
| 1 | 0 | 1 |
| 1 | 1 | 1 |

或门的逻辑功能为"全 0 出 0, 有 1 出 1"。

### 3. 逻辑表达式

$$Y = A + B$$

式中，$Y$ 为逻辑函数；$A$、$B$ 为输入逻辑变量。

## (三) 非逻辑及非门

### 1. 非逻辑

非逻辑关系是指：如果结果是对条件在逻辑上给予否定，这种特殊的逻辑关系称为非逻辑关系。

非：就是反，就是否定，如图 11-9(a) 所示。

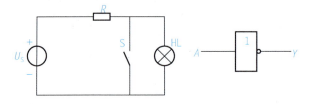

图 11-9 非逻辑关系及符号
(a) 非逻辑控制电路；(b) 非门逻辑符号

### 2. 非门真值表

非门真值表见表 11-6。

表 11-6 非门真值表

| A | Y |
|---|---|
| 0 | 1 |
| 1 | 0 |

非门逻辑功能："有 0 出 1, 有 1 出 0"。

### 3. 逻辑表达式

$$Y = \overline{A}$$

式中，$Y$ 为逻辑函数；$A$ 为输入逻辑变量。

## (四)其他复合逻辑门

### 1. 与非门

(1)电路组成。在与门后面接一个非门，就构成了与非门，如图 11-10 所示。

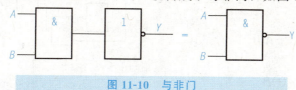

图 11-10　与非门

(2)逻辑符号。在与门输出端加上一个小圆圈，就构成了与非门的逻辑符号。

(3)逻辑表达式。与非门的逻辑表达式为

$$Y = \overline{A \cdot B}$$

(4)逻辑功能。与非门的逻辑功能为"全 1 出 0，有 0 出 1"。

### 2. 或非门

(1)电路组成。在或门后面接一个非门就构成了或非门，如图 11-11 所示。

图 11-11　或非门

(2)逻辑符号。在或门输出端加一小圆圈就变成了或非门的逻辑符号。

(3)逻辑表达式。或非门的逻辑表达式为

$$Y = \overline{A + B}$$

(4)逻辑功能。或非门的逻辑功能为"全 0 出 1，有 1 出 0"。

### 3. 与或非门

(1)电路组成。把两个(或两个以上)与门的输出端接到一个或非门的各个输入端，就构成了与或非门。与或非门的电路如图 11-12(a)所示。

(2)逻辑符号。与或非门的逻辑符号如图 11-12(b)所示。

(3)逻辑表达式。与或非门的逻辑表达式为

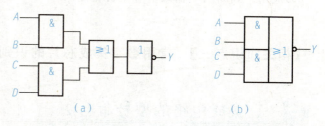

图 11-12　与或非门
(a)逻辑图；(b)逻辑符号

$$Y = \overline{AB + CD}$$

(4)逻辑功能。与或非门的逻辑功能为：当输入端中任何一组全为1时，输出即为0；只有各组输入都至少有一个为0时，输出才为1。

### 4. 异或门

(1)电路组成。异或门的电路如图11-13(a)所示。

(2)逻辑符号。异或门的逻辑符号如图11-13(b)所示。

(3)逻辑表达式。异或门的逻辑表达式为

$$Y = \overline{A}B + A\overline{B}$$

上式通常也写成

$$Y = A \oplus B$$

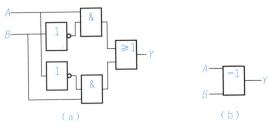

图 11-13　异或门
(a)逻辑图；(b)逻辑符号

(4)逻辑功能。当两个输入端的状态相同(都为0或都为1)时输出为0；反之，当两个输入端状态不同(一个为0，另一个为1)时，输出端为1。

(5)应用。判断两个输入信号是否不同。

### 5. 同或门

(1)电路组成。在异或门的基础上，最后加上一个非门就构成了同或门，如图11-14(a)所示。

(2)逻辑符号。同或门逻辑符号如图11-14(b)所示。

(3)逻辑表达式。同或门的逻辑表达式为

$$Y = AB + \overline{A}\,\overline{B}$$

同或门的逻辑表达式通常也写成

$$Y = A \odot B$$

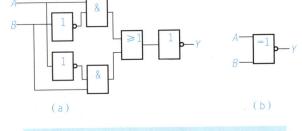

图 11-14　同或门
(a)逻辑图；(b)逻辑符号

(4)逻辑功能。当两个输入端的状态相同(都为0或都为1)时输出为1；反之，当两个输入端状态不同(一个为0，另一个为1)时，输出端为0。

(5)应用。判断两个输入信号是否相同。

## 【相关知识点三】　常用数字集成芯片的识别与主要性能参数

### 一、集成电路的型号命名法

集成电路现行国际规定的命名法如下：器件的型号由五部分组成，各部分符号及意义见表11-7(摘自《电子工程手册系列丛书》A15、《中外集成简明速查手册》TTL、CMOS电路以及 GB 3430)。

表 11-7 器件型号的组成

| 第零部分 | | 第一部分 | | 第二部分 | 第三部分 | | 第四部分 | |
|---|---|---|---|---|---|---|---|---|
| 用字母表示器件符号国家标准 | | 用字母表示器件的类型 | | 用阿拉伯数字和字母表示器件系列品种 | 用字母表示器件的工作温度范围 | | 用字母表示器件的封装 | |
| 符号 | 意义 | 符号 | 意义 | | 符号 | 意义 | 符号 | 意义 |
| C | 中国制造 | T | TTL 电路 | TTL 分为： | C | 0 ℃～70 ℃ | F | 多层陶瓷扁平封装 |
| | | H | HTL 电路 | 54/74×××① | G | −25 ℃～70 ℃ | B | 塑料扁平封装 |
| | | E | ECL 电路 | 54/74H××× | L | −25 ℃～85 ℃ | H | 黑瓷扁平封装 |
| | | C | CMOS | 54/74L××× | E | −40 ℃～85 ℃ | D | 多层陶瓷双列直插封装 |
| | | M | 存储器 | 54/74S××× | R | −55 ℃～85 ℃ | J | 黑瓷双列直插封装 |
| | | μ | 微型机电器 | 54/74LS××× | M | −55 ℃～125 ℃ | P | 塑料双列直插封装 |
| | | F | 线性放大器 | 54/74AS××× | ⋮ | | S | 塑料单列直插封装 |
| | | W | 稳压器 | 54/74ALS××× | | | T | 塑料封装 |
| | | D | 音响、电视电路 | 54/74F××× | | | K | 金属圆壳封装 |
| | | B | 非线性电路 | CMOS 为： | | | C | 金属菱形封装 |
| | | J | 接口电路 | 4000 系列 | | | E | 陶瓷芯片载体封装 |
| | | AD | A/D 转换器 | 54/74HC××× | | | G | 塑料芯片载体封装 |
| | | DA | D/A 转换器 | 54/74HCT××× | | | ⋮ | |
| | | SC | 通信专用电路 | | | | SOIC | 小引线封装 |
| | | SS | 敏感电路 | | | | PCC | 塑料芯片载体封装 |
| | | SW | 钟表电路 | | | | LCC | 陶瓷芯片载体封装 |
| | | SJ | 机电仪电路 | | | | | |
| | | SF | 复印机电路 | | | | | |
| | | ⋮ | | | | | | |

注：①74：国际通用 74 系列（民用）；54：国际通用 54 系列（民用）。

### 1. CMOS 逻辑

CMOS 逻辑的特点是功耗低、工作电源电压范围宽、速度快（可达 7 MHz）。CMOS 逻辑有 CC400 系列、CC4500 系列和 54/74HC(AC)00 系列。

### 2. ECL 逻辑

ECL 逻辑的最大特点是工作速度快。因为在 ECL 电路中数字逻辑电路形式采用非饱和型，消除了三极管的存储时间，大大加快了工作速度。MECLⅠ系列是由美国摩托罗拉公司于 1962 年生产的。后来又生产了改进型的 MECLⅡ、MECLⅢ及 MECL10000。以上几种数字逻辑电路的有关参数见表 11-8 所示。

表 11-8　几种逻辑电路的参数比较

| 电路种类 | 工作电压/V | 每个门的功耗 | 门延时 | 扇出系数 |
|---|---|---|---|---|
| TTL 标准 | +5 | 10 mW | 10 ns | 10 |
| TTL 标准肖特基 | +5 | 20 mW | 3 ns | 10 |
| TTL 低功耗肖特基 | +5 | 2 mW | 10 ns | 10 |
| BCL 标准 | −5.2 | 25 mW | 2 ns | 10 |
| ECL 高速 | −5.2 | 40 mW | 0.75 ns | 10 |
| CMOS | +5～15 | μW 级 | ns 级 | 50 |

### 3. 集成电路外引线的识别

使用集成电路前,必须认真查对识别集成电路的引脚,确认电源、地、输入、输出、控制等端的引脚号,以免因接错而损坏器件。引脚排列的一般规律如下:

圆形集成电路,识别时面向引脚正视,从定位销顺时针方向依次为 1、2、3、…,如图 11-5(a)所示。圆形多用于集成运放等电路。

扁平和双列直插型集成电路:识别时将文字、符号标记正放(一般集成电路上有一圆点或有一缺口,将圆点或缺口置于左方),由顶部俯视,从左下脚起,按逆时针方向数,依次为 1、2、3、…,如图 11-15(b)所示。扁平型多用于数字集成电路。双列直插型广泛用于模拟和数字集成电路。

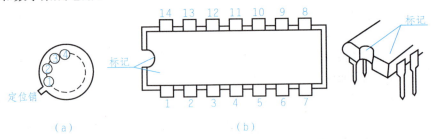

图 11-15　集成电路外引线的识别
(a)圆形；(b)扁平和双列直插型

## 二、CMOS 数字集成电路标准系列

### (一) 4000 系列

#### 1. 推荐工作条件

电源电压范围:A 型为 3～15 V；B 型为 3～18 V。

工作温度:陶瓷封装为 −55 ℃～+125 ℃；塑料封装为 −40 ℃～+85 ℃。

## 2. 极限参数

电源电压 $U_{aa}$ 为 $-0.5\sim20$ V；输入电压 $U$ 为 $-0.5\sim U_{aa}+0.5$ V。

输入电流 $I$ 为 10 mA；允许功耗 $P_d$ 为 200 mW；保存温度 $T_d$ 为 $-65\ ℃\sim+150\ ℃$。

常用 4000 系列集成芯片的型号与功能见表 11-9。

表 11-9　常用 4000 系列集成芯片的型号与功能

| 型号 | 功能 | 型号 | 功能 |
| --- | --- | --- | --- |
| 4008B | 4 位二进制并行进位全加器 | 4049UB | 六反相缓冲/变换器 |
| 4009UB | 六反相缓冲/变换器 | 4060B | 14 位二进制计数/分配器 |
| 40011B/UB | 四 2 输入与非门 | 4066B | 四双向模拟开关 |
| 4012B/UB | 双四输入与非门 | 4071B | 四 2 输入或门 |
| 4013B | 双 D 触发器 | 4076B | 4 位 D 寄存器 |
| 4017B | 十进制计数/分配器 | 4081B | 四 2 输入与门 |
| 4023B/UB | 三 3 输入与非门 | 4098B | 双单稳态触发器 |
| 4026B | 十进制计数器/7 段译码器 | 40110 | 十进制加/减计数器/7 段译码器 |
| 4027B | 双 JK 触发器 | 40147 | 10—4 线编码器 |
| 4046B | 锁相环 | 4033B | 十进制计数器/7 段译码器 |
| 40160/162 | 可预置 BCD 计数器 | 40192 | 可预置 BCD 加/减计数器 |
| 40161/163 | 可预置 4 位二进制计数器 | 40193 | 可预置 4 位二进制加/减计数器 |
| 40174 | 六 D 触发器 | 40194/195 | 4 位并入/串入—并出/串出移位寄存器 |
| 40175 | 四 D 触发器 | 40104B | 4 位双向移位寄存器 |

## (二)4500 系列

### 1. 推荐工作条件

电源电压范围为 $3\sim18$ V；工作温度为陶瓷封装 $-55\ ℃\sim+125\ ℃$；塑料封装 $-44\ ℃\sim+85\ ℃$。

### 2. 极限参数

电源电压 $U_{aa}$ 为 $-0.5\sim18$ V；输入电压 $U$ 为 $-0.5\sim U_{aa}+0.5$ V。

输入电流 $I_i$ 为 10 mA；允许功耗为 180 mW；保存温度为 $-65\ ℃\sim+150\ ℃$。

常用 4500 系列集成芯片的型号和功能见表 11-10。

表 11-10　常用 4500 系列集成芯片的型号和功能

| 型号 | 功能 | 型号 | 功能 |
| --- | --- | --- | --- |
| 4502B | 三态六反相缓冲器 | 4528B | 双单稳态触发器 |
| 4510B | 可预置 BCD 加/减计数器 | 4532B | 8 位优先编码器 |

续表

| 型号 | 功能 | 型号 | 功能 |
|---|---|---|---|
| 4511B/4513B | 锁存/7 段译码/驱动器 | 4543B/4544B | BCD 锁存/7 段译码/驱动器 |
| 4512B | 三态 8 通道数据选择器 | 4581B | 4 位算术逻辑单元 |
| 4516B | 可预置 4 位二进制加/减计数器 | 4585B | 4 位数值比较器 |
| 4518B | 双 BCD 同步加法计数器 | 4590 | 独立 4 位锁存器 |
| 4526B | 可预置 4 位二进制 1/N 计数器 | 4599B | 8 位可寻址锁存器 |

### (三) COMS 数字集成电路高速系列——74HC(AC)00 系列

(1) 在 54/74HC(AC)00 系列中，54 系列是军用产品，74 系列是民用产品，两者的不同点只是特性参数有差异，两者的引脚位置和功能完全相同。

(2) 74HC(AC)00 系列推荐工作条件。

电源电压范围为 2～6 V。工作温度：陶瓷封装 $-55$ ℃ ～ $+125$ ℃；塑料封装 $-40$ ℃ ～ $+85$ ℃。

(3) 74HC(AC)00 系列的极限参数。

电源电压 $U_{aa}$：$-0.5$ ～ $+7$ V；输入电压 $U_i$：$-0.5$ ～ $U_{aa}+0.5$ V。

输出电压 $U_o$：$-0.5$ ～ $U_{aa}+0.5$ V；输出电流 $I_o$ 为 25 mA。

允许动耗 $P_d$：500 mW；保存温度为 $-65$ ℃ ～ $+150$ ℃。

### (四) 关于用 HC(AC)CMOS 直接替代 TTL 的问题

一个由 TTL 组成的系统全部用高速 CMOS 替换是完全可以的。但高速 CMOS 要求的高电平输入电压为 3.15 V，由于 TTL 的高电平输出电压较低(2.4～2.7 V)，因此必须设法提高 TTL 的高电平输出电压才能配接。方法是，在 TTL 输出端加接一个连接电源的上拉电阻。如果 TTL 本身是 OC 门，则已有上拉电阻，这时就不需再接上拉电阻了。

另一个应注意的问题：TTL 电路输入端难免出现输入端悬空的情况，TTL 电路的输入端悬空相当于接高电平，而 CMOS 电路的输入端悬空可能是高电平，也可能相当于低电平。由于 CMOS 的输入阻抗高，输入端悬空带来的干扰很大。因此，对于 CMOS 电路，不用的输入端必须接 $V_{DD}$ 或接地，以免引起电路损坏。

常用 54/74HC(AC)00 系列芯片的型号和功能见表 11-11。

表 11-11 常用 54/74HC(AC)00 系列芯片的型号和功能

| 型号 | 功能 | 型号 | 功能 |
|---|---|---|---|
| 74HC00/AC00 | 四 2 输入与非门 | 74HC74/AC74 | 双 D 触发器 |
| 74HC04/AC04 | 六反相器 | 74HC75/77 | 4 位 D 锁存器 |
| 74HC10 | 三 3 输入与非门 | 74HC76 | 双 JK 触发器 |

续表

| 型号 | 功能 | 型号 | 功能 |
|---|---|---|---|
| 74HC20 | 双 4 输入与非门 | 74HC86 | 四 2 输入异或门 |
| 74HC21 | 双 4 输入与门 | 74HC90 | 二进制加五进制计数器 |
| 74HC30 | 8 输入与非门 | 74HC95 | 4 位左/右移位寄存器 |
| 74HC48 | BCD－7 段译码器 | 74HC107/109 | 双 JK 触发器 |
| 74HC353 | 双 4-1 多路转换开关 | 74HC154 | 4 线－16 线译码器 |
| 74HC160/162 | 同步十进制计数器 | 74HC161/163 | 四位 BCD 码同步计数器 |
| 74HC190/192 | 同步十进制加/减计数器 | 74HC191/193 | 同步二进制加/减计数器 |

## 三、TTL 数字集成芯片

### 1. 推荐工作条件

电源电压 $V_{CC}$：+5 V。

工作环境温度：54 系列为 −55 ℃～125 ℃；74 系列为 0～70 ℃。

### 2. 极限参数

电源电压：7 V；输入电压 $U$：54 系列为 5.5 V，74LS 系列为 7 V。

输入高电平电流 $I_{iH}$：20 μA；输入低电平电流 $I_{iL}$：−0.4 mA。

最高工作频率：50 MHz；每门传输延时：8 ns。

储存温度：−60 ℃～+150 ℃。

常用 74LSxx 系列集成芯片的型号与功能见表 11-12。

表 11-12 常用 74LSxx 系列集成芯片的型号与功能

| 集成芯片型号 | 功能 | 集成芯片型号 | 功能 |
|---|---|---|---|
| 74LS160/162 | 同步十进制计数器 | 74LS139/155/156 | 双 2 线－4 线译码器 |
| 74LS168/190/192 | 同步十进制加/减计数器 | 74LS48/49/247/248 | BCD7 段译码器 |
| 74LS161/163 | 同步 4 位二进制计数器 | 74LS151 | 8 线－1 线数据选择器 |
| 74LS169/191/193 | 同步 4 位二进制加/减计数器 | 74LS153/253/353 | 双 4 线－1 线数据选择器 |
| 74LS196/290 | 二、五混合进制计数器 | 74LS150 | 16 线－1 线数据选择器 |
| 74LS177/197/293 | 4 位二进制计数器 | 74LS74 | 双 D 触发器 |
| 74LS393 | 双 4 位二进制计数器 | 74LS112/114/113/73 | 双 JK 主从触发器 |
| 74LS154 | 4 线－16 线译码器 | 74LS381/181 | 4 位算术逻辑单元 |
| 74LS42 | 4 线－10 线译码器 | 74LS04 | 六反相器 |
| 74LS138 | 3 线－8 线译码器 | 74LS03 | 四 2 输入与非门(OC) |

### 3. 常用 CMOS4000、CMOS54/74HC、TTL541/74LS 技术参数比较(表 11-13)

表 11-13 常用 CMOS4000、CMOS54/74HC、TTL 芯片技术参数比较

| 系列类别<br>参数名称 | CMOS<br>4000 | CMOS<br>54/74HC | TTL<br>54/74LS |
|---|---|---|---|
| 电源电压范围 | 3～18 V | 2～6 V | 5±5% V |
| 低电平输出电压 | 0.05 V | 0.1 V | 0.25/0.35 V |
| 高压平输出电压/V | 4.95 | 4.4 | 2.5 /2.7 |
| 低电平输入电压/V | ≤1.5 | ≤1.0 | ≤0.8 |
| 高电平输入电压/V | ≥3.5 | ≥3.15 | ≥2.0 |
| 低电平输出电流/mA | 0.51 | 3.4/4 | 4/8 |
| 高电平输出电流/mA | 0.51 | 3.4/4 | 0.4 |
| 低电平输入电流/μA | <1 | ≤1 | ≈400 |
| 高电平输入电流/μA | <1 | ≤1 | ≈20 |
| 噪声容限/V | ～1.5 | ～1 | ～0.4 |
| 每门传输延时/ns | ～25 | ～8 | ～8 |
| 最高工作频率/MHz | ～7 | ～50 | ～50 |
| 速度、功率积/PJ | 0.03～10 | 0.03～10 | ～40 |
| 工作温度范围/℃ | −40～85 | −40～85 | 0～70 |

注：1. 速度、功率积的单位：PJ，即微微焦耳。
　　2. 上述参数的电源电压均为 5 V。

【读一读】数字集成电路外形举例。

数字集成电路目前大量采用双列直插式外形封装，如图 11-16、图 11-17 所示。

管脚的编号判读方法：把标志(凹口)置于左方，逆时针自下而上依次读出外引线编号。

数字集成电路主要参数有以下几个：

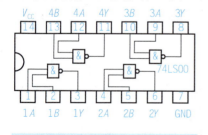

图 11-16　74LS00 外引线排列

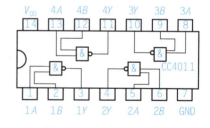

图 11-17　CC4011 外引线排列

①输出高电平 $U_{OH}$ 和输出低电平 $U_{OL}$。

②输入高电平 $U_{IH}$ 和输入低电平 $U_{IL}$，有时把这两个值的中间值称为输入的阈值电压 $U_{IT}$。

③输出高电平电流 $I_{OH}$ 和输出低电平电流 $I_{OL}$。
④传输延时 $t_{PHL}$ 和 $t_{PLH}$，它们的平均值称为平均传输延迟时间 $t_{pd}$。
⑤扇出系数 $N$：与非门输出端能驱动同类门的数目。

# 实训项目

## 实训项目一　数字电路实验箱

### 1. 实训内容及步骤

阅读数字电路实验箱的技术指标、熟悉电路实验箱的面板结构等。

在指导教师的指导下进行以下操作。

(1)将八个电平控制开关($K_1 \sim K_8$)的输出插孔与八个电平指示器的输入插孔($L_1 \sim L_8$)依次接通，当开关向上扳时，输出高电平即逻辑1，开关向下扳时，输出低电平即逻辑0，扳动开关时观察电平指示器的 $L_1 \sim L_8$，使其输出 00000000、11110000、01010101、11111111 时，观察电平指示器的指示是否与之一致。

(2)将电平控制开关 $K_4$、$K_3$、$K_2$、$K_1$ 的输出插孔与 BCD 码显示器的低位输入端 $D_1$、$C_1$、$B_1$、$A_1$ 依次接通，将电平控制开关 $K_8$、$K_7$、$K_6$、$K_5$ 的输出插孔与 BCD 码显示器的低位输入端 $D_2$、$C_2$、$B_2$、$A_2$ 依次接通，扳动控制开关，其输出为 00000000、00010001、00100010、00110011、01010101、01100110、10001000、10011001，观察数码管显示的数字，看能否显示 0～99 的任意数。

### 2. 注意要点

(1)调节好直流稳压电源的输出电压为 5.3 V(通过电源保护二极管后约为 5 V)后接入到实验箱电源接线柱。

(2)连接电路时，电源开关置于"关"状态，切忌在实验中带电连接电路和插拔集成电路。

(3)连线插入时要垂直，切忌太用力，拔出时用手捏住连线靠近插孔的一端插头，左右旋转几下后拔出，切忌直接用力向上拉线，这样很容易造成连线和插孔的损坏。

(4)实验中不要随意乱动开关、芯片及其他元器件，以免造成实验箱的损坏。元件库中的二极管和数码管一定要注意极性。

(5)如果在实验过程中由于操作不当或其他原因而出现异常现象，如电路报警、数码管显示不稳、芯片发烫、直流稳压电源输出电压降低或为零等，应立即断电并报告老师，切忌无视此类现象，继续实验，以免造成严重后果。

### 3. 任务评估

任务评估内容见表 11-14。

表 11-14　数字电路实验箱任务评估表

| 项目内容 | 配分 | 评分标准 | | 扣分 | 得分 |
|---|---|---|---|---|---|
| 电路实验箱的面板结构认识 | 30 | (1)划分不正确<br>(2)速度不合适 | 扣 15 分<br>扣 15 分 | | |
| 电平控制开关与电平指示器的一致性认识 | 30 | (1)逻辑操作不正确<br>(2)描述不到位 | 扣 20 分<br>扣 10 分 | | |
| BCD 码显示器与电平控制开关的配合使用 | 30 | (1)操作不正确<br>(2)步骤不正确<br>(3)速度不合适 | 扣 10 分<br>扣 10 分<br>扣 10 分 | | |
| 安全生产 | 5 | 违反安全生产规程 | 扣 5 分 | | |
| 文明生产 | 5 | 违反文明生产规程 | 扣 5 分 | | |

## 实训项目二　常用逻辑门电路逻辑功能的测试

### 1. 实训内容及步骤

(1)熟悉门电路(六反相器 74LS04、二输入端四与非门 74LS00、四输入端双与非门 74LS20、2 路二输入端四异或门 74HC86、4－4 输入与或非门 74LS55)的逻辑功能和引脚排列。

(2)熟悉数字电路实验箱及示波器的使用方法。

(3)学习基本门电路特性参数的测试方法。

(4)将实验结果列表记录。

在指导教师的指导下和小组协作中进行以下操作：

(1)非门逻辑功能测试。

(2)与非门逻辑功能测试。

(3)异或门逻辑功能测试。

(4)与或非门逻辑功能测试。

(5)用与非门组成其他门电路的测试。

### 2. 注意要点

(1)与非门和与或非门器件中，注意多余的(不用的)输入端的处置。

(2)异或门的两个输入端中，一个为信号输入端，另一个为控制端。要想使输出信号与输入相同，注意控制信号的添加方法。而要使输出与输入反向时，控制信号的添加也应注意。

### 3. 任务评估

任务评估内容见表 11-15。

表 11-15　常用逻辑门电路逻辑功能的测试技术训练任务评估表

| 项目内容 | 配分 | 评分标准 | | 扣分 | 得分 |
|---|---|---|---|---|---|
| 门电路外引线排列图 | 20 | (1)器材明细表不正确<br>(2)排列标记不正确 | 扣 10 分<br>扣 10 分 | | |
| 门电路逻辑功能的测试 | 70 | (1)或非门测试不正确<br>(2)与或非门测试不正确<br>(3)异或门测试不正确<br>(4)与非门测试不正确<br>(5)其他逻辑门测试不正确 | 扣 15 分<br>扣 15 分<br>扣 15 分<br>扣 15 分<br>扣 10 分 | | |
| 安全生产 | 5 | 违反安全生产规程 | 扣 5 分 | | |
| 文明生产 | 5 | 违反文明生产规程 | 扣 5 分 | | |

# 单元小结

## 一、数字电路

数字电路是处理在数值上和时间上不连续变化的数字信号的电路。
(1)特点。电路中工作的晶体管多数工作在开关状态。
(2)研究对象是电路的输入与输出之间的逻辑关系。
(3)分析工具是逻辑代数。
(4)表达电路的功能主要用真值表、逻辑函数表达式及波形图等。

## 二、进制

进制是计数制的简称,表示多位数码中每一位的构成方法以及从低位到高位的进制规则。

常用进制见表 11-16。

表 11-16　常用进制表

| 项目 | 十进制 | 二进制 | 八进制 | 十六进制 |
|---|---|---|---|---|
| 数字符号（系数） | 0～9 | 0、1 | 0～7 | 0～9、A(10)、B(11)、C(12)、D(13)、E(14)、F(15) |
| 计数规则 | 逢十进一 | 逢二进一 | 逢八进一 | 逢十六进一 |
| 基　数 | 10 | 2 | 8 | 16 |
| 权 | 10 的幂 | 2 的幂 | 8 的幂 | 16 的幂 |

## 三、二进制与十进制之间的相互转换

(1)二进制转换成十进制,方法采用表达式展开法。

(2)十进制转换成二进制,方法是整数部分除2取余,逆序排列;小数部分乘2取整,顺序排列。

## 四、BCD 码

BCD 码亦称二进制码十进制数或二—十进制代码。用4位二进制数来表示1位十进制数中的0～9这10个数码。

常用 BCD 码见表11-17。

表 11-17　常用 BCD 码

| 编码种类<br>十进制 | 8421 码 | 余3 码 | 2421 码<br>(A) | 2421 码<br>(B) | 5421 码 | 余3循环码 |
|---|---|---|---|---|---|---|
| 0 | 0000 | 0011 | 0000 | 0000 | 0000 | 0010 |
| 1 | 0001 | 0100 | 0001 | 0001 | 0001 | 0110 |
| 2 | 0010 | 0101 | 0010 | 0010 | 0010 | 0111 |
| 3 | 0011 | 0110 | 0011 | 0011 | 0011 | 0101 |
| 4 | 0100 | 0111 | 0100 | 0100 | 0100 | 0100 |
| 5 | 0101 | 1000 | 0101 | 1011 | 1000 | 1100 |
| 6 | 0110 | 1001 | 0110 | 1100 | 1001 | 1101 |
| 7 | 0111 | 1010 | 0111 | 1101 | 1010 | 1111 |
| 8 | 1000 | 1011 | 1110 | 1110 | 1011 | 1110 |
| 9 | 1001 | 1100 | 1111 | 1111 | 1100 | 1010 |
| 权 | 8421 | | 2421 | 2421 | 2421 | |

## 五、逻辑门电路

(1)逻辑状态。

有1、0两种逻辑状态。用1表示高电平,用0表示低电平的逻辑体制为正逻辑;用1表示低电平,用0表示高电平的逻辑体制为负逻辑。

(2)三种基本逻辑门。

三种基本逻辑门列在表 11-18 中。

表 11-18　三种基本逻辑门的名称、符号、表达式及功能

| 名称 | 逻辑符号 | 逻辑表达式 | 逻辑功能 |
|---|---|---|---|
| 与门 | A—&—Y<br>B— | $Y = A \cdot B$ | 有0出0,全1出1 |
| 或门 | A—≥1—Y<br>B— | $Y = A + B$ | 全0出0,有1出1 |

续表

| 名称 | 逻辑符号 | 逻辑表达式 | 逻辑功能 |
|------|----------|------------|----------|
| 非门 | A —[ 1 ]— Y | $Y=\overline{A}$ | 有0出1，有1出0 |

（3）五种常用组合逻辑门。

包括与非门、或非门、与或非门、异或门、同或门。

（4）研究和简化逻辑函数的工具是逻辑代数。

### 六、常用数字集成芯片的识别

（1）集成电路的型号命名法：器件的型号由五部分组成，各部分符号及意义见表11-7。

（2）集成电路外引线的识别。

①圆形集成电路。识别时面向引脚正视，从定位销顺时针方向依次为1、2、3、…。

②扁平和双列直插型集成电路。识别时将文字、符号标记正放（一般集成电路上有一圆点或有一缺口，将圆点或缺口置于左方），由顶部俯视，从左下脚起，按逆时针方向数，依次为1、2、3、…。

# 自测题

## 一、填空题

1. 模拟信号是在时间上和数值上都是_____变化的信号，脉冲信号则是指极短时间内的_____电信号。

2. 数字信号是指在时间和数值上都是_____的信号，是脉冲信号的一种。

3. 常见的脉冲波形有矩形波、_____、三角波、_____、阶梯波。

4. 一个脉冲的参数主要有_____、$t_r$、_____、$T_P$、$T$等。

5. 数字电路研究的对象是电路的_____之间的逻辑关系。

6. $(10110)_2$ = ( )$_{10}$ = ( )$_{16}$ ；( 28 )$_{10}$ = ( )$_2$ = ( )$_{16}$ ；$(56)_{10}$ = ( )$_{8421BCD}$

7. 最基本的门电路是_____、_____、_____。

8. 逻辑代数中三种最基本的逻辑运算是_____、_____、_____。基本逻辑门电路有_____、_____、_____三种。

## 二、选择题

1. 十进制数181转换为二进制数为( )，转化成8421BCD码为( )。

　　A. 10110101　　B. 000110000001　　C. 11000001　　D. 10100110

2. 2线—4线译码器有( )。

　　A. 2条输入线，4条输出线　　B. 4条输入线，2条输出线

C. 4 条输入线，8 条输出线  D. 8 条输入线，2 条输出线

3. 与门的输出与输入符合(　　)逻辑关系，或门的输出与输入符合(　　)逻辑关系，与非门的输出与输入符合(　　)逻辑关系，或非门的输出与输入符合(　　)逻辑关系。

　　A. 有 1 出 0，全 0 出 1　　　　　　B. 有 1 出 1，全 0 出 0
　　C. 有 0 出 0，全 1 出 1　　　　　　D. 有 0 出 1，全 1 出 0

4. 若一个逻辑函数由三个变量组成，则最小项共有(　　)个。
　　A. 3　　　　　B. 4　　　　　C. 8

5. 具有两个输入端的或门，当输入均为高电平 3 V 时，正确的是(　　)。
　　A. $V_L = V_A + V_B = 3\ V + 3\ V = 6\ V$　　B. $V_L = V_A + V_B = 1 + 1 = 2\ V$
　　C. $L = A + B = 1 + 1 = 2$　　　　　　　　D. $L = A + B = 1 + 1 = 1$

6. 下列错误的写法是(　　)。
　　A. $(10.01)_2 = 2.05$
　　B. $(11.1)_2 = (1 \times 2^1 + 1 \times 2^0 + 1 \times 2^{-1})_2$
　　C. $(1011)_2 = (B)_{16}$
　　D. $(17F)16 = (000101111111)_2$

7. 在逻辑运算中，没有的运算是(　　)。
　　A. 逻辑加　　　B. 逻辑减　　　C. 逻辑与或　　　D. 逻辑乘

8. 晶体管的开关状态指的是三极管(　　)。
　　A. 只工作在截止区　　　　　　　B. 只工作在放大区
　　C. 主要工作在截止区和饱和区　　D. 工作在放大区和饱和区

9. 在下列各图中，使输出 $F = 1$ 的电路是(　　)。

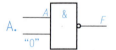  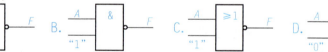 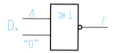

### 三、综合题

1. 化简

(1) $Y = ABC + A\overline{BC} + BC + \overline{B}C + A$

(2) $Y = A\overline{B}C + \overline{A} + B + \overline{C}$

2. 将下列二进制数转化成十进制

(1) $(1101101)_2$

(2) $(100001)_2$

(3) $(1101001)_2$

(4) $(111)_2$

3. 将下列十进制数转化成 8421BCD 码

(1) $(34)_{10}$

(2) $(10)_{10}$

(3) $(12)_{10}$

(4) $(87)_{10}$

# 单元十二 组合逻辑电路与时序逻辑电路

## 课题一 组合逻辑电路

> **知识目标**
> (1) 理解组合逻辑电路的读图方法和步骤。
> (2) 了解组合逻辑电路的种类。

> **主要内容**
> 通过组合逻辑电路简介,了解组合逻辑电路的种类;通过组合逻辑电路的分析与设计方法的使用,理解组合逻辑电路的读图方法和步骤。

【相关知识点一】 组合逻辑电路简介

数字电路根据逻辑功能的不同特点,可以分成两大类,一类叫组合逻辑电路(简称组合电路),另一类叫时序逻辑电路(简称时序电路)。生活中组合电路的实例如电子密码锁、银行取款机等。

### 一、组合逻辑电路的概念

常用与、或、非门组合起来使用,称为组合逻辑门电路。

#### 1. 组合逻辑门电路的功能特点

(1) 任何时刻的输出状态直接由当时的输入状态决定。
(2) 电路没有记忆功能。

#### 2. 组合逻辑电路的分类

(1) 按输出端数可分为单输出电路和多输出电路。

(2)按电路的逻辑功能可分为算术运算电路中的半加器与全加器、加法器、编码器、译码器、数据分配器、数据选择器、数值比较器等。

(3)按集成度可分为大、中、小规模集成电路,分别称为 LSI、MSI、SSI。

(4)按器件的极型可分为 TTL 型和 CMOS 型。

## 二、逻辑功能的描述

描述组合逻辑电路逻辑功能的方法主要有逻辑表达式、真值表、卡诺图和逻辑图(图 12-1)等。

图 12-1 电路逻辑框图

## 三、组合逻辑电路的两类问题

(1)给定逻辑电路图,分析确定电路能完成的逻辑功能,即分析电路。

(2)给定实际的逻辑问题,求出实现其逻辑功能的逻辑电路,即设计电路。

【相关知识点二】 组合逻辑电路的分析

组合逻辑电路的分析步骤如下:

(1)分别用符号标记各级门的输出端。

(2)从电路的输入到输出逐级写出逻辑表达式,最后得到整个电路的输出与输入关系的逻辑表达式。

(3)将逻辑表达式化成最简形式。

(4)为使电路功能更加直观,列出逻辑函数真值表,分析电路逻辑功能。

其分析框图如图 12-2 所示。

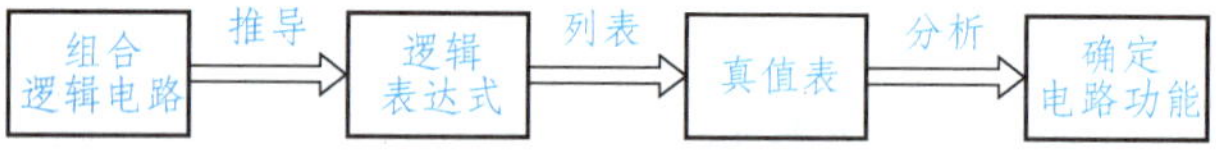

图 12-2 组合逻辑电路的分析框图

例 12-1 分析图 12-3 所示电路的逻辑功能。

图 12-3 例 12-1 的电路

**解** (1)逐级写出表达式：

$$Y_1 = \overline{AB}, \quad Y_2 = \overline{AB}$$

$$Y = \overline{Y_1 \cdot Y_2} = \overline{\overline{AB} \cdot \overline{AB}}$$

(2)化简：

$$Y = \overline{\overline{\overline{AB}}} + \overline{\overline{\overline{AB}}} = A\overline{B} + \overline{A}B = A \oplus B$$

(3)列真值表，见表12-1。

表12-1　真值表

| A | B | Y |
|---|---|---|
| 0 | 0 | 0 |
| 0 | 1 | 1 |
| 1 | 0 | 1 |
| 1 | 1 | 0 |

(4)逻辑功能。"异出1，同出0"即异或逻辑，如图12-4所示。

图12-4　异或逻辑图

## 【相关知识点三】　组合逻辑电路的设计方法

组合逻辑电路设计的一般步骤如下：

(1)根据设计题目要求，进行逻辑抽象，确定输入变量和输出变量及数目，明确输出变量和输入变量之间的逻辑关系。

(2)将输出变量和输入变量之间的逻辑关系(或因果关系)列成真值表。

(3)根据真值表写出逻辑函数，并用公式法和卡诺图法将逻辑函数表达式化简成最简表达式。

(4)选用小规模集成逻辑门电路或中规模的常用集成组合逻辑电路或可编程逻辑器件构成相应的逻辑函数。具体如何选择，应根据电路的具体要求和器件的资源情况来决定。

(5)根据选择的器件，将逻辑函数表达式转换成适当的形式。

在使用小规模集成门电路进行设计时，为获得最简单的设计结果，应把逻辑函数表达式转换成最简形式，即器件数目和种类最少。因此通常把逻辑函数表达式转换为与非—与非式或者与或非式，这样可以用与非门或者与或非门来实现。

(6)根据化简或变换后的逻辑函数表达式，画出逻辑电路的逻辑图。

**例12-2**　某工厂有设备开关$A$、$B$、$C$，要求只有开关$A$接通的条件下，开关$B$才能接通；开关$C$只有在开关$B$接通的条件下才能接通。违反这一规程则发出报警信号。设计一个由与非门组成能实现这一功能的报警控制电路。

**解**　(1)设定变量、列真值表(表12-2)：开关闭合为1，报警信号为$Y$，发出报警信号为1。

表 12-2　真值表

| A | B | C | Y |
|---|---|---|---|
| 0 | 0 | 0 | 0 |
| 0 | 0 | 1 | 1 |
| 0 | 1 | 0 | 1 |
| 0 | 1 | 1 | 1 |
| 1 | 0 | 0 | 0 |
| 1 | 0 | 1 | 1 |
| 1 | 1 | 0 | 0 |
| 1 | 1 | 1 | 0 |

（2）写表达式、化简表达式。

$$Y = \overline{A}\,\overline{B}C + \overline{A}B\,\overline{C} + \overline{A}BC + A\overline{B}C = \overline{B}C + \overline{A}B = \overline{\overline{\overline{B}C} \cdot \overline{\overline{A}B}}$$

（3）画逻辑电路图，如图 12-5 所示。

图 12-5　逻辑电路

（4）选择芯片：74LS00。

也可用 74LS138 实现：

$$Y = Y_1 + Y_2 + Y_3 + Y_5 = \overline{A}\,\overline{B}C + \overline{A}B\,\overline{C} + \overline{A}BC + A\overline{B}C = \overline{\overline{Y_1} \cdot \overline{Y_2} \cdot \overline{Y_3} \cdot \overline{Y_5}}$$

图略。

（5）验证。

## 读一读：触摸开关

利用与非门的逻辑特性，可以制成触摸开关。图 12-6 是市场上常见的一款楼道延时触摸开关，通过手指触摸打开开关，经过一段时间延时后自动关闭，在公共场所经常使用。

产品特性如下：

该产品只能负载白炽灯（即普通灯泡），严禁使用节能灯等其他灯具；否则会烧坏开关。电路如图 12-7 所示。

图 12-6　触摸延时开关

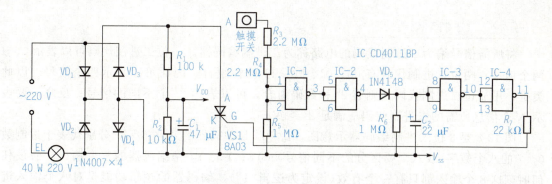

图 12-7 触摸延时开关电路

## 课题二 编 码 器

> **知识目标**
>
> （1）了解编码器的基本功能。
> （2）了解典型集成编码电路的引脚功能，会根据功能表正确使用。

> **主要内容**
>
> 运用生活中的实际例子引入编码和编码器的概念，通过对典型集成编码电路的引脚功能的了解，实现功能表的正确使用。

**【相关知识点】** 编码和编码器

按照预先的约定，用文字、数码、图形等表示特定对象的过程，称为编码，如学生的学号、各地邮政编码、公交车车号等。

在二进制运算系统中，每一位二进制数只有 0 和 1 两个数码，只能表达两个不同的信号或信息。如果要用二进制数码表示更多的信号，就必须采用多位二进制数，并按照一定的规律进行编排。把若干个 0 和 1 按一定的规律编排在一起，组成不同的代码，并且赋予每个代码以固定的含义，这就叫作编码。

例如，可以用三位二进制数的八组编码表示十进制数的 0～7，把十进制数的 0 编成二进制数码 000，把十进制数的 1 编成二进制数码 001，……，把十进制数的 7 编成二进制数码 111。这样，每组二进制数码都被赋予了十进制数 0～7 的固定含义。能完成上述编码功能的逻辑电路称为编码器。

### 1. 二进制编码器

将所需信号编为二进制代码的电路称为二进制编码器。一位二进制代码可以表示 0、1 两个信号，两位二进制代码有 00、01、10、11 四种组合，因而可以表示四个信号。以此类推，用 $n$ 位二进制代码，则有 $2^n$ 种数码组合，可以表达 $2^n$ 个不同的信号；反之，要表示 $N$ 个信息所需的二进制代码应满足 $2^n \geqslant N$。

图 12-8 是 3 位二进制编码器示意图，$I_0 \sim I_7$ 是编码器的八路输入，分别代表十进制数 0～7 的八个数字(或八个要区分的不同信号)；$Y_0$、$Y_1$、$Y_2$ 是编码器的三个输出。假设任何时刻这 8 个输入都只有一个有效(设定为逻辑"1")，编码器的逻辑功能是对八个输入进行二进制编码，由此可得其真值表如表 12-3 所示。

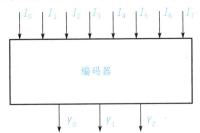

图 12-8  三位二进制编码器示意图

表 12-3  三位二进制编码器真值表

| 十进制数 | 输入 | | | | | | | | 输出 | | |
|---|---|---|---|---|---|---|---|---|---|---|---|
| | $I_7$ | $I_6$ | $I_5$ | $I_4$ | $I_3$ | $I_2$ | $I_1$ | $I_0$ | $Y_2$ | $Y_1$ | $Y_0$ |
| 0 | 0 | 0 | 0 | 0 | 0 | 0 | 0 | 1 | 0 | 0 | 0 |
| 1 | 0 | 0 | 0 | 0 | 0 | 0 | 1 | 0 | 0 | 0 | 1 |
| 2 | 0 | 0 | 0 | 0 | 0 | 1 | 0 | 0 | 0 | 1 | 0 |
| 3 | 0 | 0 | 0 | 0 | 1 | 0 | 0 | 0 | 0 | 1 | 1 |
| 4 | 0 | 0 | 0 | 1 | 0 | 0 | 0 | 0 | 1 | 0 | 0 |
| 5 | 0 | 0 | 1 | 0 | 0 | 0 | 0 | 0 | 1 | 0 | 1 |
| 6 | 0 | 1 | 0 | 0 | 0 | 0 | 0 | 0 | 1 | 1 | 0 |
| 7 | 1 | 0 | 0 | 0 | 0 | 0 | 0 | 0 | 1 | 1 | 1 |

根据真值表可得出各输出的逻辑表达式，即

$$Y_2 = I_4 + I_5 + I_6 + I_7$$
$$Y_1 = I_2 + I_3 + I_6 + I_7$$
$$Y_0 = I_1 + I_3 + I_5 + I_7$$

由上述逻辑表达式可得到由 3 个或门构成的三位二进制编码器逻辑图，如图 12-9 所示。

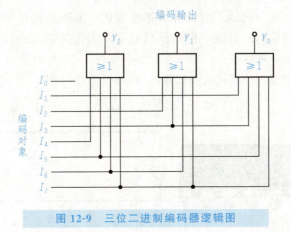

图 12-9　三位二进制编码器逻辑图

🎯 **2. 二—十进制编码器**

将 0~9 十个十进制数编成二进制代码的电路,称为二—十进制编码器。二—十进制代码也简称为 BCD(Binary Coded Decimal)码,它用一组四位二进制代码表示一位十进制数。四位二进制代码可以表示十六种不同的状态,只需取其中十种状态就可以表示 0~9 十个十进制数码,这样,编码的方法就有许多种,因而最常用,且较为直观的是前面曾提到的 8421BCD 码。按照其编码方法,可得到 8421BCD 编码器的真值表,见表 12-4。图 12-10 所示为 8421BCD 编码器逻辑图。

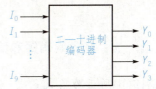

图 12-10　二—十进制编码器示意图

表 12-4　8421BCD 编码器真值表

| 十进制数字 | 输入 | 输出(8421 码) | | | |
| --- | --- | --- | --- | --- | --- |
| | | $Y_3$ | $Y_2$ | $Y_1$ | $Y_0$ |
| 0 | $I_0$ | 0 | 0 | 0 | 0 |
| 1 | $I_1$ | 0 | 0 | 0 | 1 |
| 2 | $I_2$ | 0 | 0 | 1 | 0 |
| 3 | $I_3$ | 0 | 0 | 1 | 1 |
| 4 | $I_4$ | 0 | 1 | 0 | 0 |
| 5 | $I_5$ | 0 | 1 | 0 | 1 |
| 6 | $I_6$ | 0 | 1 | 1 | 0 |
| 7 | $I_7$ | 0 | 1 | 1 | 1 |
| 8 | $I_8$ | 1 | 0 | 0 | 0 |
| 9 | $I_9$ | 1 | 0 | 0 | 1 |

🎯 **3. 优先编码器**

对上述编码器,当输入端有两个或两个以上信号同时有效的情况下,输出端就会产生错误的编码。为了解决这一问题，可设计一种称为优先编码器的逻辑电路，该电路可允许两个或两个以上输入信号同时有效，但电路只对其中优先级别高的信号进行编码，而对其他优先级别低的信号不予理睬。

图 12-11 是 BCD 码优先编码器(74LS147)的外引线排列图。

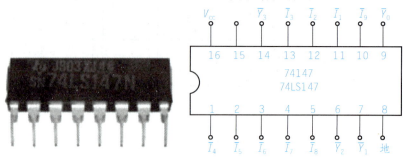

图 12-11　优先编码器(74LS147)的外引线排列图

低电平有效，高位优先。$I_1 \sim I_9$ 为"1"时，$Y_3Y_2Y_1Y_0 = 1111$，其反码 0000，相当于 $I_0$ 输入。

 **读一读：** 优先编码器和信号实现电路扩展的方法。

图 12-12(b)所示为集成 8 线—3 线优先编码器 74LS148 的外引线排列图。其真值表见表 12-5，附加输出信号的状态及含义见表 12-6。

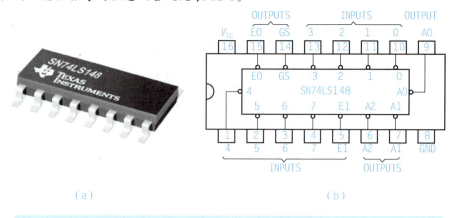

（a）　　　　　　　　　　　　　　　　（b）

图 12-12　8 线—3 线优先编码器
(a)74LS148 实物；(b)74LS148 外引线排列

表 12-5　8 线—3 线优先编码器 74LS148 真值表

| | 输入 | | | | | | | | 输出 | | | | |
|---|---|---|---|---|---|---|---|---|---|---|---|---|---|
| $\overline{S}$ | $\overline{I_0}$ | $\overline{I_1}$ | $\overline{I_2}$ | $\overline{I_3}$ | $\overline{I_4}$ | $\overline{I_5}$ | $\overline{I_6}$ | $\overline{I_7}$ | $\overline{Y_2}$ | $\overline{Y_1}$ | $\overline{Y_0}$ | $\overline{Y_{ES}}$ | $\overline{Y_S}$ |
| 1 | × | × | × | × | × | × | × | × | 1 | 1 | 1 | 1 | 1 |
| 0 | 1 | 1 | 1 | 1 | 1 | 1 | 1 | 1 | 1 | 1 | 1 | 1 | 0 |

续表

| $\overline{S}$ | $\overline{I_0}$ | $\overline{I_1}$ | $\overline{I_2}$ | $\overline{I_3}$ | $\overline{I_4}$ | $\overline{I_5}$ | $\overline{I_6}$ | $\overline{I_7}$ | $\overline{Y_2}$ | $\overline{Y_1}$ | $\overline{Y_0}$ | $\overline{Y_{ES}}$ | $\overline{Y_S}$ |
|---|---|---|---|---|---|---|---|---|---|---|---|---|---|
| 0 | × | × | × | × | × | × | × | 0 | 0 | 0 | 0 | 0 | 1 |
| 0 | × | × | × | × | × | × | 0 | 1 | 0 | 0 | 1 | 0 | 1 |
| 0 | × | × | × | × | × | 0 | 1 | 1 | 0 | 1 | 0 | 0 | 1 |
| 0 | × | × | × | × | 0 | 1 | 1 | 1 | 0 | 1 | 1 | 0 | 1 |
| 0 | × | × | × | 0 | 1 | 1 | 1 | 1 | 1 | 0 | 0 | 0 | 1 |
| 0 | × | × | 0 | 1 | 1 | 1 | 1 | 1 | 1 | 0 | 1 | 0 | 1 |
| 0 | × | 0 | 1 | 1 | 1 | 1 | 1 | 1 | 1 | 1 | 0 | 0 | 1 |
| 0 | 0 | 1 | 1 | 1 | 1 | 1 | 1 | 1 | 1 | 1 | 1 | 0 | 1 |

表 12-6　附加输出信号的状态及含义

| $\overline{Y_S}$ | $\overline{Y_{ES}}$ | 状态 |
|---|---|---|
| 1 | 1 | 不工作 |
| 0 | 1 | 工作，但无输入 |
| 1 | 0 | 工作，且有输入 |
| 0 | 0 | 不可能出现 |

一片 8 线—3 线优先编码器 74LS148 只具有八级优先编码功能，利用选通输入端、选通输出端和优先扩展输出端，可以实现多级优先编码。

控制端扩展功能举例。用两片 8 线—3 线优先编码器扩展为 16 线—4 线优先编码器，如图 12-13 所示。其中，16 个输入端为 $\overline{A_0} \sim \overline{A_{15}}$，$\overline{A_{15}}$ 优先权最高，$\overline{A_0}$ 优先权最低，有 4 个输出端。

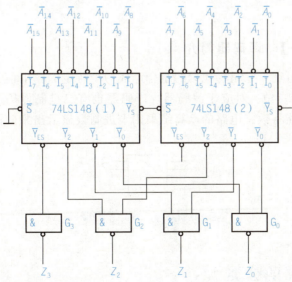

图 12-13　两片 8 线—3 线优先编码器扩展

- 第一片为高优先权。
- 只有第一片无编码输入时第二片才允许工作。
- 第一片 $\overline{Y_{ES}}=0$ 时表示对 $\overline{A_8} \sim \overline{A_{15}}$ 的编码。
- 低三位输出应是两片的输出的"或"。

## 课题三 译码器

### 知识目标

(1) 了解译码器的基本功能。
(2) 了解典型集成译码电路的引脚功能，会根据功能表正确使用。
(3) 了解半导体数码管的基本结构和工作原理。
(4) 了解典型集成译码显示器的引脚功能，会根据功能表正确使用。

### 主要内容

通过生活中译码器的使用情况，了解译码器的基本功能；根据典型集成译码电路的引脚功能，可以正确使用相应的功能表；LED 技术在社会生活中的大量应用，要求要知晓半导体数码管的基本结构和工作原理；了解典型集成译码显示器的引脚功能，实现功能表的正确使用。

【相关知识点一】 译码器简介

译码是编码的反过程，它是将代码的组合译成一个特定的输出信号，实现译码功能的电路称为译码器(图 12-14)。对应于编码器，译码器也有二进制译码器和二—十进制译码器。此外，还有一类能将数字电路的运算结果用十进制数显示出来的译码器，称为显示译码器。

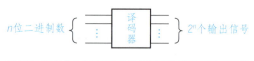

图 12-14 译码器工作原理

### 一、译码器的分类

(1) 二进制译码器，也称最小项译码器，有 2 线—4 线(型号为 74LS139)、3 线—8 线

(型号为 74LS138)、4 线—16 线译码器(型号为 74LS154)等。

(2)码制转换译码器,有 8421BCD 码转换十进制译码器、余 3 码转换十进制译码器等。

(3)显示译码器,用来驱动各类显示器,如发光二极管、液晶数码管等。

## 二、二进制译码器

现以 74LS138 集成电路为例介绍 3 线—8 线译码器。图 12-15 所示为其外形及引脚排列。

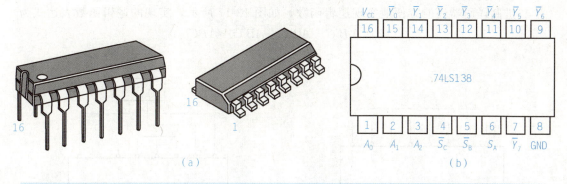

图 12-15　74LS138 集成译码器
(a)实物外形;(b)引脚功能

其中 $A_2$、$A_1$、$A_0$ 为地址输入端,$\overline{Y_0} \sim \overline{Y_7}$ 为译码输出端,$S_A$、$\overline{S_B}$、$\overline{S_C}$ 为使能端。

当 $S_A = 1$,$\overline{S_B} + \overline{S_C} = 0$ 时,器件处于正常译码状态,地址码所指定的输出端有信号(为 0)输出,其他所有输出端均无信号(全为 1)输出。当 $S_A = 0$、$\overline{S_B} + \overline{S_C} = \times$ 时,或 $S_A = \times$、$\overline{S_B} + \overline{S_C} = 1$ 时,译码器被禁止,所有输出同时为 1。其真值表见表 12-7。

表 12-7　译码器 74LS138 真值表

| $S_A$ | $\overline{S_B}+\overline{S_C}$ | $A_2$ | $A_1$ | $A_0$ | $\overline{Y_7}$ | $\overline{Y_6}$ | $\overline{Y_5}$ | $\overline{Y_4}$ | $\overline{Y_3}$ | $\overline{Y_2}$ | $\overline{Y_1}$ | $\overline{Y_0}$ |
|---|---|---|---|---|---|---|---|---|---|---|---|---|
| 0 | × | × | × | × | 1 | 1 | 1 | 1 | 1 | 1 | 1 | 1 |
| × | 1 | × | × | × | 1 | 1 | 1 | 1 | 1 | 1 | 1 | 1 |
| 1 | 0 | 0 | 0 | 0 | 1 | 1 | 1 | 1 | 1 | 1 | 1 | 0 |
| 1 | 0 | 0 | 0 | 1 | 1 | 1 | 1 | 1 | 1 | 1 | 0 | 1 |
| 1 | 0 | 0 | 1 | 0 | 1 | 1 | 1 | 1 | 1 | 0 | 1 | 1 |
| 1 | 0 | 0 | 1 | 1 | 1 | 1 | 1 | 1 | 0 | 1 | 1 | 1 |
| 1 | 0 | 1 | 0 | 0 | 1 | 1 | 1 | 0 | 1 | 1 | 1 | 1 |
| 1 | 0 | 1 | 0 | 1 | 1 | 1 | 0 | 1 | 1 | 1 | 1 | 1 |
| 1 | 0 | 1 | 1 | 0 | 1 | 0 | 1 | 1 | 1 | 1 | 1 | 1 |
| 1 | 0 | 1 | 1 | 1 | 0 | 1 | 1 | 1 | 1 | 1 | 1 | 1 |

只有在所有使能端都为有效电平($S_A \overline{S_B} \overline{S_C} = 100$)时 74LS138 才对输入进行译码,相应输出端为低电平,即输出信号为低电平有效。

二进制译码器实际上也是负脉冲输出的脉冲分配器。若利用使能端中的一个输入端输入数据信息,器件就成为一个数据分配器(又称多路分配器),如图 12-16 所示。若在 $S_1$ 输入端输入数据信息,$\overline{S_2} = \overline{S_3} = 0$,地址码所对应的输出就是 $S_1$ 数据信息的反码;若从 $\overline{S_2}$ 端输入数据信息,令 $S_1 = 1$,$\overline{S_3} = 0$,地址码所对应的输出就是 $\overline{S_2}$ 端数据信息的原码。若数据信息是时钟脉冲,则数据分配器便成为时钟脉冲分配器。

二进制译码器可以根据输入地址的不同组合译出唯一地址,故可用作地址译码器。接成多路分配器,可将一个信号源的数据信息传输到不同的地点。

二进制译码器还能方便地实现逻辑函数,如图 12-17 所示,实现的逻辑函数表达式为

$$Z = \overline{A}\,\overline{B}\,\overline{C} + \overline{A}\,B\,C + A\,B\,\overline{C} + A\,B\,C$$

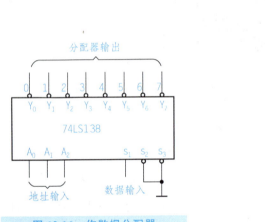

图 12-16 作数据分配器

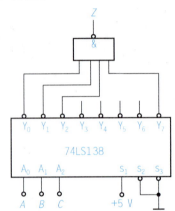

图 12-17 实现逻辑函数

利用使能端能方便地将两个 3 线—8 线译码器组合成一个 4 线—16 线译码器,如图 12-18 所示。

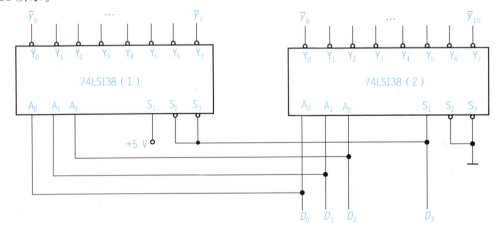

图 12-18 用两片 74LS138 组合成 4 线—16 线译码器

## 三、二—十进制译码器

把二—十进制代码翻译成十个十进制数字信号的电路,称为二—十进制译码器。二—十进制译码器的输入是十进制数的 4 位二进制编码(BCD 码),分别用 $A_3$、$A_2$、$A_1$、$A_0$ 表示;输出的是与十个十进制数字相对应的十个信号(低电平),用 $Y_9 \sim Y_0$ 表示。由于二—十进制译码器有四根输入线,十根输出线,所以又称其为 4 线—10 线译码器。

图 12-19 所示为 74LS42 译码器的集成电路引脚排列图。其真值表如表 12-8 所列。

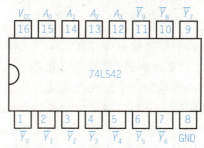

图 12-19　74LS42 译码器引脚功能

表 12-8　二—十进制译码器 74LS42 真值表

| 行号 | 输入 | | | | 输出 | | | | | | | | | |
|---|---|---|---|---|---|---|---|---|---|---|---|---|---|---|
| | $A_3$ | $A_2$ | $A_1$ | $A_0$ | $\overline{Y_0}$ | $\overline{Y_1}$ | $\overline{Y_2}$ | $\overline{Y_3}$ | $\overline{Y_4}$ | $\overline{Y_5}$ | $\overline{Y_6}$ | $\overline{Y_7}$ | $\overline{Y_8}$ | $\overline{Y_9}$ |
| 0 | 0 | 0 | 0 | 0 | 0 | 1 | 1 | 1 | 1 | 1 | 1 | 1 | 1 | 1 |
| 1 | 0 | 0 | 0 | 1 | 1 | 0 | 1 | 1 | 1 | 1 | 1 | 1 | 1 | 1 |
| 2 | 0 | 0 | 1 | 0 | 1 | 1 | 0 | 1 | 1 | 1 | 1 | 1 | 1 | 1 |
| 3 | 0 | 0 | 1 | 1 | 1 | 1 | 1 | 0 | 1 | 1 | 1 | 1 | 1 | 1 |
| 4 | 0 | 1 | 0 | 0 | 1 | 1 | 1 | 1 | 0 | 1 | 1 | 1 | 1 | 1 |
| 5 | 0 | 1 | 0 | 1 | 1 | 1 | 1 | 1 | 1 | 0 | 1 | 1 | 1 | 1 |
| 6 | 0 | 1 | 1 | 0 | 1 | 1 | 1 | 1 | 1 | 1 | 0 | 1 | 1 | 1 |
| 7 | 0 | 1 | 1 | 1 | 1 | 1 | 1 | 1 | 1 | 1 | 1 | 0 | 1 | 1 |
| 8 | 1 | 0 | 0 | 0 | 1 | 1 | 1 | 1 | 1 | 1 | 1 | 1 | 0 | 1 |
| 9 | 1 | 0 | 0 | 1 | 1 | 1 | 1 | 1 | 1 | 1 | 1 | 1 | 1 | 0 |
| 伪码<br>(无关项) | 1 | 0 | 1 | 0 | 1 | 1 | 1 | 1 | 1 | 1 | 1 | 1 | 1 | 1 |
| | 1 | 0 | 1 | 1 | 1 | 1 | 1 | 1 | 1 | 1 | 1 | 1 | 1 | 1 |
| | 1 | 1 | 0 | 0 | 1 | 1 | 1 | 1 | 1 | 1 | 1 | 1 | 1 | 1 |
| | 1 | 1 | 0 | 1 | 1 | 1 | 1 | 1 | 1 | 1 | 1 | 1 | 1 | 1 |
| | 1 | 1 | 1 | 0 | 1 | 1 | 1 | 1 | 1 | 1 | 1 | 1 | 1 | 1 |
| | 1 | 1 | 1 | 1 | 1 | 1 | 1 | 1 | 1 | 1 | 1 | 1 | 1 | 1 |

将 4 位 8421BCD 码翻译为对应的十个十进制数输出信号的逻辑电路称为二—十进制

译码器。它有四个输入端 $A_0$、$A_1$、$A_2$、$A_3$ 和十个输出端 $Y_0$～$Y_9$，故也称为 4 线—10 线译码器。该译码器输出低电平有效，具有输入伪码处理功能(当输入为 1010～1111 时，全部输出均为高电平)。

### 四、显示译码器

数字显示器件是用来显示数字、文字或者符号的器件，常见的有辉光数码管、荧光数码管、液晶显示器、发光二极管数码管、场致发光数字板、等离子体显示板等。

#### 1. 七段发光二极管(LED)数码管

发光二极管(LED)由特殊的半导体材料砷化镓、磷砷化镓等制成，可以单独使用，也可以组装成分段式或点阵式 LED 显示器件(半导体显示器)。分段式显示器(LED 数码管)由 7 条线段围成各种字形，每一段包含一个发光二极管。外加正向电压时二极管导通，发出清晰的光，有红、黄、绿等颜色。只要按规律控制各发光段的亮、灭，就可以显示各种字形或符号。LED 数码管有共阳、共阴之分。图 12-20(b)是共阴式 LED 数码管的原理图，图 12-20(a)是其表示符号。使用时，公共阴极接地，7 个阳极 $a$～$g$ 由相应的 BCD 七段译码器来驱动(控制)。

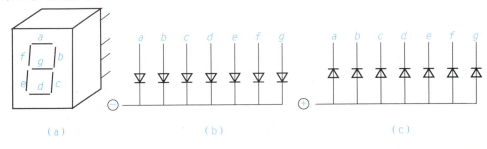

图 12-20　半导体数码管
(a)表示符号；(b)共阴极；(c)共阳极

LED 具有许多优点，它不仅有工作电压低(1.5～3 V)、体积小、寿命长、可靠性高等优点，而且响应速度快(≤100 ns)，亮度比较高。

一般 LED 的工作电流选在 5～10 mA，但不允许超过最大值(通常为 50 mA)。LED 可以直接由门电路驱动。

#### 2. BCD 码七段译码驱动器

此类译码器型号有 74LS47(共阳)、74LS48(共阴)、CC4511(共阴)等，图 12-21 所示为 CC4511 的引脚排列。

其中，$A$、$B$、$C$、$D$ 为 BCD 码输入端。

$a$、$b$、$c$、$d$、$e$、$f$、$g$ 为译码输出端，输出"1"有效，用来驱动共阴极 LED 数码管。

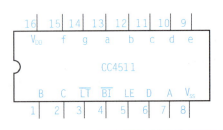

图 12-21　CC4511 引脚排列

$\overline{LT}$ 为测试输入端，$\overline{LT}=0$ 时，译码输出全为"1"。

$\overline{BI}$ 为消隐输入端，$\overline{BI}=0$ 时，译码输出全为"0"。

LE 为锁定端，LE＝1 时，译码器处于锁定(保持)状态，译码输出保持在 LE＝0 时的数值，LE＝0 为正常译码。

### 读一读：数字钟

数字钟是用数字集成电路构成的、用数码显示的一种现代计时器，与传统机械表相比，它具有走时准确、显示直观、无机械传动装置等特点。因而广泛应用于车站、码头、机场、商店等公共场所。在控制系统中，也常用来作定时控制的时钟源，如图 12-22 所示。

图 12-22 数字钟实物

#### 1. 电路功能

该数字钟由秒脉冲发生器，六十进制"秒"、"分"计时计数器和二十四进制"时"计时计数器，时、分、秒译码显示电路，校时电路和报时电路等五部分电路组成，如图 12-23 所示。

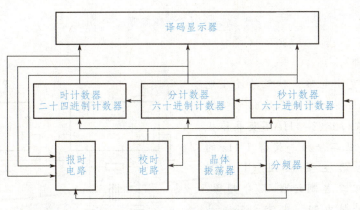

图 12-23 数字钟电路组成框图

## 2. 电路图

数字钟电路原理如图 12-24 所示。

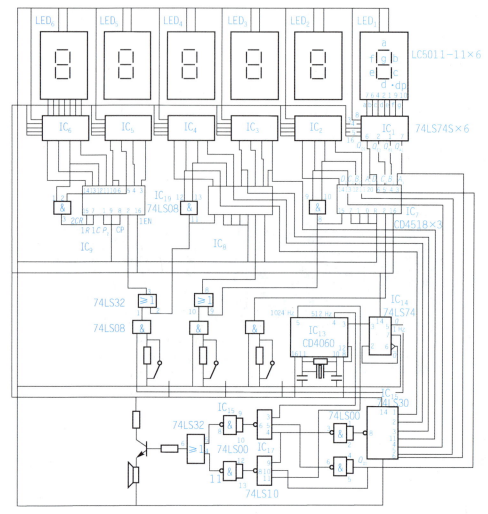

图 12-24 数字钟电路原理图

## 3. 工作原理

(1) 秒信号发生电路。秒信号发生电路产生频率为 1 Hz 的时间基准信号。数字钟大多采用 32 768($2^{15}$)Hz 石英晶体振荡器，经过 15 级二分频，获得 1 Hz 的秒脉冲。该电路主要应用 CD4060。CD4060 是 14 级二进制计数器/分频器/振荡器。它与外接电阻、电容、石英晶体共同组成 $2^{15}=32\ 768$ Hz 振荡器，并进行 14 级二分频，再外加一级 D 触发器

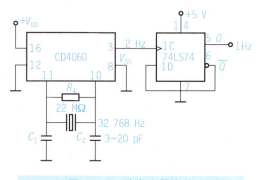

图 12-25 秒发生器电路

(74LS74)二分频,输出 1 Hz 的时基秒信号,如图 12-25 所示。

$R_4$ 是反馈电阻,可使 CD4060 内非门电路工作在电压传输特性的过渡区,即线性放大区。$R_4$ 的阻值可在几兆到十几兆之间选择,一般取 22 MΩ。$C_2$ 是微调电容,可将振荡频率调整到精确值。

(2)计数器电路。"秒""分""时"计数器电路均采用双 BCD 同步加法计数器 CD4518,如图 12-26 所示。"秒""分"计数器是六十进制计数器,为了便于应用 8421BCD 码显示译码器工作,"秒""分"个位采用十进制计数器,十位采用六进制计数器,如图 12-26 所示。"时"计数器是二十四进制计数器,如图 12-27 所示。

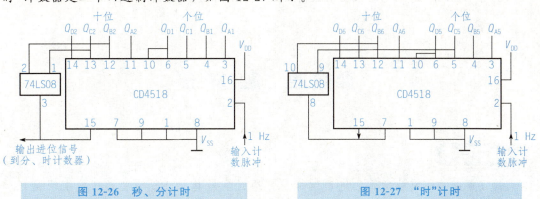

图 12-26 秒、分计时　　　　　　　图 12-27 "时"计时

(3)译码显示电路。"时""分""秒"的译码和显示电路完全相同,均使用七段显示译码器 74LS248 直接驱动 LED 数码管 LC5011-11,如图 12-28 所示。

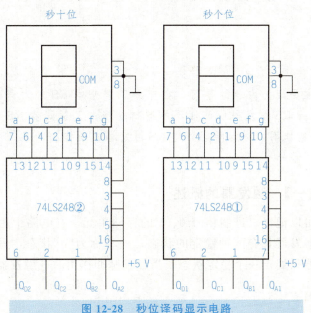

图 12-28 秒位译码显示电路

(4)校时电路。"秒"校时采用等待校时法。正常工作时,将开关 $S_1$ 拨向 $V_{DD}$ 位置,不影响与门 $G_1$ 传送秒计数信号。进行校对时,将 $S_1$ 拨向接地位置,封闭与门 $G_1$,暂停秒计时。标准时间一到,立即将 $S_1$ 拨回 $V_{DD}$ 位置,开放与门 $G_1$。"分"和"时"校时采用加速校时法。

正常工作时，$S_2$ 或 $S_3$ 接地，封闭与门 $G_3$ 或 $G_5$，不影响或门 $G_2$ 或 $G_4$ 传送秒、分进位计数脉冲。进行校对时，将 $S_2$、$S_3$ 拨向 $V_{DD}$ 位置，秒脉冲通过 $G_3$、$G_2$ 或 $G_5$、$G_4$ 直接引入"分""时"计数器，让"分""时"计数器以秒节奏快速计数。待标准"分""时"一到，立即将 $S_2$、$S_3$ 拨回接地位置，封锁秒脉冲信号，开放或门 $G_2$、$G_4$ 对"秒""分"进位计数脉冲的传送。

(5) 整点报时电路。其包括控制和音响两部分。每当"分"和"秒"计数器计到 59 分 51 秒，自动驱动音响电路发出五次持续 1 s 的鸣叫，前四次音调低，最后一次音调高。最后一声鸣叫结束，计数器正好为整点("00"分"00"秒)。

(6) 音响电路。音响电路采用射极输出器 VT 驱动扬声器，$R_6$、$R_5$ 用来限流。

## 课题四 触 发 器

### 知识目标

(1) 了解基本 RS 触发器的电路组成，可通过实验体验 RS 触发器所能实现的逻辑功能。

(2) 了解同步 RS 触发器的特点、时钟脉冲的作用，了解其逻辑功能，会搭接 RS 触发器电子控制电路。

### 主要内容

通过对触发器主要相关内容的学习，在充分了解基本 RS 触发器的电路组成的基础上，可通过实验体验 RS 触发器所能实现的逻辑功能；了解同步 RS 触发器的特点、逻辑功能、时钟脉冲的作用，进而学会搭建 RS 触发器电子控制电路。

【相关知识点一】 触发器的概述

触发器是一个可以记忆二进制信号 0、1 的存储单元，在电路中用来"记忆"电路过去的输入情况。一个触发器具有两种稳定的状态，一种称为"0"状态，另一种称为"1"状态。在任何时刻，触发器只处于一个稳定状态，当触发脉冲作用时，触发器可以从一种状态翻转到另一种状态。

### 一、触发器的分类

(1) 按电路结构，触发器可分为基本 RS 触发器、同步 RS 触发器、主从触发器、边沿触发器。

(2)按逻辑特性,具体说来,是指时钟脉冲 CP 控制下逻辑功能的不同,可分为 RS 触发器、JK 触发器、D 触发器、T 触发器。

(3)按开关元件,触发器又可分为 CMOS 和 TTL 两种类型。

## 二、触发器的性质

(1)触发器有两个稳定的工作状态,一个为 1,即输出端 $Q=0$,$\overline{Q}=1$;另一个为 0,即输出端 $Q=1$,$\overline{Q}=0$。其中 $Q$ 的状态称为触发器的状态。

(2)在一定外界信号作用下,触发器可以从一个稳定的工作状态翻转到另一个稳定状态。

## 三、现态和次态的概念

接收输入信号之前,触发器的状态称为现态或初态或上一时刻,用 $Q^n$ 表示;接收输入信号之后,触发器的状态称为次态或下一时刻,用 $Q^{n+1}$ 表示。

### 【相关知识点二】 基本 RS 触发器

RS 触发器是构成其他各种功能触发器的基本组成部分,故又称其为基本 RS 触发器。

#### 1. 电路组成

如图 12-29 所示,把两个与非门或者或非门 $G_1$、$G_2$ 的输入、输出端交叉连接,即可构成基本 RS 触发器,其逻辑电路如图 12-29(a)所示,为两个或非门组成的 RS 触发器。它有两个输入端 $\overline{R}$、$\overline{S}$ 和两个输出端 $Q$、$\overline{Q}$。基本 RS 触发器的逻辑符号如图 12-29(b)所示。

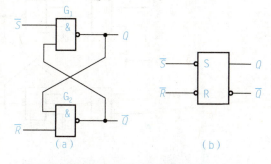

图 12-29 基本 RS 触发器
(a)逻辑电路图;(b)逻辑符号

#### 2. 逻辑功能

逻辑功能真值表见表 12-9。

表 12-9 基本 RS 触发器真值表

| 输入信号 | | 输出状态 | 功能说明 |
|---|---|---|---|
| $\overline{S}$ | $\overline{R}$ | | |
| 1 | 1 | 不变 | 保持 |
| 0 | 1 | 1 | 置 1 |
| 1 | 0 | 0 | 置 0 |
| 0 | 0 | 不定 | 禁止 |

## 【相关知识点三】 同步 RS 触发器

前面介绍的基本 RS 触发器的触发翻转过程直接由输入信号控制，而实际上，常常要求系统中的各触发器在规定的时刻按各自输入信号所决定的状态同步触发翻转，这个时刻可由外加的时钟脉冲 CP 来决定。

### 1. 电路组成

如图 12-30 所示，在基本 RS 触发器的基础上增加 $G_3$、$G_4$ 两个与非门构成触发引导电路，其输出分别作为基本 RS 触发器的 $R$ 端和 $S$ 端。其真值表见表 12-10。

表 12-10 钟控同步 RS 触发器真值表

| $S^n$ | $R^n$ | $Q^{n+1}$ |
| --- | --- | --- |
| 0 | 0 | 不变 |
| 1 | 0 | 1 |
| 0 | 1 | 0 |
| 1 | 1 | 不定 |

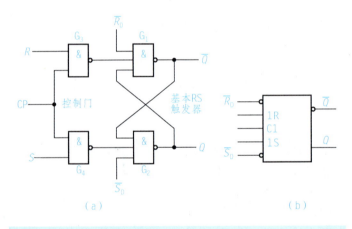

图 12-30 同步 RS 触发器
(a) 逻辑电路图；(b) 逻辑符号

### 2. 工作原理

CP＝0 时，$G_3$、$G_4$ 输出为 1，触发器维持原态。
CP＝1 时，触发器状态由 $R$、$S$ 决定（见真值表 12-10）。

> 读一读：几种逻辑功能不同的触发器

一、JK 触发器

**1. 电路结构**

电路结构和逻辑符号如图 12-31 所示。

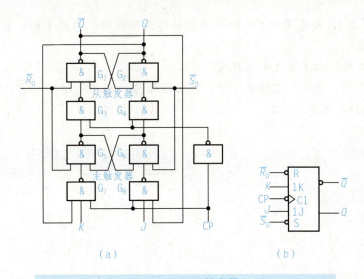

图 12-31　JK 触发器
(a)逻辑电路图；(b)逻辑符号

说明：该触发器是 CP 下降沿（负脉冲）触发有效（有小圆圈）。

## 2. 逻辑功能

设触发器始态为 $Q=0$，$\overline{R}_D=\overline{S}_D=1$（悬空）。

当 $J=K=1$ 时，$Q^{n+1}=\overline{Q^n}$；当 $J=K=0$ 时，$Q^{n+1}=Q^n$；当 $J=1$、$K=0$ 时 $Q^{n+1}=1$；当 $J=0$、$K=1$ 时，$Q^{n+1}=0$。

JK 触发器真值表见表 12-11。

表 12-11　JK 触发器真值表

| $J$ | $K$ | $Q^{n+1}$ |
| --- | --- | --- |
| 0 | 0 | $Q^n$ |
| 1 | 1 | $\overline{Q^n}$ |
| 0 | 1 | 0 |
| 1 | 0 | 1 |

## 二、T 触发器

### 1. 电路结构

电路结构如图 12-32 所示。

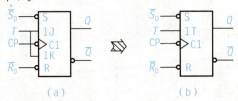

图 12-32　用 JK 触发器接成的 T 触发器
(a)逻辑图；(b)逻辑符号

结构特点：把 JK 触发器的 J 端和 K 端相接作为控制端，称为 T 端，如图 12-32 所示。

**2. 逻辑功能**

当 $J=K=0$ 时，触发脉冲不起作用。

当 $J=K=1$ 时，每来一次触发脉冲，触发器翻转一次，即 $Q^{n+1}=\overline{Q^n}$。

T 触发器真值表见表 12-12。

表 12-12　T 触发器真值表

| $T^n$ | $Q^{n+1}$ |
|---|---|
| 0 | $Q^n$ |
| 1 | $\overline{Q^n}$ |

**3. 用途**

其作用是计数。

当 $T=0$ 时，触发器无计数功能。

当 $T=1$ 时，触发器具有计数功能。

### 三、D 触发器

**1. 电路结构**

在 JK 触发器的 K 端串接一个非门，再接到 J 端，引出一个控制端 D，就组成 D 触发器，如图 12-33 所示。

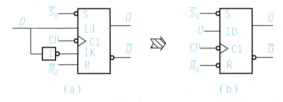

(a)　　　　　　　　　(b)

图 12-33　用 JK 触发器接成的 D 触发器<br>(a)逻辑电路图；(b)逻辑符号

**2. 逻辑功能**

D 触发器是 JK 触发器在 $J\ne K$ 条件下的特殊情况电路。

在时钟脉冲作用下，触发器状态与 D 端状态相同，即 $Q^{n+1}=D$。

D 触发器真值表见表 12-13。

表 12-13　D 触发器真值表

| D | $Q^{n+1}$ |
|---|---|
| 1 | 1 |
| 0 | 0 |

# 课题五　寄　存　器

## 知识目标

(1) 了解寄存器的功能、基本构成和常见类型。
(2) 结合集成移位寄存器典型产品的应用，了解其功能及工作过程。

## 主要内容

结合寄存器产品在生活中的典型应用，了解寄存器的功能、基本构成和常见类型；对应用较多的集成移位寄存器典型产品，了解其功能及工作过程。

**【相关知识点一】　时序逻辑电路概述**

数字电路根据逻辑功能的不同特点，可以分成两大类，一类叫作组合逻辑电路(简称组合电路)，另一类叫作时序逻辑电路(简称时序电路)。时序逻辑电路在逻辑功能上的特点是任意时刻的输出不仅取决于当时的输入信号，而且还取决于电路原来的状态，或者说，还与以前的输入有关。

### 一、时序逻辑电路的特点

时序逻辑电路的特点：任意时刻的输出不仅取决于该时刻的输入，而且还和电路原来的状态有关，所以时序电路具有记忆功能。

### 二、三种逻辑器件

#### 1. 计数器

一般来说，计数器主要由触发器组成，用以统计输入计数脉冲 CP 的个数。计数器的输出通常为现态的函数。计数器累计输入脉冲的最大数目称为计数器的"模"，用 $M$ 表示。如 $M=6$ 计数器，又称六进制计数器。所以，计数器的"模"实际上为电路的有效状态数。

#### 2. 寄存器

寄存器是存放数码、运算结果或指令的电路，移位寄存器不但可存放数码，而且在移

单元十二 组合逻辑电路与时序逻辑电路

位脉冲作用下,寄存器中的数码可根据需要向左或向右移位。寄存器和移位寄存器是数字系统和计算机中常用的基本逻辑部件,应用很广泛。

### 3. 顺序脉冲发生器

顺序脉冲是指在每个循环周期内,在时间上按一定先后顺序排列的脉冲信号。产生顺序脉冲信号的电路称为顺序脉冲发生器。在数字系统中,常用以控制某些设备按照事先规定的顺序进行运算或操作。

【相关知识点二】 寄存器

### 一、寄存器的基本含义

寄存器通常都用来意指由一个指令的输出或输入可以直接索引到的暂存器群组。更适当称谓应为"架构寄存器"。寄存器由触发器和门电路组成,一个触发器只能存放一位二进制数码,存放 $N$ 位二进制数码就需要 $N$ 个触发器。

寄存器主要用来暂存数码和信息,在计算机系统中常常要将二进制数码暂时存放起来等待处理,这就需要由寄存器存储参加运算的数据。

寄存器是常用于接收、暂存、传递数码及指令等信息的数字逻辑部件。

寄存器存放数码及指令等信息的方式有并行输入和串行输入两种:并行输入方式是各位数码从寄存器各个触发器同时输入或同时输出,如图 12-34(a)所示;串行输入方式是各位数码从寄存器输入端逐个输入,在输出端逐个输出,如图 12-34(b)所示。

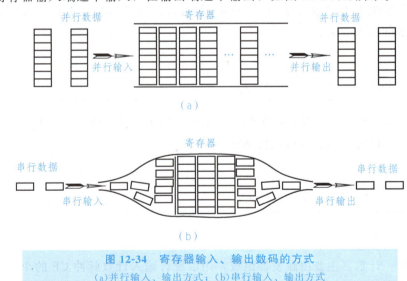

图 12-34 寄存器输入、输出数码的方式
(a)并行输入、输出方式;(b)串行输入、输出方式

寄存器传递数码及指令等信息的方式也有并行输出和串行输出两种。并行输出是数码及指令等信息同时出现在各对应位置的寄存器的输出端;串行输出是数码及指令等信息在一个寄存器的输出端逐位出现。

寄存器分为数码寄存器和移位寄存器。数码寄存器是用于暂时存放数码的逻辑记忆电路；移位寄存器是除具有存放数码的记忆功能外，还具有移位功能。

计算机中，主要应用的有以下几类的寄存器，即资料寄存器、位址寄存器、通用目的寄存器、浮点寄存器、常数寄存器、向量寄存器、特殊目的寄存器、指令寄存器、索引寄存器。

## 二、移位寄存器

### （一）单向移位寄存器

#### 1. 右移寄存器

（1）数码输入：低→高。

四位右移寄存器逻辑电路如图 12-35 所示。

$D_0 \quad D_{SR}$
$D_1 \quad Q_0$
$D_2 \quad Q_1$
$D_3 \quad Q_2$

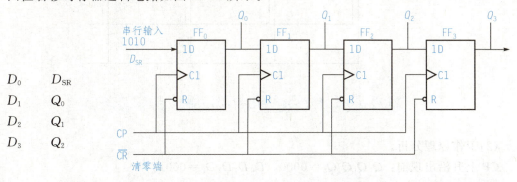

图 12-35　四位右移寄存器

（2）工作原理。

第 1 个 CP 上升沿出现前：$Q_0Q_1Q_2Q_3=1000$，$D_0D_1D_2D_3=0000$。

第 1 个 CP 上升沿：$Q_0Q_1Q_2Q_3=0000$，$D_0D_1D_2D_3=1000$。

第 2 个 CP 上升沿：$Q_0Q_1Q_2Q_3=1000$，$D_0D_1D_2D_3=0100$。

第 3 个 CP 上升沿：$Q_0Q_1Q_2Q_3=0100$，$D_0D_1D_2D_3=1010$。

第 4 个 CP 上升沿：$Q_0Q_1Q_2Q_3=1010$。

右移寄存器状态表见表 12-14。

表 12-14　右移寄存器状态表

| CP | 输入$\overline{D_{SR}}$ | 输出 | | | | 移位过程 |
|---|---|---|---|---|---|---|
| | | $Q_0$ | $Q_1$ | $Q_2$ | $Q_3$ | |
| 0 | 0 | 0 | 0 | 0 | 0 | 清零 |
| 1 | 1 | 0 | 0 | 0 | 1 | 输入第 1 个数码 |
| 2 | 0 | 0 | 0 | 1 | 0 | 右移 1 位 |
| 3 | 1 | 0 | 1 | 0 | 1 | 右移 2 位 |
| 4 | 0 | 1 | 0 | 1 | 0 | 右移 3 位 |

## 2. 左移寄存器

(1) $D_{SL}$ 数据从高到低。

四位左移寄存器逻辑电路如图 12-36 所示。

$D_3$    $D_{SL}$
$D_2$    $Q_3$
$D_1$    $Q_2$
$D_0$    $Q_1$

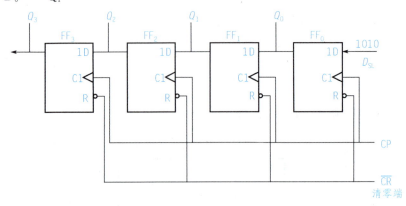

图 12-36 四位左移寄存器

(2) 工作原理分析。

CP 上升沿出现前：$Q_0Q_1Q_2Q_3=0000$，$D_0D_1D_2D_3=0001$。

第 1 个 CP 上升沿出现：$Q_0Q_1Q_2Q_3=0001$，$D_0D_1D_2D_3=0010$。

第 2 个 CP 上升沿出现时：$Q_0Q_1Q_2Q_3=0010$，$D_0D_1D_2D_3=0101$。

第 3 个 CP 上升沿出现时：$Q_0Q_1Q_2Q_3=0101$，$D_0D_1D_2D_3=1010$。

第 4 个 CP 上升沿出现：$Q_0Q_1Q_2Q_3=1010$。

左移寄存器状态表见表 12-15。

表 12-15 左移寄存器状态表

| CP | 输入 $\overline{D_{SL}}$ | 输出 | | | | 移位过程 |
|---|---|---|---|---|---|---|
| | | $\overline{Q_0}$ | $\overline{Q_1}$ | $\overline{Q_2}$ | $\overline{Q_3}$ | |
| 0 | 0 | 0 | 0 | 0 | 0 | 清零 |
| 1 | 1 | 0 | 0 | 0 | 1 | 输入第 1 个数码 |
| 2 | 0 | 0 | 0 | 1 | 0 | 左移 1 位 |
| 3 | 1 | 0 | 1 | 0 | 1 | 左移 2 位 |
| 4 | 0 | 1 | 0 | 1 | 0 | 左移 3 位 |

## (二) 双向移位寄存器

在计算机中常需要使用同时具有左移和右移功能的双向移位寄存器。它是在一般移位寄存器的基础上加上左、右移寄存控制信号 M，如图 12-37 所示。

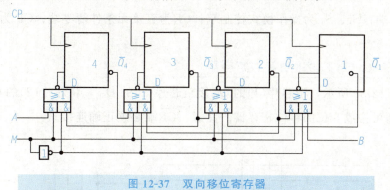

图 12-37 双向移位寄存器

## 三、集成寄存器的应用

74LS194 是一个 4 位双向移位寄存器，最高时钟脉冲为 36 MHz，其引脚排列和功能如图 12-38 和表 12-16 所示。

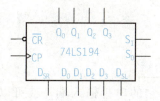

图 12-38 74 LS194 引脚排列

表 12-16 74LS194 功能表

| 序号 | 输入 | | | | | 输出 | | | | 说明 |
|---|---|---|---|---|---|---|---|---|---|---|
| | 清零 $\overline{CR}$ | 时钟 CP | 控制 $S_1\ S_0$ | 串行输入 左移 右移 $D_{SL}\ D_{SR}$ | 并行输入 $D_0\ D_1\ D_2\ D_3$ | $Q_0$ | $Q_1$ | $Q_2$ | $Q_3$ | 功能 |
| 1 | 0 | × | × × | × × | × × × × | 0 | 0 | 0 | 0 | 清除 |
| 2 | 1 | 1 | × × | × × | × × × × | $Q_0^n$ | $Q_1^n$ | $Q_2^n$ | $Q_3^n$ | 保持 |
| 3 | 1 | ↑ | 1 1 | × × | $D_0\ D_1\ D_2\ D_3$ | $D_0$ | $D_1$ | $D_2$ | $D_3$ | 并行置数 |
| 4 | 1 | ↑ | 1 0 | 1 × | × × × × | $Q_1^n$ | $Q_2^n$ | $Q_3^n$ | 1 | 串入左移 |
| 5 | 1 | ↑ | 1 0 | 0 × | × × × × | $Q_1^n$ | $Q_2^n$ | $Q_3^n$ | 0 | 串入左移 |
| 6 | 1 | ↑ | 0 1 | × 1 | × × × × | 1 | $Q_0^n$ | $Q_1^n$ | $Q_2^n$ | 串入右移 |
| 7 | 1 | ↑ | 0 1 | × 0 | × × × × | 0 | $Q_0^n$ | $Q_1^n$ | $Q_2^n$ | 串入右移 |
| 8 | 1 | ↑ | 0 0 | × × | × × × × | $Q_0^n$ | $Q_1^n$ | $Q_2^n$ | $Q_3^n$ | 保持 |

其中：$D_0 \sim D_1$ 为并行输入端；$Q_0 \sim Q_3$ 为并行输出端；$D_{SR}$ 为右移串行输入端；$D_{SL}$ 为左移串行输入端；$S_1$、$S_0$ 为操作模式控制端；$\overline{CR}$ 为直接无条件清零端；CP 为时钟脉冲输入端。

### 1. 用 74LS194 构成 8 位移位寄存器

电路如图 12-39 所示，将芯片(1)的 $Q_3$ 接至芯片(2)的 $D_{SR}$，将芯片(2)的 $Q_4$ 接至芯片(1)的 $D_{SL}$，即可构成 8 位的移位寄存器。注意：$\overline{CR}$ 端必须正确连接。

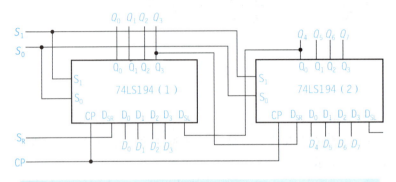

图 12-39　8 位移位寄存器

### 2. 74LS194 构成环形计数器

把移位寄存器的输出反馈到它的串行输入端，就可以进行循环移位，如图 12-40 所示。设初态为 $Q_3 Q_2 Q_1 Q_0 = 1000$，则在 CP 作用下，模式设为右移，输出状态依次为：

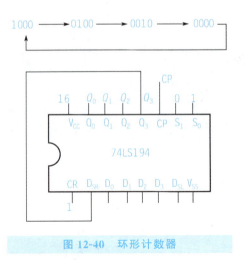

图 12-40　环形计数器

图 12-40 所示电路是一个有四个有效状态的计数器，这种类型计数器通常称为环形计数器。同时输出端输出脉冲在时间上有先后顺序，因此也可以将其作为顺序脉冲发生器。

## 课题六 计数器

**知识目标**

(1) 了解计数器的功能及计数器的类型。
(2) 理解二进制、十进制等典型集成计数器的外特性,掌握其应用。

**主要内容**

通过学习计数器在生活中的各种实际运用方法,树立专业知识服务社会生活的职业意识;利用互联网信息及自主学习,了解计数器的功能及计数器的类型。对应用极其广泛的二进制、十进制等典型集成计数器的外特性要理解,并掌握其应用。

【相关知识点】

计数器在公共场所应用广泛。目前,各种数字钟和电子定时器等就属于计数器。现在的计数器,由于电路简单、性能稳定、使用方便等特点,在生活中应用非常广泛。图 12-41 所示为一种典型的数字钟。

图 12-41 计数器应用电路——数字钟面板

### 一、二进制计数器

每输入一个脉冲,就进行一次加 1 运算的计数器,称为加法计数器,也称为递增计数器,其逻辑电路如图 12-42 所示,时序图如图 12-43 所示。

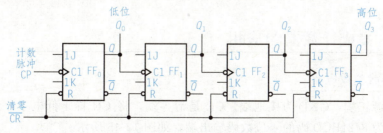

图 12-42 四位二进制异步递增计数器逻辑图

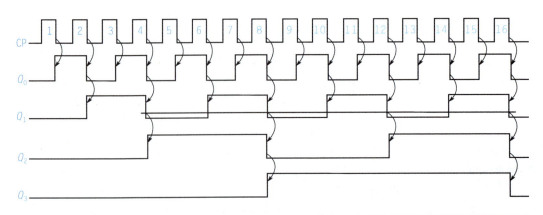

图 12-43  四位二进制递增计数器时序图

## 二、十进制计数器

计数器输入 0~9 个计数脉冲时，工作过程与四位二进制异步加法计数器完全相同，第 9 个计数脉冲后，$Q_3Q_2Q_1Q_0$ 状态为 1001，其逻辑电路如图 12-44 所示。

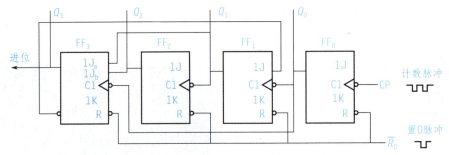

图 12-44  十进制加法计数器的主要组成逻辑电路

第 10 个计数脉冲到来后，$Q_0$ 由 1 变 0，其负跳变脉冲输入到 $FF_1$ 和 $FF_3$ 的输入端 C1。因 $FF_1$ 的输入端 $J=\overline{Q}=0$，所以 $Q_1$ 仍为 0。在 $FF_3$ 的输入端 $J=Q_2 \cdot Q_1=0$，因而 $FF_3$ 置 0 态。

此时计数器状态恢复为 0000，跳过了 1010~1111 这 6 个状态，同时 $Q_3$ 输出负跳变进位脉冲，从而实现 8421BCD 码十进制递增计数的功能。

## 三、集成计数器的应用

### 1. 计数集成电路

$V_{CC}$ 接电源正端，GND 为接地端。CR 是清零端，将 CR 置于低电平，计数器实现清零。$Q_0$~$Q_3$ 为 8421BCD 码的 4 位数码输出端，如图 12-45 所示。

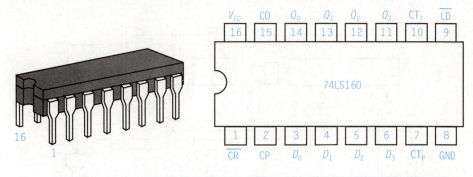

图 12-45　计数集成电路 74LS160

### 2. 计数集成电路的连接

模为 100 的计数器连接如图 12-46 所示。

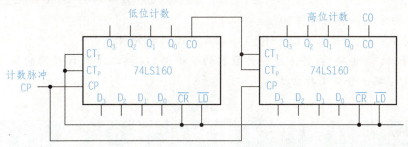

图 12-46　模为 100 的计数器连接

### 读一读：74LS90 计数器

74LS90 计数器是一种中规模二—五进制计数器。管脚如图 12-47 所示，管脚功能如表 12-17 所列。

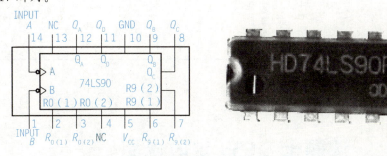

图 12-47　74LS90 管脚排列

74LS90 具有以下五种基本工作方式(参考图 12-48)：

(1)五分频：即由 $F_D$、$F_C$ 和 $F_B$ 组成的异步五进制计数器工作方式。

(2)十分频(8421 码)：将 $Q_A$ 与输入 $B$ 连接，可构成 8421 码十分频电路。

(3)六分频：在十分频(8421 码)的基础上，将 $Q_B$ 端接 $R_{0(1)}$，$Q_C$ 端接 $R_{0(2)}$。其计数顺

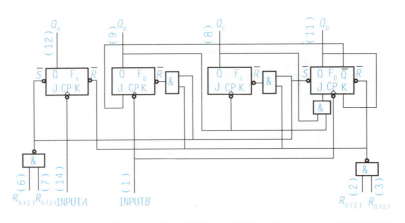

图 12-48　74LS90 逻辑电路图

序为 000~101，当第六个脉冲作用后，出现状态 $Q_C Q_B Q_A = 110$，利用 $Q_B Q_C = 11$ 反馈到 $R_{0(1)}$ 和 $R_{0(2)}$ 的方式，使电路置"0"。

(4) 九分频：$Q_A \rightarrow R_{0(1)}$、$Q_D \rightarrow R_{0(2)}$，构成原理同六分频。

(5) 十分频（5421 码）：将五进制计数器的输出端 $Q_D$ 接二进制计数器的脉冲输入端 $A$，即可构成 5421 码十分频工作方式。

表 12-17　74LS90 管脚功能

| 复位输入 | | 置位输入 | | 时钟 | 输　　出 | | | | 工作模式 |
|---|---|---|---|---|---|---|---|---|---|
| $R_{0(1)}$ | $R_{0(2)}$ | $R_{9(1)}$ | $R_{9(2)}$ | CP | $Q_D$ | $Q_C$ | $Q_B$ | $Q_A$ | |
| 1 | 1 | 0 | × | × | 0 | 0 | 0 | 0 | 异步清零 |
| 1 | 1 | × | 0 | × | 0 | 0 | 0 | 0 | |
| 0 | × | 1 | 1 | × | 1 | 0 | 0 | 1 | 异步置数 |
| × | 0 | 1 | 1 | × | 1 | 0 | 0 | 1 | |
| 0 | × | 0 | × | ↓ | 计　　数 | | | | 加法计数 |
| 0 | × | × | 0 | ↓ | 计　　数 | | | | |
| × | 0 | 0 | × | ↓ | 计　　数 | | | | |
| × | 0 | × | 0 | ↓ | 计　　数 | | | | |

## 课题七　555 定时电路

**知识目标**

了解 555 集成定时器的应用；用 555 时基电路组成应用电路。

> **主要内容**
>
> 通过555时基集成电路用于脉冲振荡、单稳、双稳和脉冲调制电路等。了解555时基集成电路的功能，用555时基电路组成应用电路。

## 【相关知识点一】 555时基集成电路简介

555定时器是一种将模拟功能与逻辑功能巧妙结合在一起的中规模集成电路。该电路功能灵活、适用范围广，只要外围电路稍作配置，即可构成单稳触发器、多谐振荡器或施密特触发器，因而可应用在定时、检测、控制、报警等方面。

集成555定时器因为其内部有3个精密的5 kΩ电阻而得名。后来国内外许多公司和厂家都相继生产出双极型和CMOS型555集成电路。虽然CMOS型三个分压电阻不再是5 kΩ，但仍然沿用555名称。目前一些厂家在同一基片上集成两个555单元，型号后加556，同一基片上集成四个555单元，型号后加558。

## 一、555集成电路

555集成电路为八脚双列直插式封装。外形和管脚排列如图12-49所示。

集成555定时器的图中1脚为接地端GND；2脚为低电平触发输入端$\overline{TR}$；3脚为输出端OUT；4脚为置0复位端$\overline{R_D}$；5脚为电压控制端CO；6脚为高电平触发输入端TH；7脚为放电端DIS，8脚为电源输入端$V_{CC}$(+5 V)。

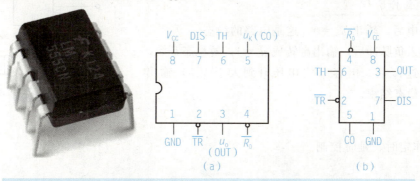

图12-49 555时基集成电路外引线排列

通常，555集成电路采用单电源，在5～15 V电压范围内均能工作，最大输出电流达200 mA，可与TTL、MOS逻辑电路或模拟电路相配合使用。

## 二、逻辑功能

逻辑功能列于表12-18中。

表12-18 555定时器逻辑功能表

| $\overline{R_D}$ | TH | $\overline{TR}$ | OUT（输出） |
|---|---|---|---|
| 0 | × | × | 0 |
| 1 | $>2V_{CC}/3$ | $>V_{CC}/3$ | 1 |
| 1 | $<2V_{CC}/3$ | $<V_{CC}/3$ | 0 |
| 1 | $<2V_{CC}/3$ | $>V_{CC}/3$ | 保持原状态 |

## 三、类型

双极型：输出功率大；驱动电流达 200 mA；其他指标不如 CMOS 型。

CMOS 型：功耗低；电源电压低；输入阻抗高；输出功率小；驱动电流为几毫安。

## 【相关知识点二】 555 时基集成电路应用举例

### 一、单稳态触发电路

#### 1. 电路原理

单稳态触发电路如图 12-50 所示。

#### 2. 工作原理

（1）通电后，输出 $u_o=0$，这是电路的稳态。

（2）输入负脉冲后，输出翻转成 $u_o=1$，暂稳态开始。

（3）经过 $t_P$ 后，电容 $C$ 上电压升到大于 $V_{CC}$，输出 $u_o=0$，暂稳态结束。

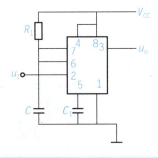

图 12-50 单稳态触发电路

#### 3. 应用

可用作定时、延时控制。

### 二、多谐振荡器

自激多谐振荡器的电路及工作波形如图 12-51 所示。

接通 $V_{CC}$ 后，$V_{CC}$ 经 $R_1$ 和 $R_2$ 对 $C$ 充电。充电至 $u_C=2V_{CC}/3$ 时，从 TH 端输入使输出端置 0，随着放电开关导通，$u_C$ 通过 $R_2$ 对地放电，至 $u_C<\frac{1}{3}V_{CC}$ 时，从 $\overline{TR}$ 端输入使输入端置 1，于是放电开关截止，$+V_{CC}$ 再次向 $C$ 充电……，如此周而复始，输出端将输出一定频率的方波电压。因为波形包含有多种谐波成分，所以称为多谐振荡器。他可用作脉冲信号发生器。调节 $R_1$、$R_2$、$C$ 可以改变振荡器波形的周期。

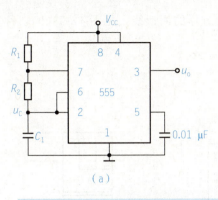
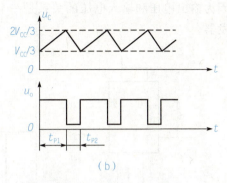

图 12-51 多谐振荡电路
(a)逻辑电路;(b)工作波形

第一个暂稳态的脉冲宽度 $t_{P1}$,即 $u_C$ 从 $V_{CC}/3$ 充电上升到 $2V_{CC}/3$ 所需的时间为
$$t_P \approx 0.7(R_1+R_2)C$$
第二个暂稳态的脉冲宽度 $t_{P2}$,即 $u_C$ 从 $2V_{CC}/3$ 放电下降到 $V_{CC}/3$ 所需的时间为
$$t_P \approx 0.7R_2C$$

## 三、模拟声响电路

将振荡器Ⅰ的输出电压 $u_{o1}$,接到振荡器Ⅱ中555定时器的复位端(4脚),当 $u_{o1}$ 为高电平时振荡器Ⅱ振荡,为低电平时555定时器复位,振荡器Ⅱ停止振荡,如图12-52所示。

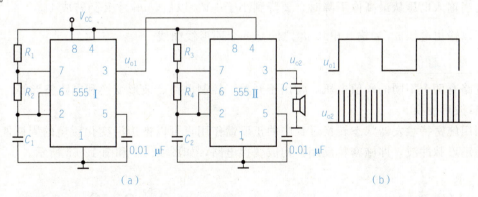

图 12-52 模拟声响电路
(a)逻辑电路;(b)工作波形

## 四、施密特触发器

### 1. 电路结构

图12-53(a)是把555电路的6、2端并接起来,成为只有一个输入端的触发器。这个

触发器因为输出电压和输入电压的关系是一个长方形的回形线，见图 12-53(b)，称其为施密特触发器。

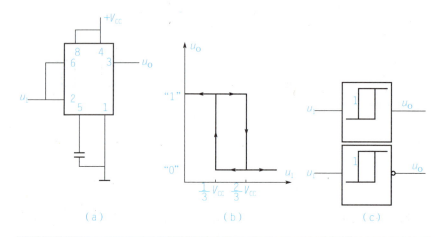

图 12-53 施密特触发器
(a)逻辑电路；(b)工作特性；(c)逻辑符号

### 2. 工作原理

从图 12-53(b)所示的曲线可见：

当输入 $u_1=0$ 时，输出 $u_O=1$。

当输入电压从 0 上升时，要升到大于 $\frac{2}{3}V_{CC}$ 以后，$u_O$ 才翻转成 0。

而当输入电压从最高值下降时，要降到小于 $\frac{1}{3}V_{CC}$ 以后，$u_O$ 才又翻转成 1。

所以输出电压 $u_O$ 和输入电压 $u_1$ 之间是一个回形线曲线。

### 3. 应用

电路有两个不同的阈值电压，常用于开关、控制电路、波形变换和电路整形等。
（1）波形变换。

利用施密特触发器状态转换过程中的正反馈作用，可以把边沿变化缓慢的周期性信号变换为矩形脉冲波，即施密特反相器构成变换电路，如图 12-54 和图 12-55 所示。

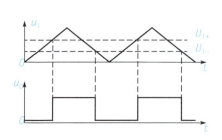

图 12-54 三角波变换矩形波

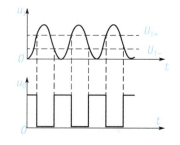

图 12-55 用施密特触发器实现波形变换

(2)波形的整形。

这里所说的整形是指由测量装置来的信号，经放大后是不规则的波形，必须经施密特触发器整形，即施密特反相器构成整形电路。

(3)构成多谐振荡器，如图 12-56 所示。

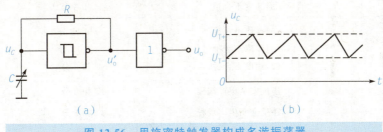

图 12-56　用施密特触发器构成多谐振荡器
(a)电路原理；(b)工作特性

## 实训项目一　集成触发器的功能测试

### 1. 实训内容及步骤

(1)熟悉 JK、D 集成触发器的逻辑功能。

(2)熟悉 JK、D 集成触发器(74110 单 JK 触发器、74LS74 双 D 触发器)外引线排列图。

(3)用示波器正确测试其输入输出波形。

在指导教师的指导下和小组协作中进行以下操作：

(1)74110 单 JK 触发器逻辑功能的测试。

(2)74LS74 双 D 触发器逻辑功能的测试。

### 2. 注意要点

(1)清理面包板后，插入 74110，调节直流稳压电源电压为 +5 V，接入电路。测试其置位和复位功能时要将 J、K、CP 端开路，功能表中的"×"号表示任意状态。

(2)实验完毕，用起拔器拔出集成块。

### 3. 任务评估

任务评估内容见表 12-19。

表 12-19　集成触发器的功能测试任务评估表

| 项目内容 | 配分 | 评分标准 | 扣分 | 得分 |
|---|---|---|---|---|
| 74110、74LS74 集成触发器管脚图 | 20 | (1)标注不正确　　扣 10 分<br>(2)速度不合适　　扣 10 分 | | |

续表

| 项目内容 | 配分 | 评分标准 | | 扣分 | 得分 |
|---|---|---|---|---|---|
| 74110 单 JK 触发器逻辑功能的测试 | 35 | (1)逻辑操作不正确<br>(2)描述不到位<br>(3)速度不合适 | 扣 20 分<br>扣 10 分<br>扣 5 分 | | |
| 74LS74 双 D 触发器逻辑功能的测试 | 35 | (1)操作不正确<br>(2)步骤不正确<br>(3)速度不合适 | 扣 15 分<br>扣 15 分<br>扣 5 分 | | |
| 安全生产 | 5 | 违反安全生产规程 | 扣 5 分 | | |
| 文明生产 | 5 | 违反文明生产规程 | 扣 5 分 | | |

## 实训项目二 移位寄存器的应用

### 1. 实训内容及步骤

(1)熟悉移位寄存器 74LS194 的逻辑功能及使用方法。
(2)用四位移位寄存器构成八位移位寄存器。
(3)运用互联网信息，协作完成彩色灯循环显示电路。
(4)画出测试电路，将实验结果列表记录。
在指导教师的指导下和小组协作中进行以下操作：
(1)用四位移位寄存器构成八位移位寄存器电路的搭建与测试。
(2)彩色灯循环显示电路的搭建与故障排除。

### 2. 注意要点

(1)测试 74LS194(或 CC40194)的逻辑功能。
参考测试电路图接线，$\overline{CR}$、$S_1$、$S_0$、$D_{SL}$、$D_{SR}$、$D_3$、$D_2$、$D_1$、$D_0$ 分别接逻辑电平开关输出插孔；$Q_3Q_2Q_1Q_0$ 用 LED 电平显示，CP 接单脉冲源输出插孔。
(2)双向移位寄存器 74LS194 具有左移、右移、保持、复位和置数等功能，通过对 $S_1$ 和 $S_0$ 的设置可实现不同功能。$D_0$、$D_1$、$D_2$ 和 $D_3$ 是数据输入端，主要用于置数使用，可接至 $V_{CC}$ 或 GND 实现不同的二进制组合；$D_{SR}$ 和 $D_{SL}$ 分别是右移和左移的数据输入端，也可接至 $V_{CC}$ 或 GND 输入 1 或 0；$Q_0$、$Q_1$、$Q_2$ 和 $Q_3$ 接发光小灯泡观察其输出情况。

### 3. 任务评估

任务评估内容见表 12-20。

表 12-20 集成触发器的功能测试任务评估表

| 项目内容 | 配分 | 评分标准 | | 扣分 | 得分 |
|---|---|---|---|---|---|
| 74LS194 引脚图 | 10 | (1)标注不正确<br>(2)速度不合适 | 扣 5 分<br>扣 5 分 | | |

续表

| 项目内容 | 配分 | 评分标准 | | 扣分 | 得分 |
|---|---|---|---|---|---|
| 四位移位寄存器构成八位移位寄存器电路 | 45 | (1)电路设计不正确<br>(2)电路搭建不正确<br>(3)电路测试不正确<br>(4)速度不合适 | 扣10分<br>扣15分<br>扣15分<br>扣5分 | | |
| 彩色灯循环显示电路 | 35 | (1)电路设计不正确<br>(2)电路搭建不正确<br>(3)电路测试不正确<br>(4)速度不合适 | 扣10分<br>扣10分<br>扣10分<br>扣5分 | | |
| 安全生产 | 5 | 违反安全生产规程 | 扣5分 | | |
| 文明生产 | 5 | 违反文明生产规程 | 扣5分 | | |

# 单元小结

## 一、组合逻辑电路

常用与、或、非门组合起来使用，称为组合逻辑门电路。

(1)特点。

①任何时刻的输出状态直接由当时的输入状态决定。

②电路没有记忆功能。

(2)组合逻辑电路的分类。按接电路的逻辑功能分为：算术运算电路中的半加器与全加器、加法器、编码器、译码器、数据分配器、数据选择器、数值比较器等。

(3)描述组合逻辑电路逻辑功能的方法主要有逻辑表达式、真值表、卡诺图和逻辑图等。

(4)两类问题。

①给定逻辑电路图，分析确定电路能完成的逻辑功能，即分析电路。

②给定实际的逻辑问题，求出实现其逻辑功能的逻辑电路，即设计电路。

## 二、编码器

(1)二进制编码器。将所需信号编为二进制代码的电路称为二进制编码器。

(2)二—十进制编码器。将0～9十个十进制数编成二进制代码的电路，称为二—十进制编码器。二—十进制代码也简称为BCD(Binary Coded Decimal)码，它用一组四位二进制代码表示一位十进制数。

(3)优先编码器。电路可允许两个或两个以上输入信号同时有效，但电路只对其中优先级别高的信号进行编码，而对其他优先级别低的信号不予理睬。

### 三、译码器

译码是编码的反过程，它是将代码的组合译成一个特定的输出信号，实现译码功能的电路称为译码器。

译码器的分类：

(1)二进制译码器，也称最小项译码器，有 2 线—4 线(型号为 74LS139)、3 线—8 线(型号为 74LS138)、4 线—16 线译码器(型号为 74LS154)等。

(2)码制转换译码器，有 8421BCD 码转换十进制译码器、余 3 码转换十进制译码器等。

(3)显示译码器，用来驱动各类显示器，如发光二极管、液晶数码管等。

### 四、触发器

它是一种具有记忆功能而且在触发脉冲作用下会翻转状态的电路。它具有两种可能的稳态，即 0 态或 1 态。当触发脉冲过后，触发器状态仍维持不变，这就是记忆能力。

触发器按逻辑功能分为 RS 型、JK 型、D 型、T 型等。

(1)基本 RS 触发器，是各种触发器的基础。

(2)钟控同步 RS 触发器，具有计数功能，但易发生空翻现象。

(3)主从 RS 触发器，可以防止空翻现象发生，同时具有记忆功能。

(4)JK 触发器、D 触发器是应用广泛的触发器；T 触发器具有计数功能。

### 五、寄存器

寄存器主要用来暂存数码和信息，在计算机系统中常常要将二进制数码暂时存放起来等待处理，这就需要由寄存器存储参加运算的数据。

单向移位寄存器见表 12-21 和表 12-22。

表 12-21　右移寄存器状态表

| CP | 输入 $\overline{D_{SR}}$ | 输出 | | | | 移位过程 |
|---|---|---|---|---|---|---|
| | | $\bar{Q}_0$ | $\bar{Q}_1$ | $\bar{Q}_2$ | $\bar{Q}_3$ | |
| 0 | 0 | 0 | 0 | 0 | 0 | 清零 |
| 1 | 1 | 0 | 0 | 0 | 1 | 输入第1个数码 |
| 2 | 0 | 0 | 0 | 1 | 0 | 右移1位 |
| 3 | 1 | 0 | 1 | 0 | 1 | 右移2位 |
| 4 | 0 | 1 | 0 | 1 | 0 | 右移3位 |

表 12-22　左移寄存器状态表

| CP | 输入 $\overline{D_{SL}}$ | 输出 | | | | 移位过程 |
|---|---|---|---|---|---|---|
| | | $\bar{Q}_0$ | $\bar{Q}_1$ | $\bar{Q}_2$ | $\bar{Q}_3$ | |
| 0 | 0 | 0 | 0 | 0 | 0 | 清零 |
| 1 | 1 | 0 | 0 | 0 | 1 | 输入第1个数码 |
| 2 | 0 | 0 | 0 | 1 | 0 | 左移1位 |
| 3 | 1 | 0 | 1 | 0 | 1 | 左移2位 |
| 4 | 0 | 1 | 0 | 1 | 0 | 左移3位 |

### 六、计数器

(1) 二进制计数器。每输入一个脉冲，就进行一次加 1 运算的计数器称为加法计数器，也称为递增计数器。

(2) 十进制计数器。计数器输入 0～9 个计数脉冲时，其工作过程与四位二进制异步加法计数器完全相同，第 9 个计数脉冲后，$Q_3Q_2Q_1Q_0$ 状态为 1001。

### 七、555 定时电路

555 定时器逻辑功能表见表 12-23。

表 12-23　555 定时器逻辑功能表

| $\overline{R_D}$ | TH | $\overline{TR}$ | OUT（输出） |
|---|---|---|---|
| 0 | × | × | 0 |
| 1 | $>2V_{CC}/3$ | $>V_{CC}/3$ | 1 |
| 1 | $<2V_{CC}/3$ | $<V_{CC}/3$ | 0 |
| 1 | $<2V_{CC}/3$ | $>V_{CC}/3$ | 保持原状态 |

# 自测题

## 一、填空题

1. 组合逻辑电路任何时刻的输出信号，与该时刻的输入信号_____，与以前的输入信号_____。

2. 8 线－3 线优先编码器 74LS148 的优先编码顺序是 $\overline{I_7}$、$\overline{I_6}$、$\overline{I_5}$、…、$\overline{I_0}$，输出为 $\overline{Y_2}$ $\overline{Y_1}$ $\overline{Y_0}$。输入输出均为低电平有效。当输入 $\overline{I_7}\overline{I_6}\overline{I_5}\cdots\overline{I_0}$ 为 11010101 时，输出 $\overline{Y_2}\overline{Y_1}\overline{Y_0}$ 为_____。

3. 3 线－8 线译码器 74HC138 处于译码状态时，当输入 $A_2A_1A_0=001$ 时，输出 $\overline{Y_7}\sim\overline{Y_0}=$_____。

4. 时序逻辑电路按状态转换情况可分为_____时序电路和_____时序电路两大类。

5. 计数器按 CP 控制触发方式的不同可分为_____计数器和_____计数器。按计数进制的不同，可将计数器分为_____、_____和 N 进制计数器等类型。

6. 用来累计和寄存输入脉冲个数的电路称为_____。

7. 时序逻辑电路在结构方面的特点是：由具有控制作用的_____电路和具有记忆作用的_____电路组成。

8. 寄存器的作用是用于_____、_____、_____数码指令等信息。

9. 按计数过程中数值的增减来分，可将计数器分为_____、_____和_____三种。

## 二、选择题

1. 若在编码器中有 50 个编码对象，则要求输出二进制代码位数为（　　）位。
   A. 5 　　　　　　B. 6 　　　　　　C. 10 　　　　　　D. 50

2. 一个译码器若有 100 个译码输出端，则译码输入端有（　　）个。
   A. 5 　　　　　　B. 6 　　　　　　C. 7 　　　　　　D. 8

3. 在二进制译码器中，若输入有 4 位代码，则输出有（　　）个信号。
   A. 2 　　　　　　B. 4 　　　　　　C. 8 　　　　　　D. 16

4. 比较两位二进制数 $A = A_1 A_0$ 和 $B = B_1 B_0$，当 $A > B$ 时输出 $F = 1$，则 $F$ 表达式是（　　）。

   A. $F = A_1 \overline{B_1}$

   B. $F = A_1 \overline{A_0} + B_1 + \overline{B_0}$

   C. $F = A_1 \overline{B_1} + \overline{A_1 \oplus B_1} A_0 \overline{B_0}$

   D. $F = A_1 \overline{B_1} + A_0 + \overline{B_0}$

5. 下列电路不属于时序逻辑电路的是（　　）。
   A. 数码寄存器　　　B. 编码器　　　C. 触发器　　　D. 可逆计数器

6. 时序逻辑电路特点中，下列叙述正确的是（　　）。
   A. 电路任一时刻的输出只与当时输入信号有关
   B. 电路任一时刻的输出只与电路原来状态有关
   C. 电路任一时刻的输出与输入信号和电路原来状态均有关
   D. 电路任一时刻的输出与输入信号和电路原来状态均无关

## 三、画图

1. 设图 12-57 所示各触发器初始状态为 0，试画出在 CP 作用下触发器的输出波形（图 12-58）。

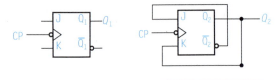

图 12-57　触发器初始状态

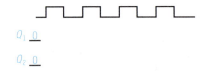

图 12-58　画出波形

2. 图 12-59 所示移位寄存器的初始状态为 111，画出连续三个 CP 脉冲作用下 $Q_2 Q_1 Q_0$ 各端的波形和状态表。

3. 试分析图 12-60 所示的计数器的工作原理，说明计数器的类型。若初始状态 $Q_1 Q_0 = 00$，画出连续四个 CP 脉冲作用下的计数器的工作波形图。

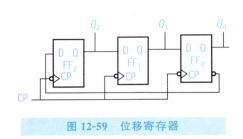

图 12-59　位移寄存器

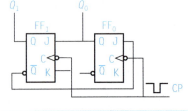

图 12-60　计数器

4. 试分析图 12-61 所示电路的逻辑功能，分析计数器的类型，作出在连续八个 CP 作

用下，$Q_2Q_1Q_0$ 的波形图。（原态为 000）

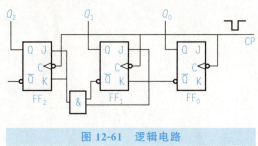

图 12-61　逻辑电路

### 四、组合电路设计

1. 试用与非门设计一组合逻辑电路，其输入为三位二进制数，当输入中有奇数个 1 时输出为 1；否则输出为 0。

2. 请用最少器件设计一个健身房照明灯的控制电路，该健身房有东门、南门、西门，在各个门旁装有一个开关，每个开关都能独立控制灯的亮暗，控制电路具有以下功能：

(1) 某一门开关接通，灯即亮；开关断，则灯暗。

(2) 当某一门开关接通，灯亮，接着接通另一门开关，则灯暗。

(3) 当三个门开关都接通时，灯亮。

3. 图 12-62 所示为一工业用水容器示意图，图中虚线表示水位，$A$、$B$、$C$ 电极被水浸没时会有高电平信号输出，试用与非门构成的电路来实现下述控制作用：水面在 $A$、$B$ 间时，为正常状态，亮绿灯 $G$；水面在 $B$、$C$ 间或在 $A$ 以上时为异常状态，点亮黄灯 $Y$；水面在 $C$ 以下时为危险状态，点亮红灯 $R$。要求写出设计过程。

图 12-62　工业用水容器示意图